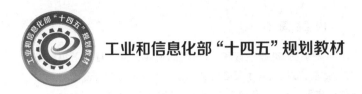 工业和信息化部"十四五"规划教材

# 飞行器复合材料构件制造技术

安鲁陵　赵　聪　金　霞　齐振超　编著

北京航空航天大学出版社

## 内 容 简 介

复合材料因具有高的比强度和比模量,以及耐疲劳、减振性好等优越性能,而在新型飞行器上得到日益广泛的应用。本书共 12 章,结合飞行器结构和性能特点,阐述了复合材料所涉及的基本知识和复合材料结构设计的基础内容,系统地介绍了复合材料构件的成形方法,以及加工、连接、维修等环节,还包括复合材料构件的质量保证等内容。书中内容力求简明扼要,突出层次感,在阐述基本概念、基本原理、基本方法的基础上,对重点内容进行深入探讨。

本书可作为高等工科院校飞行器制造工程专业教材,也可供从事飞行器设计和机械工程等工作的技术人员参考。

**图书在版编目(CIP)数据**

飞行器复合材料构件制造技术 / 安鲁陵等编著. --
北京 : 北京航空航天大学出版社,2023.11
ISBN 978 - 7 - 5124 - 4202 - 3

Ⅰ. ①飞… Ⅱ. ①安… Ⅲ. ①飞行器-复合材料-构件-制造 Ⅳ. ①V257

中国国家版本馆 CIP 数据核字(2023)第 200897 号

**飞行器复合材料构件制造技术**

安鲁陵 赵 聪 金 霞 齐振超 编著
策划编辑 蔡 喆 责任编辑 王 瑛 刘桂艳
\*
北京航空航天大学出版社出版发行

北京市海淀区学院路 37 号(邮编 100191) http://www.buaapress.com.cn
发行部电话:(010)82317024 传真:(010)82328026
读者信箱:goodtextbook@126.com 邮购电话:(010)82316936
北京富资园科技发展有限公司印装 各地书店经销
\*
开本:787×1 092 1/16 印张:17.25 字数:453 千字
2024 年 1 月第 1 版 2024 年 7 月第 2 次印刷 印数:1 001-2 000 册
ISBN 978 - 7 - 5124 - 4202 - 3 定价:59.00 元

# 前　言

　　复合材料因具有高的比强度和比模量,以及耐疲劳、减振性好等优越性能,在新型飞行器上得到日益广泛的应用。本书首先引入飞行器复合材料的概念、构成、性能与应用,阐述复合材料结构设计与制造的基础知识,系统地介绍复合材料构件的成形、加工、连接、维修等环节,以及复合材料构件的质量保证等内容,以使读者对飞行器复合材料构件的制造有较为全面的认识。

　　本书由安鲁陵主持编写。其中第1章、第2章、第4章、第8章部分内容、第10章部分内容、第12章由安鲁陵编写;第3章、第5章、第11章,以及每章之后的思考题与习题由赵聪编写;第6章、第7章、第8章部分内容由金霞编写;第9章、第10章部分内容由齐振超编写,全书由安鲁陵统稿。另外,鲍益东和张得礼等老师为本书的编写也做了许多工作。在本书出版前作为校内讲义使用过程中,周来水、郝小忠、张家铭、周靖和刘舒霆等老师提出了宝贵的意见。此外,研究生万欣颖、宁品宽、练桥、林鸿逸、吴跃韬、刘智通和王鹏博等参与了插图的处理和制作。

　　由于时间仓促和作者水平有限,书中难免有不当或错误之处,恳请广大读者批评指正,以促进我们持续改进。

　　本书可作为高等院校飞行器制造工程专业教材,也可供飞行器设计和机械工程等相关领域的工程技术人员参考。

作　者

2023 年 4 月

# 目　　录

# 第1章 绪 论

## 1.1 概 述

近年来,迅猛发展的科学与技术对新材料及其应用提出了更高的要求,促使工业界对材料的研究开发逐步摆脱单靠经验的摸索式做法,而向着按预订功能和性能研发新材料的方向发展。作为一类性能优异的材料,复合材料日益受到航空航天界的关注。

那么,复合材料究竟是何种材料?其构成是怎样的?有哪些类型?与航空航天器上广泛应用的金属材料相比,有何特点和优越性?复合材料构件制造有哪些方法?其制造工艺过程如何?这些是本书试图回答的问题。

### 1.1.1 复合材料的定义及分类

复合材料(Composite)是由两种或多种独立物理相通过复合工艺组合而成的新型材料(见图1.1),这里的复合工艺是指以微观、介观或宏观等不同的结构尺度与层次进行复杂空间组合的某种方法。复合材料的组成主要分为两大部分:增强材料和基体材料。其中,增强材料为构成复合材料中分散相的材料,基体材料为构成复合材料连续相的单一材料。工程上合格的复合材料既能保留原组分材料的主要性质与特点,又可通过复合效应获得原组分材料所不具备的性能与功能。

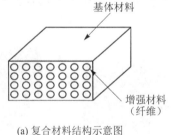

(a) 复合材料结构示意图        (b) 复合材料制品

**图 1.1 复合材料**

当前,在工业界可以通过材料的设计,使各组分的性能互相补充并彼此联系,从而获得新的优越性能。从这个角度看,复合材料突破了常规材料的定义,已经复合为一种结构,材料的复合化是材料发展的必然趋势之一。复合材料在国民经济和国防建设中已发挥出重大作用,发达国家一直将其列为战略材料,我国也非常重视复合材料领域的发展。

复合材料的增强材料最常见的形态为纤维,按纤维的材料不同分为碳纤维复合材料、玻璃纤维复合材料、有机纤维复合材料、硼纤维复合材料和混杂纤维复合材料等。按增强材料外形不同,又可分为连续纤维复合材料、纤维织物或片状材料增强的复合材料、短纤维增强复合材料和粒状填料复合材料等。本书主要讨论的复合材料为纤维增强的复合材料。

复合材料的基体材料有金属、非金属和聚合物等,由此可分为金属基复合材料,如铝、钛、镁和铜等；非金属基复合材料，如碳、石墨、橡胶、陶瓷和水泥等；聚合物基复合材料，如环氧树脂、酚醛树脂、氰酸酯树脂和聚酰亚胺树脂等。本书主要讨论的复合材料为纤维增强的聚合物基（树脂基）复合材料。

从复合材料结构应用的角度考虑，一般将可用于次承力结构和主承力结构、其刚度和强度性能相当于或超过铝合金的复合材料，称为先进复合材料（Advanced Composite Material，ACM），这主要指有较高强度和模量的碳纤维、芳纶纤维、硼纤维和玻璃纤维等增强的复合材料。当今，从综合性能、技术成熟程度与应用范围看，碳纤维增强复合材料，尤其是树脂基碳纤维复合材料最为突出。

一般根据增强材料与基体材料的名称命名复合材料，如碳纤维环氧树脂复合材料、玻璃纤维环氧树脂复合材料等。

## 1.1.2 复合材料的组成部分

### 1. 增强材料纤维

增强材料（Reinforcement）纤维是指能和聚合物复合，形成复合材料后其比强度（强度/密度，又称强度-重量比；Specific strength）和比模量（弹性模量/密度，又称比刚度；Specific module 或 Specific stiffness）超过现有金属的物质。当前飞行器常用的增强纤维主要有碳纤维、芳纶纤维和玻璃纤维，下面进行简要介绍。

（1）碳纤维

碳纤维（Carbon fiber）主要是由碳元素组成的一种特种纤维，其含碳量一般在 90％以上。碳纤维具有一般碳素材料的特性，如耐高温、耐摩擦、导电、导热及耐腐蚀等，但与一般碳素材料不同的是，其外形有显著的各向异性，质地柔软，可加工成各种织物，沿纤维轴向表现出很高的强度。碳纤维制品有布、带、粗纱、短纤维和毡等各种形式，如图 1.2 所示。碳纤维的织物有双向织物（平纹布和缎纹布）、布的叠层结构、扭绳或编织绳、三向织物和多向织物，如图 1.3 所示。

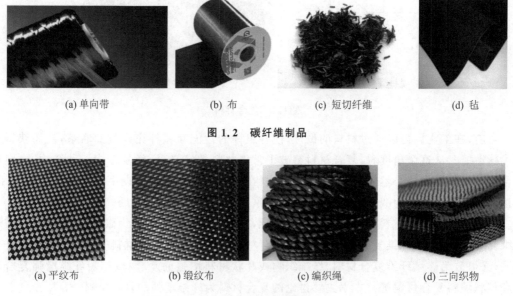

| (a) 单向带 | (b) 布 | (c) 短切纤维 | (d) 毡 |

**图 1.2　碳纤维制品**

| (a) 平纹布 | (b) 缎纹布 | (c) 编织绳 | (d) 三向织物 |

**图 1.3　碳纤维织物**

碳纤维由含碳量较高,在热处理过程中不熔融的人造化学纤维(称作原丝),经热稳定氧化处理、碳化处理及石墨化等工艺制成。

若以黏胶为原丝,黏胶纤维可直接碳化和石墨化。其工艺过程为:纤维先进行干燥,然后在氮或氩等惰性气体保护下缓慢加热到 400 ℃,之后快速升温至 900~1 000 ℃,使之完全碳化,可得含碳量达 90% 的碳纤维。

若以聚丙烯腈纤维为原丝,则需先对原丝进行 180~220 ℃ 和约 10 小时的预氧化处理,然后再经过碳化和石墨化处理,由此制得具有优良性能的碳纤维。

碳纤维是含碳量在 90% 以上的高强度高模量纤维,而石墨纤维(Graphite fiber)的分子结构为已石墨化、含碳量高于 99% 的具有层状六方晶格石墨结构的纤维。

(2)芳纶纤维

芳纶纤维(Aramid fiber)学名叫芳香族聚酰胺纤维,是以含苯环的二氨基化合物与含苯环的二羧基化合物为原料制成的,属于聚酰胺纤维。芳纶因所用原料不同而有多种牌号,如尼龙 6T、芳纶 1414、芳纶 14、芳纶 1313 等。

芳纶 1414 的商品名叫凯芙拉(Kevlar),是美国杜邦公司研制的一种芳纶纤维材料产品的品牌名,所用原料是对苯二甲酰氯和对苯二胺。Kevlar 是一种高强度、高模量的纤维,其强度是普通锦纶或涤纶纤维的 4 倍、钢丝的 5 倍、铝丝的 10 倍,其弹性模量为锦纶的 20 倍、玻璃纤维的 2 倍。寿命方面,可在 220 ℃ 使用 10 年以上。长期使用温度为 240 ℃,在 400 ℃ 以上才开始烧焦。缺点是横向强度低,压缩和剪切性能差,在阳光和高紫外线环境下降解。

芳纶纤维的密度为 1.44 g/cm³,比各种金属都要轻得多,其化学性能也很稳定。主要用于航空航天和国防军工领域的各种复合材料结构,用于空间飞行器、飞机、直升机等的内部及表面,还可用于宇宙飞船、火箭发动机外壳及导弹发射系统。可用于制作防弹衣、防弹头盔、轮胎帘子线和抗冲击织物。

芳纶纤维的成纤工艺是液晶纺丝工艺,用干喷湿纺法纺丝。芳纶纤维和其他增强纤维一样,可以制成各种连续长纤维和粗、细纱。细纱可以纺织成各种织物,粗纱可以加工成各种粗纱布或单向带。

液晶纺丝工艺包括纺丝原液的制备和成形工艺。首先聚合物在少数强酸性溶液中(浓硫酸)溶解成适宜纺丝的浓溶液,使其具有典型的向列型液晶结构。然后,纺丝原液通过喷丝孔,在剪切力和拉伸流动下,向列型液晶微区沿纤维轴向取向,吐出喷丝孔后,由于压力松弛,使取向的大分子链产生部分解取向倾向。很快液流受到拉伸应力作用,又抑制解取向,在空气中进一步细化伸长并获得高度取向,到低温的凝固浴中,冷却凝固成冻结液晶相纤维,因此初生丝无须拉伸就能得到高强度、高模量的纤维。

(3)玻璃纤维

玻璃纤维(Glass fiber)是最早用于聚合物基复合材料的一种增强材料,1893 年在美国研究成功,1938 年工业化并作为商品出售,在第二次世界大战期间应用于飞机雷达罩及副油箱等。玻璃纤维是一种性能优异的无机非金属材料,成分为二氧化硅、氧化铝、氧化钙、氧化硼、氧化镁和氧化钠等。

玻璃在我们的印象中属于脆性易碎的物体,这是由于其内部存在很多微裂纹,应力集中严重。将其抽成细丝后,微裂纹存在的概率减小,其强度大为增加且具有柔软性,故其配合树脂赋予形状后,可制成性能优良的结构。玻璃纤维价格低,其特点包括弹性伸长量大,可吸收较大的冲击能量,尺度安定性、耐热性均佳,不燃、耐化学性佳和吸水性小,加工性好,可作成股、束、毡、织布等不同形态之产品,与树脂接着性良好。玻璃纤维具有很高的拉伸强度,不仅超过了各种天然纤维和合成纤维,而且也超过一般的钢材。玻璃纤维的强度与直径和长度有关,一般来说直径越小,拉伸试件越短,其拉伸强度越高。玻璃纤维的主要缺点是其弹性模量低,与纯铝的模量接近,只有普通钢的1/3。玻璃纤维受力时,其拉伸应力-应变特性基本上是一条直线,没有塑性变形阶段,属于具有脆性特征的弹性材料。

玻璃纤维是以玻璃球或废旧玻璃为原料经高温熔制、拉丝、络纱及织布等工艺形成的各类产品,玻璃纤维单丝的直径从几微米到二十几微米,相当于一根头发丝的1/20～1/5,每束纤维原丝由数百根甚至上千根单丝组成。最普遍的生产方法有坩埚法拉丝和池窑漏板法拉丝。玻璃纤维制品主要有纤维布、纤维毡和纤维带等,纤维布可分为平纹布、斜纹布、无捻粗纱布(方格布)、单向布及无纺布等。玻璃纤维毡又分为短切纤维毡、表面毡及连续纤维毡等。

**2. 基体材料**

如上所述,复合材料主要是由增强材料(Reinforcement)和基体材料(Matrix)组成的。基体材料的主要作用为:把纤维粘在一起,分配纤维间的载荷,保护纤维不受环境影响。在复合材料的成形过程中,基体经过一系列物理的、化学的和物理化学的复杂变化过程,与增强纤维复合成具有一定形状的整体。因此,基体材料的性能直接影响复合材料的性能,而它的工艺性则直接影响复合材料的成形方法与工艺参数的选择。

聚合物基复合材料的基体材料是树脂。工程上用作基体材料的树脂首先要具有较好的力学性能、介电性能、耐热性能和耐老化性能,并且要施工简便,有良好的工艺性能。树脂按其性质主要分为热固性树脂和热塑性树脂两大类,迄今为止,热固性树脂在高性能复合材料结构中应用更为广泛,热塑性树脂的应用呈现持续增长的趋势。

热固性树脂一般含有固化剂、引发剂和促进剂等组分。当这几种成分混合时,即形成一种低黏度的液体,可通过自放热或加热的方式固化。热固性树脂经固化反应,在分子链之间形成一系列交联,生成一个大的分子网络,从而构成难处理的固态物质,不能再处理或再加热。常用的热固性树脂基体有环氧树脂、双马来酰亚胺树脂和聚酰亚胺树脂。环氧树脂是最早用于飞机结构复合材料的树脂基体,至今在飞机结构用复合材料中仍然占据主导地位。环氧树脂基体材料品种多,不同的固化剂和促进剂可获得从室温到180 ℃的固化温度范围和较大的加压带宽,使用温度干态为80～120 ℃,湿态可达100 ℃。另外,环氧树脂与各种纤维匹配性好,耐湿热,成形工艺性优良。同时,环氧树脂还有良好的机械加工性,易维护修理。双马来酰亚胺树脂基体(Bismaleimide,BMI,双马树脂)的使用温度高达200 ℃,且在130～150 ℃湿热环境条件下具有较高的强度和模量保持率。双马树脂与环氧树脂相比,优点为使用温度高,耐湿热性能好,不足之处是其预浸料的铺敷性和黏性稍差,固化温度高(185 ℃开始固化,并要求200～230 ℃的后处理),固化时间长达6小时以上;此外,BMI复合材料构件在使用中易发生分层。热固性聚酰亚胺树脂是一种芳香杂环新型树脂,耐高温(可在250～300 ℃长期使用,350 ℃短期使用)、耐辐射、电性能较好,但其成形温度与成形压力高、韧性差、呈脆性,这给构件的成形带来困难。聚酰亚胺基复合材料适合制作耐热结构材料,如飞机发动机尾喷口区域的热端构件等。

常用的热塑性树脂有聚酰胺、聚砜、热塑性聚酰亚胺及聚酯等,这类树脂在加热时完全反应,形成不存在交联的高黏度液体。热塑性树脂加热到足够高的温度即会软化或熔化,可以多次成形。热塑性树脂基体与热固性树脂基体相比,具有施工快、周期短、可以重复使用、贮存期长、容易修补、力学性能优良、韧性好、抗冲击及耐湿热等特点。目前应用较少的主要原因是原材料成本高、预浸料黏性和铺敷性差、成形温度高(可达 350～450 ℃),生产经验缺乏。

**3. 复合材料界面**

以纤维增强树脂基复合材料为例,复合材料界面是指增强纤维和树脂基体在热压等条件下复合过程中产生的两相之间的作用面,是复合材料中增强纤维与树脂基体之间的微观区域。复合材料界面的厚度在纳米以上,结构随增强材料和基体而异,与增强材料和基体皆有明显的差别。从基体和增强材料向界面区的过渡可能是连续变化的,也可能是不连续变化的。因而,它们之间可能不存在确切的分界,也可能有局部的明确分界。需要指出的是,现有测试手段的分辨率并不能检测到确切的界面区域,而只能观察到基体与增强材料之间相互接触的"模糊"边界线。

增强材料和基体互相接触时,在一定条件的影响下可能发生化学反应或物理化学作用,如两相间元素的互相扩散、溶解,从而产生不同于原来两相的新相;即使不发生反应、扩散、溶解,也会由于基体的固化、凝固所产生的内应力,或者由于组织结构的诱导效应,导致接近增强材料的基体发生结构上的变化或堆砌密度上的变化,从而导致这个局部基体的性能不同于基体的本体性能,形成界面相。复合材料界面对应力传递、抵抗破坏起关键作用。界面的优劣成为"复合"效果的内在指标,通过对界面的设计与控制,可以使复合材料超越原各组分的性能,达到大幅度改善强度、刚度或韧性的目的,获得预期的"复合"效果。

## 1.1.3 复合材料的特性

复合材料的最大特点是复合后的材料特性优于组成该复合材料的各单一材料之特性。树脂基、金属基、无机非金属基这三大类复合材料都可达到或优于传统金属材料的强度与模量等力学指标,陶瓷基复合材料具有良好的耐高温、耐老化和耐化学腐蚀性能。

**1. 聚合物基复合材料的特性**

(1) 比强度和比模量高

如上所述,材料比强度和比模量这两个参量是衡量材料承载能力的重要指标,在同样的承载能力条件下,使用比强度和比模量高的材料可减轻结构的质量。玻璃纤维环氧树脂复合材料(玻璃钢)的比强度可达钢材的 4 倍,碳纤维环氧树脂复合材料的比强度可达钛的 4.9 倍,比模量可达铝的 5.7 倍。复合材料的高比强度和高比模量源于增强纤维的高性能和低密度。高比强度和高比模量是航空、航天结构设计对材料的重要要求,现代飞机、导弹和卫星等机体结构正逐渐扩大使用纤维增强复合材料的比例。按质量计,空中客车 A380 飞机结构质量的 25％由复合材料制造,其中 22％为碳纤维增强复合材料,3％为首次用于民用飞机的 GLARE 板。A350 飞机的机翼和机身的壁板、梁、框等均为树脂基复合材料,占整架飞机结构件质量的 53％。波音 787 飞机机体的 50％由碳纤维复合材料制造。中国商飞正在研制的 CR929 飞机机体复合材料占比将达到 51％。

(2) 抗疲劳性能好

疲劳破坏是材料在交变载荷作用下,由于微观裂纹的形成和扩展而造成的低应力破坏。对金属材料结构来说,其疲劳破坏常常是没有明显征兆的突发性事件,而复合材料的疲劳断裂是从基体或从纤维的薄弱环节开始的,复合材料界面能阻止裂纹的扩展,在破坏前有明显预兆,可以及时检查出从而进行补救。用复合材料制成的直升机旋翼,其疲劳寿命数倍于金属旋翼。一般金属的疲劳强度为其抗拉强度的 40％～50％,而某些复合材料可高达70％～80％。

由于上述原因,复合材料的破坏不像金属材料那样由于裂纹的失稳扩展而突然发生,而是经历基体开裂、界面脱黏、纤维拔出、断裂等一系列损伤的发展过程。基体中有大量独立的纤维,是力学上典型的静不定体系。当少数纤维发生断裂时,其失去的部分载荷又会通过基体的传递而迅速分散到其他完好的纤维上去,复合材料在短期内不会丧失承载能力。内部有缺陷、裂纹时,也不会突然发展而断裂。

(3)减振性能良好

材料受力结构的自振频率除了与结构本身形状有关以外,还同结构材料的比模量平方根成正比。复合材料有较高的自振频率,其结构一般不易产生共振。同时,复合材料界面的阻尼较大,因此具有较好的减振性能。用相同形状和尺寸的碳纤维复合材料梁和金属梁分别作振动试验,复合材料梁的振动衰减时间比轻金属梁的振动衰减时间要短得多。

(4)工艺性好

复合材料的成形方法多种多样,成形条件机动灵活,可手工作业或自动化作业。复合材料的制造与构件成形同时完成,其生产过程也就是构件的成形过程。一般热固性复合材料的树脂基体固化前是流动液体,增强材料是柔软纤维或织物,因此,生产复合材料构件所需工序及设备要比其他材料简单得多。

(5)各向异性及性能可设计性

各向异性是复合材料的一个突出特点,与之相关的是性能的可设计性。复合材料的力学、物理性能除了与纤维、树脂的种类及体积含量有关外,还与纤维的排列方向、铺层顺序和层数密切相关。因此,可以根据工程结构的载荷分布及使用条件的不同,选取相应的材料及铺层设计来满足既定的要求。复合材料的这一特点可以实现构件的优化设计,做到安全可靠、经济合理。

聚合物基复合材料也存在一些缺点和问题,如:材料性能的一致性和产品质量的稳定性较差;其内部质量对性能的影响大,检测困难;长期耐高温和环境老化性能不好。这些不足是发展中的问题,随着科学技术的不断进步会逐步得到解决。

**2. 金属基复合材料的特性**

金属基复合材料的性能取决于所选用的金属或合金基体和增强材料的特性、含量及分布等因素。通过优化组合可以获得既具有金属特性,又具有高比强度、高比模量、耐热、耐磨等的优异的综合性能。综合起来,金属基复合材料有如下性能特点。

(1)高比强度、高比模量

密度为 1.8 g/cm$^3$ 的高性能碳纤维的强度高达 7 000 MPa,比铝合金强度高出 10 倍以上,石墨纤维的模量最高可达 910 GPa。加入 30%～50%高性能纤维作为复合材料的主要承载体,复合材料的比强度、比模量成倍地高于基体合金的比强度和比模量。

(2)传导性能好

在金属基复合材料中,金属基体占很高的体积百分比,一般在 60%以上,因此仍能保持金属所具有的良好导热性和导电性。良好的导热性可以有效地传热,减少构件受热后产生的温度梯度,散热迅速,这对尺寸稳定性要求高的构件尤为重要,良好的导电性还可防止飞行器构件产生静电聚集的问题。

在金属基复合材料中采用高导热性的增强材料,还可以进一步增大金属基复合材料的导热系数,使复合材料的热导率比纯金属还高。为了解决高集成度电子器件的散热问题,现已研究成功的超高模量石墨纤维、金刚石纤维、金刚石颗粒增强铝基、铜基复合材料的热导率比纯铝、钢还高,用它们制成的集成电路基板和封装件可迅速、有效地把热量散去,提高集成电路的可靠性。

（3）热膨胀系数小、尺寸稳定性好

金属基复合材料中所用的增强材料,如碳纤维、碳化硅纤维、晶须、颗粒、硼纤维等均具有很小的热膨胀系数,又具有很高的模量,特别是高模量、超高模量的石墨纤维有负的热膨胀系数。加入相当含量的增强材料不仅可以大幅度地提高复合材料的强度和模量,而且可以使其热膨胀系数明显减小,并可通过调整增强材料的含量获得不同的热膨胀系数,以满足各种工况要求。例如,石墨纤维增强镁基复合材料,当石墨纤维含量达到48％时,复合材料的热膨胀系数为零,即在温度变化时使用这种复合材料做成的构件不发生热应变,这对人造卫星构件特别重要。

通过选择不同的基体金属和增强材料,以一定的比例复合,可得到导热性好、热膨胀系数小、尺寸稳定性好的金属基复合材料。

（4）高温性能好

由于金属基体的高温性能比聚合物基好很多,增强纤维、晶须、颗粒在高温下又都具有很高的高温强度和模量,因此金属基复合材料具有比金属基体更好的高温性能,特别是连续纤维增强金属基复合材料,在复合材料中连续纤维起着主要承载作用,纤维强度在高温下基本不下降,纤维增强金属基复合材料的高温性能可以保持到接近金属熔点,并比金属基体的性能好出许多。如钨丝增强耐热合金,在 1 100 ℃下持续 100 小时的持久强度为 207 MPa,而基体合金的高温持久强度只有 48 MPa；又如石墨纤维增强铝基复合材料在 500 ℃高温下,仍具有600 MPa 的高温强度,而铝基体在 300 ℃时强度已下降到 100 MPa 以下。因此,金属基复合材料被选用在发动机等高温零部件上,可大幅度提高发动机的性能和效率。总之,金属基复合材料制成的构件比金属材料、聚合物基复合材料制成的构件能在更高的温度条件下使用。

（5）耐磨性能好

金属基复合材料,尤其是陶瓷纤维、晶须、颗粒增强金属基复合材料具有很好的耐磨性。这是因为在金属基体中加入了大量的陶瓷增强材料,特别是细小的陶瓷颗粒。陶瓷材料具有硬度高、耐磨性好、化学性能稳定的特点,用它们来增强金属不仅提高了材料的强度和刚度,也提高了复合材料的硬度和耐磨性。复合材料的高耐磨性在汽车、机械工业中有很广泛的应用前景,可用于汽车发动机、刹车盘、活塞等重要构件,能明显提高构件的性能和寿命。

（6）疲劳性能和断裂韧性好

金属基复合材料的疲劳性能和断裂韧性取决于纤维等增强材料与金属基体的界面结合状态,增强材料在金属基体中的分布及金属、增强材料本身的特性,特别是界面状态,最佳的界面结合状态既可以有效地传递载荷,又能阻止裂纹的扩展,提高材料的断裂韧性。碳纤维铝基(C/Al)复合材料的疲劳强度与拉伸强度比为 0.7 左右。

（7）不吸潮、不老化、气密性好

与聚合物相比,金属基体性质稳定,组织致密,不存在老化、分解、吸潮等问题,也不会发生性能的自然退化,优于聚合物基复合材料,在外空间使用,也不会分解出低分子物质污染仪器和环境。

总之,金属基复合材料所具有的高比强度、高比模量、良好的导热性和导电性、耐磨性、高温性能、低的热膨胀性能、高的尺寸稳定性等优异的综合性能,使金属基复合材料在航天、航空、汽车、电子先进武器系统中均具有广泛的应用前景,对武器装备性能的提高将发挥巨大的作用。

**3. 陶瓷基复合材料的特性**

陶瓷材料具有熔点高、密度低、抗氧化、抗腐蚀、耐高温及耐磨损等特点,这些优异性能是一般常用金属材料、高分子材料及复合材料所不具备的。陶瓷材料的抗弯强度不高、断裂韧性低,这限制了其作为结构复合材料使用。当用高强度、高模量的纤维或晶须增强后,其高温强度和韧性可大幅度提高。欧洲动力公司推出的航天飞机,其高温区用碳纤维增强碳化硅基体和碳化硅纤维增强-碳化硅基体所构成的陶瓷基复合材料,可分别在 1 700 ℃和 1 200 ℃下保持 20 ℃时的拉伸强度,并且有较好的抗压性能及较高的层间剪切强度。陶瓷基复合材料的断裂延伸率较一般陶瓷高,耐辐射效率高,可有效地降低表面温度,有极好的抗氧化、抗开裂性能。

# 1.2 复合材料在飞行器上的应用

飞行器要求结构质量轻,以减少燃料消耗,延长留空时间,飞得更高更快,或具有更好的机动性。此外,还可以安装更多的设备,以提高飞行器的综合性能。结构质量的减轻可大大降低飞行器的使用成本,取得明显的经济效益。对飞机而言,所谓复合材料结构技术,是指以实现高结构效率和改善飞机气动弹性与隐身等综合性能为目标的高新技术。复合材料结构特点和应用效果,在高性能战斗机上实现隐身和超声速巡航、前掠翼飞机先进气动布局的应用、舰载机机体耐腐蚀性的改善,以及直升机长寿命、轻质、隐身化等诸多方面得到了展现。当前,先进复合材料在飞机上的关键应用部位和用量的多少,已成为衡量飞机结构先进性的重要指标之一,而复合材料制造已成为其重要支撑技术。

复合材料是轻质高性能材料,但是,复合材料构件在其全生命周期中的各个环节,包括原材料、设计、制造、装配、检测、维护和修理等,均需巨额资金的支持。因此,复合材料结构首先应用于飞行器、高速列车、赛车、赛艇等高成本投入、高性能要求的结构上。迄今为止,飞机上采用复合材料结构的主要目的是减轻机体结构质量和改善气动弹性和隐身性能等,因其突出的效益,有时宁可牺牲结构制造成本和某些技术保障性(如检测性、修复性等)也要采用复合材料结构。

复合材料在飞机结构中的应用情况大致可以分为三个阶段:第一阶段是应用于受载不大的简单零部件,如各类口盖、舵面、整流罩、雷达罩、阻力板及起落架舱门等,据统计可减重 20% 左右;第二阶段是应用于承力大的部件,如安定面、全动平尾、前机身段、机翼等,据估计可减重 25%~30%;第三阶段是应用于复杂受力部位,如中机身段、中央翼盒等,据估计可减重 30%。

军用飞机是高新技术的综合实验场,在军用飞机结构上应用复合材料的水平代表了飞机复合材料结构技术的发展水平。鹰狮战斗机、阵风战斗机、台风战斗机和 F/A-18E/F、F-22 等高性能战机上复合材料结构质量已占总结构质量的 23%~30%,机体结构表面积约 80% 为复合材料。前掠翼技术验证机,如美国 X-29、俄罗斯 S-37"金雕"和苏-47,充分体现了复合材料结构特有的气动弹性剪裁特性。

复合材料在西方军用飞机上的应用情况如表 1.1 所列。

当前复合材料也已经用于民用飞机的各个部分,波音和空客公司在多型号飞机上广泛应用复合材料结构,标志着飞机复合材料结构技术发展的成熟程度。复合材料在西方民航飞机上的应用情况如表 1.2 所列。

表 1.1　复合材料在西方军机上的应用情况

| 机　种 | 用量/% | 应用情况 |
|---|---|---|
| F15 | 1.5 | 平尾、垂尾蒙皮、减速板 |
| F16 | 5 | 平尾、垂尾蒙皮、控制面 |
| F18 | 9.9 | 机翼、平尾、垂尾蒙皮、控制面、舱门、机身壁板 |
| X-29 | 5 | 平尾、垂尾蒙皮、控制面 |
| AV-8B | 25 | 前机身、控制面、平尾蒙皮、机翼蒙皮和支撑结构 |
| F22A | 26 | 平尾、垂尾蒙皮、减速板 |
| F35 | 31 | 前机身、控制面、平尾蒙皮、机翼蒙皮和支撑结构 |
| B-2 | 40 | 机翼、机身 |
| A400M | 40 | 机翼、中央翼、襟副翼、平尾/垂尾、起落架舱门、整流罩等 |
| 全球鹰 | 65 | 机翼 |

表 1.2　复合材料在西方民航飞机上的应用情况

| 机　种 | 用量/% | 应用情况 |
|---|---|---|
| DC10 | 1 | 垂直安定面、方向舵 |
| 737 | 1 | 水平安定面 |
| 767 | 3 | 机翼、平尾、垂尾蒙皮、控制面、舱门、机身壁板 |
| 777 | 10 | 副翼、内侧扰流板、方向舵、升降舵 |
| 787 | 50 | 襟副翼、平尾、垂尾、机身、扰流板、发动机舱、起落架舱门、整流罩 |
| A320 | 5.5 | 襟翼、平尾、垂尾 |
| A330 | 12 | 襟翼、平尾、垂尾 |
| A380 | 25 | 机翼、中央翼、平尾、垂尾、尾锥、后增压舱、起落架舱门、整流罩 |
| A350 | 53 | 机身壁板、隔框、翼梁、机翼壁板、中央翼、襟副翼、平尾、垂尾 |

　　波音 777 飞机上复合材料用量占结构质量近 10%，约 9 吨，占飞机表面积约 35%。在空中客车 A380 客机上，仅碳纤维复合材料的用量已达 32 吨左右，占结构总重的 15%，再加上其他种类的复合材料，其总用量达结构总重的 25% 左右。为大幅度减轻结构质量，提高燃油效率，波音 787 飞机（见图 1.4）大量采用了复合材料，复合材料占全机结构质量 50% 以上。飞机结构中的机翼、机身、垂尾、平尾、地板梁及部分舱门、整流罩等均为复合材料制成，是世界上第一个采用复合材料机翼和机身的大型商用客机。

　　A380 的中央翼盒和部分外翼应用复合材料，其中央翼盒重 8.8 吨，用复合材料 5.3 吨，较金属翼盒减重 1.5 吨。A380 机是第一个将复合材料用于中央翼盒的大型民机。而在其垂直尾翼和水平尾翼上，采用碳纤维增强复合材料的硬壳式结构，其水平尾翼大小相当于 A310 的机翼，垂尾则相当于 A320 的机翼。尾翼和中央翼盒均拟采用先进的自动铺带（Automated Tape Laying，ATL）技术制造。在其地板梁和后承压框，采用碳纤维复合材料，应用更为先进的自动铺丝（Automated Filament Placement，AFP）技术和树脂膜熔化（Resin Film Infusion，RFI）成形技术制造。固定机翼前缘和机身上的某些次加强件，采用热塑性复合材料制造。各种翼身整流罩、襟翼滑轨整流罩、操纵面和起落架舱门等处，采用复合材料夹层面板结构制造。

图 1.4　波音 787 飞机材料分布

在 A380 飞机的上机身蒙皮上应用了大约 500 $m^2$ 的 GLARE 材料(见图 1.5),这是一种高强玻璃纤维预浸料和高强铝薄板交替铺放,层压而成的一种复合材料。GLARE 材料的优点有:局部增强,并且变厚度结构可一次固化;断裂机械性能好,能够显著增强抗裂纹增长能力;抗腐蚀及防火能力强。

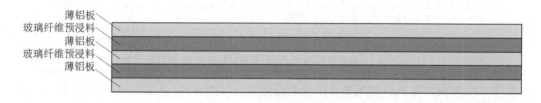

图 1.5　用于 A380 飞机上的 GLARE 材料

空中客车 A350XWB 飞机 53％的结构件采用复合材料,从而使得机身质量更轻,大幅度降低了燃油消耗。其中,机身的壁板、地板和隔框均为复合材料所制,壁板的蒙皮采用自动铺丝技术制造,长桁采用 M Torres 公司的铺设设备铺设,与蒙皮组装后,置于热压罐中进行共固化。前机身复合材料壁板的制造与中机身壁板类似,只是尺寸更大,前机身右侧壁板的面积为 93 $m^2$。后机身的复合材料压力框采用一种真空辅助工艺(Vacuum Assisted Resin Transfer Moulding,VARTM)制造,可省去热压罐固化过程。

中国商飞 ARJ21 支线飞机复合材料的应用水平相当于前述的第一阶段,复合材料的应用位置如图 1.6 所示。在 C919 飞机的雷达罩、机翼前后缘、活动翼面、翼梢小翼、翼身整流罩、后机身、尾翼等主承力和次承力结构上使用了复合材料,舱门和客货舱地板使用了芳纶蜂窝材料,复合材料总的用量近 12％。它的球面框是首个完整按照国外先进验证方法进行适航符合性验证的复合材料部件。在进行设计时,设计师采用了三维结构二维展开的方法,把这个双曲面的复合材料结构"裁"成十几条形状各异的长形,虽然是采用手工铺贴工艺,但依然能达到生产精度要求和稳定性要求。另外,机舱内部首次启用芳砜纶纤维制作椅罩、门帘,使得飞机减重30 kg 以上。

方向舵

雷达罩

翼身整流罩

翼梢小翼

图 1.6 ARJ21 支线飞机复合材料应用情况

# 1.3 飞机复合材料结构的特点

复合材料用于飞机机体结构上的形式和种类很多,材料体系各有不同,其制造工艺方法也不尽相同,而工艺又在很大程度上决定了复合材料的结构形式。从这个意义上,复合材料可更好地体现材料与结构的一体化、设计与制造的一体化。

## 1.3.1 不同类型的飞机复合材料构件

**1. 飞机翼肋、隔框、梁、长桁、壁板等**

如图 1.7 所示,这类构件可采用预浸料(Prepreg)手工或自动铺放,热压罐(Autoclave)固

(a) 复合材料机身构件

(b) 复合材料机身与机翼构件

(c) 复合材料机身壁板

(d) 复合材料机身壁板

图 1.7 飞机复合材料构件

化而成。预浸料是把基体浸渍在增强纤维中制成的片材或丝束产品,是复合材料的中间材料。将裁制好的片材按顺序逐层强行铺贴到成形模具上,压实,或者通过自动铺带、自动铺丝按设定的路径将预浸带或预浸丝束铺到模具上,并利用压辊压实。将完成铺放的工件连同模具装进真空袋并抽真空,一起放入热压罐中,加压加温保持一段时间后冷却,树脂固化,得到形状固定的复合材料构件。复合材料构件的另一种制造方式是采用液体成形工艺(Liquid Composite Molding,LCM),其原理是预先在模具的模腔中铺放好增强材料预制体,合模后,利用一定的压力将低黏度的液态树脂注入模腔,通过树脂的流动浸渍预制体,并在模腔中固化,然后脱模成形。这种工艺方法中所使用的预制体,可以是一层层的单向纤维布或织物,也可以通过三维编织而成。

为提高上述结构的整体性,降低装配难度,还可分别在各自模具上铺放预浸料,然后再将其组装起来,在热压罐中一次固化成形,这种成形方法称为共固化,飞机的整体机身筒段、中央翼盒、整体油箱及舵面等均可用该方法制造,如图1.8所示。

图1.8　整体复合材料结构

**2. 用于承受轴向拉、压载荷及扭矩的管状构件**

如飞机操纵杆,这类构件常用缠绕成形方法制造(见图1.9),也可以手工铺设或自动铺放,如自动铺丝或自动铺带。

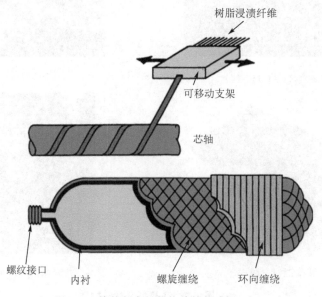

图1.9　管状复合材料构件缠绕成形

**3. 操纵面上普遍使用的夹层结构**

这类构件如方向舵面、副翼翼面等。夹层结构的芯子可以由不同材料组成,如硬质泡沫塑料、蜂窝芯子等,参见图 1.10。芯子与蒙皮一般采用胶接形成整体结构,夹层结构的特点在于比模量和比强度高,能承受均布的气动力,适宜用于飞机活动操纵面上。

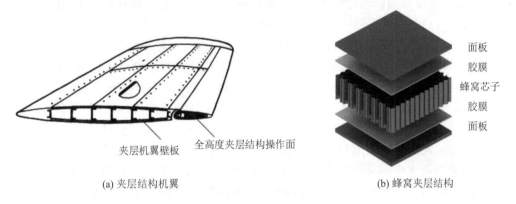

(a) 夹层结构机翼　　　　　　　　　　　　(b) 蜂窝夹层结构

**图 1.10　夹层结构**

## 1.3.2　不同种类增强材料制造的构件

飞机复合材料构件的增强材料主要为硼纤维、碳纤维及芳纶纤维(Kevlar)。硼纤维有优秀的机械性能,但价格高,纤维直径较粗,构件成形时限制比碳纤维多,到目前为止应用不多。碳纤维品种规格齐全,可根据设计要求选用,价格也比硼纤维低,在飞机结构上的使用量最大。Kevlar 纤维的优点是其抗拉强度很高,密度小,韧性好;缺点是抗压模量低,在主受力构件中应用受到限制。但 Kevlar 可与其他纤维混用,以改善层压板性能。

增强材料可以单一形式或混杂方式应用于飞机结构中。目前大多数承力构件使用单一形式的增强材料,这主要是从制造的方便性考虑,所制成的构件具有脆性材料的特征,抗冲击能力较差,应力集中效应较为明显。

而混杂纤维复合材料是指同一块层压板结构中出现两种或两种以上的纤维,纤维之间可协同作用,取长补短,呈现出单一纤维复合材料所没有的新性能和优异的综合性能。如硼纤维-碳纤维/环氧树脂层压板有很好的抗压性能,Kevlar-碳纤维/环氧树脂层压板改善了构件的性能。混杂型增强材料在层压板中存在的形式有层间混杂(不同纤维层在层间按一定规律相互交替存在)、层内混杂(在同一层内,存在不同的纤维,如 Kevlar 纤维与碳纤维的编织物)和纤维间混杂(一束纤维中有两种以上不同的纤维)等。

此外,复合材料构件的原材料大多以预浸料形式提供使用,预浸料有单向无纬的预浸料或编织物预浸料。前者能充分发挥纤维的最大效能,使部件具有很高的结构效能;后者为产品制造带来方便,可以提高生产率。

## 1.3.3　金属与复合材料混合的构件

如上所述的 GLARE 结构(见图 1.5)系在 20 世纪 70 年代航空航天领域开发出的一类新型结构材料,即是金属薄板和预浸料薄片交替铺叠,然后热压成形的纤维增强金属层合板。

铝合金是航空航天领域最重要的结构材料之一,在使用过程中发现,疲劳性能限制了铝合金的广泛应用。当铝合金内部出现裂纹后,在交变载荷的作用下,裂纹会很快扩展,最后导致材料的失效。因而,对那些疲劳性能是重要指标的结构件,要慎重考虑铝合金的使用问题。复合材料以高比强度、高比模量的优良性能在航空航天领域备受青睐。但纤维增强树脂基复合材料本质上是一种脆性材料,在材料的加工和使用过程中,当不可避免地发生冲击、碰撞等情况时,会在材料内部造成损伤,有的损伤在其长期使用过程中是不能忽视的,因而必须进行探测和修理,而这种探测和修理比金属材料困难得多,这也影响了复合材料的广泛应用。可见,铝合金和复合材料在实际应用中都存在一些弱点。

早在 20 世纪 60 年代就发现,将许多铝合金薄板胶接在一起的层合金属板,其疲劳性能和断裂韧性比相同厚度的整体铝合金板有显著提高。这是由于在层合金属板中,局部的裂纹因为胶层的阻挡而不易扩散到邻近的薄板上,同时,薄板中的平面应力状态也决定了较缓慢的裂纹增长。采用钛合金也获得了同样的效果。为进一步提高材料的这种性能,在金属薄板之间增加了纤维预浸料薄片,从而开发出一种新型的复合材料——混杂复合材料。

最初的混杂复合材料采用铝合金薄板和芳纶预浸料,制成芳纶增强铝合金层合板 AR-ALL。当铝合金薄板产生裂纹时,除了层间胶粘剂限制裂纹的增长外,纤维还在裂纹处形成桥连,由于纤维具有较高的强度和刚度,该桥连纤维可以承受裂纹处很大的载荷,从而大大减小了裂纹尖端的应力强度,使材料中疲劳裂纹扩展速率大幅度降低,因而 ARALL 板具有优异的抗疲劳性能。又由于铝合金具有优良的韧性和延展性,使 ARALL 层合板的抗冲击性能比树脂基复合材料有大幅度提高。这样,ARALL 层合板就把铝合金和纤维增强复合材料两者的优点结合起来。之后又制成玻璃纤维增强铝合金层合板 GLARE 和碳纤维增强铝合金层合板 CARE。前者拉伸强度高、疲劳性能好,不足之处是弹性模量较低;由于碳纤维性能优于芳纶和玻璃纤维,因此 CARE 层合板具有更好的力学性能,但存在潜在的电位腐蚀问题,当碳纤维和铝合金在腐蚀环境中接触,就可能发生电位腐蚀。在铝合金表面涂敷热塑性涂料,或用一层玻璃布预浸料将碳纤维和铝合金隔离开,即能解决该问题。

混杂复合材料在其发展过程中,除优良的疲劳性能和抗冲击性能外,还显示出其他优点,如力学性能好、密度较小、吸湿性低、加工性能好等。20 世纪 90 年代,还研发出碳纤维增强钛合金层合板 HTCL。钛合金的力学性能、耐热性能和耐腐蚀性能均优于铝合金,碳纤维的力学性能也优于芳纶纤维和玻璃纤维,因而 HTCL 的综合性能更优良。当今,混杂复合材料已经成为一类新型结构材料,以其轻质、高强度、高模量、耐疲劳及抗冲击等优异性能应用于航空航天及其他领域。

# 1.4　飞机复合材料构件的结构工艺性

对于复合材料构件,需根据不同的结构特点和材料组成,采用不同的制造方法。比如:用缠绕法制造筒体或杆状件;以预浸料铺叠(手工或自动)成坯件,然后固化成壁板、梁、长桁等构件;等截面的型材用拉挤法成形。目前预浸料法是飞机构件主要的制造方法。

复合材料构件的结构工艺性是以飞机构件制造难易程度为依据的。一个具有良好工艺性的复合材料构件的结构设计,应该使构件容易制造,不需太复杂的技术和大量的模具;容易控制质量,构件内部不产生分层、孔隙、树脂分布不均等缺陷,容易保证尺寸外形精确度,制品具有良好的互换协调性;易于实现制造过程的机械化和自动化;生产准备简单,不需大规模技术改造,生产周期短,效率高。

影响飞机复合材料构件结构工艺性的因素有:

**1. 结构工艺分离面划分**

复合材料的飞机构件要合理地划分工艺分离面。工艺分离面决定了施工工作面、施工通路开畅性、工艺装备数量、协调方法及整个工艺路线,对质量、效率和成本都有很大影响。划分工艺分离面的依据为:

① 充分利用设计及使用分离面为工艺分离面,如独立的平尾、垂直安定面、各种操纵面。平尾、垂直安定面等可再细分为前缘、后缘、主承力盒、翼尖等工艺单元,这样既便利于设计,也为制造及以后飞机使用和维护提供方便。

② 构件的大小、结构、形状的复杂程度,目前具有的制造技术水平、设备能力等因素。

③ 有足够的刚度,分解后构件的变形都必须控制在允许范围内。

④ 更细的工艺单元,具有更开畅的施工通路和更多的施工工作面,但需要更多的工艺装备,增加了互换协调环节,这对单件或小量生产是不合理的。

**2. 构件的外形**

① 构件形状对工艺方法、产品质量、制造成本都有很大影响。如细长的筒杆件可用缠绕法制造,大而薄的壁板件宜用预浸料-热压罐法制造,数量多的小板件可用热压机成形。

② 采用对称的构件,可以减少模具数量,协调方法简单,构件变形小。

③ 具有直母线外形的构件,工艺装备制造容易。单曲面外形构件容易获得高质量的叠层块坯件,尤其是用宽幅单向预浸料更能保证质量,节约工时。

④ 平整而光滑过渡的外形,不易产生富胶、贫胶和纤维皱曲,也不易出现局部压不实而致疏松的缺陷。

⑤ 对于外形复杂的复合材料构件设计,应考虑制造工艺上的难易程度,可采用合理的分型面分成两个或两个以上构件;对于曲率较大的曲面应采用织物铺层;对于外形突变处应采用光滑过渡;对于壁厚变化应避免突变,可采用阶梯形变化。

⑥ 机械连接区的连接板应尽量在表面铺贴一层织物铺层。

**3. 构件成形的几何参数**

① 为了提高结构整体性,减少构件数量,减少装配工作量,应尽量采用共固化方法制造构件。因此,对构件内部的纵横向件的布置与组合要有合适的选择,以使构件在铺叠、固化成形后易于脱模。

② 在复合材料构件上应尽量少制孔。对于那些施工、检查、维修所需的大孔,要制成圆孔。如果需要制成方形孔,四角应呈圆弧形,避免因尖角引起应力集中。

③ 层板铺层组织应该是平衡结构,镜面对称铺贴固化时可以避免变形。如需与金属构件共固化,金属件的布置则应处于对称位置,并尽量选用膨胀系数与复合材料相近的材料。

④ 构件的两面角应设计成直角或钝角,构件的拐角应具有较大的圆角半径,以避免在拐角处出现纤维断裂、富树脂、架桥(即各层之间未完全粘接)等缺陷。

⑤ 如果可能,应使弯边构件的弯边大于 90°。这样不仅容易成形,简化模具,而且固化后构件易从模具中取出。弯边的圆角半径 $R$ 取决于纤维的柔软度。大的圆角半径有利于成形。

⑥ 构件厚度根据设计所要求的强度和刚度确定。复合材料构件固化时希望各处厚度差异不要太大。

⑦ 对于构件的装配,采用共固化方法时,由于整体成形可以不要补偿;由构件组装时,就要补偿。成形后的复合材料构件的配合面不允许修锉,而构件制造必然有误差。应该采取小的负差,在装配时用快速固化的液体塑料垫片充填补偿。

⑧ 结构的开畅性对构件成形和部件装配都很重要。在构件成形过程中,便于从模具中取出构件、模块、辅助模等。良好的开敞性既为装配提供构件安装、定位及连接的通路,也为部件在以后使用中的检修、维护提供了通道。

⑨ 当构件的表面质量要求较高时,应使该表面为贴模面,或在可加均压板的表面加均压板,或分解结构件使该表面成为贴模面。

⑩ 复合材料的壁厚一般应控制在 7.5 mm 以下。对于壁厚大于 7.5 mm 的构件,除必须采取相应的工艺措施以保证质量外,设计时还应适当降低力学性能参数。

# 1.5  新型复合材料

## 1.5.1  功能复合材料

现阶段的复合材料构件不再是单一的承载结构,整体化、功能化和智能化等已成为新的发展方向。复合材料在承载的同时,兼具多功能性,如结构/防热一体化、结构/作动一体化、结构/吸波一体化、结构/透波一体化、结构/导热一体化等,这类材料称为功能复合材料。功能复合材料是指用基体(大多为树脂基体)与第二相功能体复合而成的一类复合材料。这类复合材料除具有一定的强度和刚度外,还依据功能体的不同性质,分别具有电、磁、光、热、声学或生物化学及生态学等特殊功能,功能体的形式大多是颗粒、短切丝、小箔片,具体材料可以是金属、金属氧化物和碳材料及其他特殊功能体。

功能复合材料有以下特点:

① 应用面宽。根据需要可设计与制备出不同功能的复合材料,以满足现代科学技术发展的需求。

② 研制周期短。一种结构材料从研究到应用,一般需要 10~15 年,甚至更长,而功能复合材料的研制周期要短得多。

③ 附加值高。单位质量的价格与利润远远高于结构复合材料。

④ 小批量,多品种。功能复合材料很少有大批量生产,但品种需求多。

⑤ 适于特殊用途。在不少场合,功能复合材料有着其他材料无法比拟的使用特性。

功能复合材料总的发展趋势是高功能化、多功能化、结构和功能整体化、智能化及低成本化。

## 1.5.2  智能复合材料

**1. 智能复合材料定义与特点**

智能复合材料(Intelligent Composite)有时也称机敏复合材料(Smart Composite),是一类基于仿生学概念发展起来的高新技术材料,是在复合材料多功能化的基础上,为适应高性能飞机越来越高的飞行速度,于 20 世纪 90 年代开始研发的新型复合材料。智能复合材料将复合材料技术、现代传感技术、信息处理技术和功能驱动技术集成于一体,将感知单元(传感器)、信息处理单元(微处理机)与执行单元(功能驱动器)联成一个回路,通过埋置在复合材料内部不同部位的传感器感知内外环境和受力状态的变化,并通过微处理机对感知到的变化信号进行处理并做出判断,向执行单元发出指令信号,而功能驱动器可根据指令信号的性质和大小进行相应的调节,使构件适应这些变化。整个过程完全是自动化的,从而实现自检测、自诊断、自调节、自恢复及自我保护等多种特殊功能。

大体来说,智能材料就是指具有感知环境(包括内环境和外环境)刺激,对其进行分析、处理、判断,并采取一定的措施进行适度响应的智能特征的材料。

具体来说,智能材料需具备以下功能:

① 具有感知功能,能够检测并且可以识别外界(或者内部)的刺激强度,如电、光、热、应力、应变、化学及核辐射等;

② 具有驱动功能,能够响应外界变化;

③ 能够按照设定的方式选择和控制响应;

④ 反应比较灵敏、及时和恰当;

⑤ 当外部刺激消除后,能够迅速恢复到原始状态。

智能材料的设计与合成几乎横跨所有的高技术学科领域。构成智能材料的基本材料组元有压电材料、形状记忆材料、光导纤维、电(磁)流变液、磁致伸缩材料和智能高分子材料等。这种类似于生物系统的智能结构也常被用在现代高层建筑物、大型桥梁、隧道、地铁等的安全检测和预报中,如对于地震多发的国家,将光纤传感器埋置在建筑物中,可感知因地震而引起的建筑物的状态变化,从而提前采取预防措施。

智能复合材料是传感技术、计算机技术与材料科学交叉融合的产物,在许多领域展现了广阔的应用前景,例如飞机的智能蒙皮与自适应机翼就是这样的高端智能结构。

**2. 智能复合材料的工作原理**

智能复合材料的工作原理如图 1.11 所示。智能复合材料的功能是依靠信息的传递、转换和控制来实现的,因此其功能实现的关键是信息的采集与流向。

智能复合材料传感器的主要作用是感知环境的变化(如温度、热、声音、压力、光等),并将其转换为相应的信号。传感材料有形状记忆合金(SMA)、压电材料、光纤、电/磁致黏流体和光致变化材料等,尤其是光纤应用最广(可感知压力、温度、密度、弯曲及射线等)。信息处理器一般是带有特殊芯片的微处理机,它能对传感器的输出信号进行判断处理并发出接线指令。功能驱动器部分的驱动材料在一定条件下可产生较大的应变和应力,从而起到响应和控制作用,如形状记忆合金、磁致伸缩材料和 pH 致伸缩材料等。

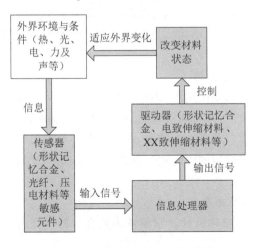

**图 1.11 智能复合材料作用原理**

### 3. 几种主要的智能复合材料

根据所用传感器的不同,智能复合材料可分为以下几种。

（1）光导纤维智能复合材料

在航空中目前主要应用光导纤维智能复合材料,光纤传感器嵌埋在复合材料中,这要求其与基体之间具有良好的兼容性。由其制成的传感器,可以测量温度、应力、应变等多种物理量且具有极高的灵敏度,并兼具感知和传输双重功能,是一种高效的传感材料。目前,各种埋入式复合材料光纤传感器的作用如下:

① 实时监测,报告材料状态和结构,进行在线综合评估。例如,对复合材料制造过程进行监测,随时报告加工中出现的缺陷,如裂纹、孔洞、缝隙等。也可监测结构在使用时所处的状态,如疲劳和温度等情况,如加拿大多伦多大学与波音公司合作研制了具有光纤"自诊断"系统的机翼前缘的损伤自评系统,通过测量光纤输光时的各种性能变化进行在线损伤评估。

② 制作隐身复合材料。其原理是将由发光光纤和接收光纤两部分组成的光纤埋入复合材料时,光纤端面位于材料表面,发光光纤发射出不在红外探测器探测范围之内的光波,在远离材料的表面形成一道光波墙,达到隐身目的。而接收光纤则接受制导激光信号,以便采取相关干扰措施。

③ 制作自修复智能结构。其原理是将带胶液空心光纤埋入复合材料中,当结构发生损伤时,由空心光纤网络的输出信号检测出损伤发生的位置,同时空心光纤作为输送修复胶液的通道将光纤所含胶液流到损伤处,修复复合材料。为提高修复质量,可在复合材料中适当布置SMA,利用其受激励时产生的压应力和热量,使胶液能够容易流出,并提高固化的质量。

（2）压电智能复合材料

压电智能复合材料是以压电片作为传感器制成的复合材料,这种复合材料具有压电效应。当在材料上施加外力时,材料产生电压的现象称为正压电效应;而当在材料表面施加电场时,材料发生应变或应力的现象称为反压电效应。具有压电效应的复合材料即具有将电能和机械能变换的特性,故可应用于智能结构中,特别是自适应、减振与噪声控制等方面。将压电材料置入飞机机身内,当飞机遇到强气流而振动时,压电材料便产生电流,使舱壁发生和原来的振动方向相反的振动,抵消气流引起的振动噪声。将压电材料应用于滑雪板,滑雪板受振的同时就产生减振反作用力,可以增强滑雪者的控制能力。利用压电陶瓷易于改性且易于与其他材料兼容的特点,可将其制成自适应结构。意大利比萨大学制成的压电皮肤传感器,对环境温度和压力具有敏感性。

（3）电/磁流变体智能复合材料

电/磁流变体在外加电/磁场作用下,内部会出现一种沿电/磁场方向的纤维状结构,使得体系黏度在短时间内急剧增大,同时屈服应力、弹性模量显著增加,而当撤去外电/磁场后又可在瞬间内恢复到原液体性能。利用这一特点,将其与其他材料复合可实现材料的智能化,如电流变材料能使复合材料整体结构的刚度由小到大发生连续变化,从而达到对振动状态实施主动监控和振动抑制的目的。

（4）智能复合材料的研究方向

① 智能复合材料结构的整体设计。除要考虑复合材料本身的力学性能外,还要考虑传感器的种类、数量及安装方位等问题。

② 传感器、驱动器与复合材料的相容细观界面问题,以及与外部设施的耦合包括接头的保护等问题。

③ 智能复合材料与结构内部的多种信号的传输、传感信号的分析处理、指令信号的传输及执行单元的驱动响应控制等问题。

④ 智能复合材料的制造工艺与工艺质量控制,如智能元件的植入工艺、智能元件接口的制造及保护加工过程中光纤不被损坏等。

⑤ 智能复合材料结构的服役保障,包括结构耐久性、环境影响与载荷条件(温度、湿度、冲击影响)及实际应用过程中的误差分析等问题。

⑥ 智能复合材料的计算机模拟设计、需要建立的数学和力学模型元件及试验数据积累等问题。

## 1.5.3 隐身复合材料

吸波隐身复合材料是当代最具代表性的结构/功能整体化的新型复合材料,它的结构形状特殊、整体化程度高,从设计到材料到成形都有不同于一般复合材料的要求,集多种现代高新技术于一体,代表了目前复合材料的发展水平。

**1. 飞机隐身技术简介**

隐身技术是航空装备发展中出现的一种新技术。它是指在一定范围内降低反射信号,使飞机难以被雷达和红外等探测手段发现的一种技术。这对于缩短敌方防御系统的发现距离,使敌方无法及时组织有效的拦截起着重要的作用,用以提高作战飞机的生存力,增强突防能力,达到消灭敌人保存自己的目的。因此,隐身能力是当代作战飞机必须具备的重要性能指标,受到了国际上的高度重视。1993 年 4 月,美国在首次报道"海影"隐身试验船时指出:"对各军兵种来说,拥有一种隐身武器,可能与 50 年代拥有一种核能力具有同样的重要性。"

目前,世界各国都在努力发展隐身技术。其中,美国的飞机隐身技术已处于领先地位。海湾战争中,F－117 隐身飞机的出现对于其他国家来说,无疑是一个技术上的挑战。继 F－117 隐身战斗机、B－2 隐身轰炸机等之后,美国又开始着手 ATF(先进战术战斗机)的研究。特别是 F－22 第四代战斗机的研制与原型机的试飞,充分体现了隐身技术对提高飞机作战能力的作用,其最大的特点是可以在不损失机动性和速度的情况下实现隐身。F－22 隐身飞机的复合材料用量达到整机质量的 26％。飞机在外形布局、进气道设计、座舱和雷达罩设计、全埋武器舱设计和尾喷管设计等方面都采用了一系列先进隐身技术,使该机的红外特征比 F－15 小了 47 倍。

美国 B－2 隐身轰炸机大量采用了隐身复合材料。其大型的机翼蒙皮采用具有吸波性能的 S2－玻璃纤维、芳纶纤维及碳纤维等多种纤维混杂复合材料制作,除具有吸波作用外,还提高了外形的整体性,减少了对接缝隙和铆钉引起的雷达波散射。与金属相比,降低了大型复杂外形蒙皮的制造难度。同时,机翼中还大量采用了具有吸波性能的蜂窝夹层结构,使透射到结构内部的雷达波被吸收。

美国研制的科曼奇侦察攻击两用隐身直升机主体大部分采用隐身复合材料及夹层隐身复合材料,旋翼采用透波复合材料制作。此外,飞机底部采用了兼有隐身及抗坠毁能力的复合材料。

苏联早在 1965 年以前就已开展飞机隐身技术的研究工作,20 世纪 70 年代开始研制的米格－29、苏－27 等战斗机都采用了某些隐身外形和雷达吸波材料,使雷达散射截面降至 3 $m^2$。米格－24 武装直升机采用了红外隐身技术,从而有效地避免了红外导弹的跟踪。目前,俄罗斯等国也在大力进行下一代战斗机的研制,采用综合隐身技术,以达到隐身目的。

除了美国和俄罗斯之外,英、法、德、日等国家也都在研究飞机隐身技术。

**2. 隐身技术途径**

实现飞机隐身主要有两种技术途径,即外形设计和采用隐身材料。

（1）外形设计

一般飞机的外形总有许多部分强烈反射雷达波,像发动机进气道和尾喷口、机上突出物和外挂物、各部件边缘和尖端及所有能产生镜面反射的表面等。隐身飞机的外形要避免使用大而垂直的垂直面,而是大量采用凹面,这样可使截获的雷达波向偏离雷达接收的方向散射。F-117基本上为多平面角锥形体,尾翼为V形;而B-2则是前缘后掠、后缘为大锯齿形,没有机身和尾翼,像一个大的飞翼,其发动机进气道布置在机体上方,没有外挂物突出在机体外面。此外,为了进一步减小飞机的雷达波散射面,还在机翼的前后缘、进气道进口部分采用了能够吸收雷达波的材料,并且在整个飞机表面涂以黑色的吸收雷达波的涂料。

（2）采用隐身材料

第二个途径就是采用雷达吸波材料,即隐身材料。

目前,探测飞机的遥感设备主要有雷达、红外、光学和声波探测系统4种,因此隐身技术也可分为雷达隐身、红外隐身、可见光隐身和声波隐身4大类。探测系统中,雷达探测占60%以上,因而隐身的重点也在于雷达隐身。

针对雷达的隐身技术途径主要是利用雷达吸波材料。吸波材料能吸收投射到它表面的电磁波能量,并通过材料的介质损耗使吸收到的电磁波能量转化为热能或其他形式的能量而耗散掉,从而减少或消除反射回到雷达探测器的电磁波。良好的吸波材料必须具备两个条件:一是雷达波射入吸波材料内,其能量损耗尽可能大;二是吸波材料的阻抗与雷达的阻抗相匹配,此时满足无反射。实用上常要求吸波材料在一定频宽范围（如8~18 GHz）内对电磁波进行强烈吸收。理想的情况是全吸收,即反射系数为零。

隐身材料按工艺与承载能力分为涂层型及结构型两大类。涂层隐身一般是指在飞机或构件表面涂覆一层具有吸波功能的涂层,常用作吸波涂层的是一些铁氧体粉末、铝粉、银粉及炭黑等。涂层型的吸波有不足之处,例如,涂层与面板的结合受多种因素的限制,牢固性较差,一旦脱落易形成大面积的隐身缺陷;另外,涂层太薄吸波效果差,太厚则强度太低,又大大增加了飞机的质量。因此,现在结构型的隐身材料成为发展重点。

结构隐身复合材料是在先进复合材料基础上发展起来的功能-结构整体化的复合材料,它既能隐身又能承载,可成形各种形状复杂的部件,如机翼、尾翼、进气道等,具有涂覆材料无可比拟的优点,是当代隐身材料的主要发展方向。各种隐身方式的有机结合,使得飞机达到综合隐身状态。如F-22飞机采用翼身融合体隐身外形,在机身内外金属件上全部采用吸波材料及吸波涂层,同时在机翼及进气道等腔体内侧采用吸波结构和吸波材料。

## 1.5.4　纳米复合材料

纳米复合材料是以树脂、橡胶、陶瓷和金属等基体为连续相,以纳米尺寸的金属、半导体、刚性粒子和其他无机粒子、纤维、纳米碳管等改性剂为分散相,通过适当的制备方法将改性剂均匀性地分散在基体材料中,形成一相含有纳米尺寸材料的复合体系。可见,与复合材料定义相同,纳米复合材料是由两种或两种以上物理化学性质不同的物质组合而成的一种多相固体材料,但不同之处在于其中至少有一种是纳米尺度的微粒、纤维或薄膜。这些不同形态的纳米材料统称为分散相,"包裹"它们的材料称为基体。

分散相的形态不一,材料种类众多,但都满足一个最基本的条件,即某一维度的尺寸在纳米尺度。从基体与分散相的粒径大小关系,复合可分为微米－纳米、纳米－纳米的复合。由此带来了纳米效应,这是纳米复合材料具有奇异物理和化学特性的根本原因。

**1. 纳米复合材料的效应**

纳米复合材料的效应包括小尺寸效应、表面效应、量子效应和宏观量子隧道效应,具体如下。

(1) 小尺寸效应

当固体颗粒的尺寸与德布罗意波长相当或更小时,这种颗粒的周期性边界条件消失,在声、光、电磁、热力学等特征方面出现一些新的变化。纳米微粒的小尺寸效应使其具有独特的物理化学性能,从而拓宽了材料的应用范围。当颗粒的粒径小到纳米级时,材料的磁性就会发生很大变化,如一般铁的矫顽力约为 80 A/m,而直径小于 20 nm 的铁,其矫顽力却增大了 1 000 倍。

利用等离子共振频率随颗粒尺寸变化的性质,可以通过改变颗粒尺寸控制吸收边的位移,制造具有一定频宽的微波吸收纳米材料,可用于电磁波屏蔽、飞机隐身等。

(2) 表面效应

表面效应是指纳米颗粒的表面原子与总原子之比随着纳米微粒尺寸的减小而大幅增加,离子表面结合能随之增加,从而引起纳米微粒性质变化的现象。

由于表面原子数增多,原子配位不足及高的表面能,使这些表面原子具有高的活性,极不稳定,很容易与其他原子结合。若将纳米粒子添加到高聚物中,这些具有不饱和性质的表面原子就很容易同高聚物分子链段发生物理化学作用。这样两者之间不但可以通过范德华作用力结合在一起,而且那些具有较高化学反应活性的纳米粒子还可以同聚合物分子链段上的活性点发生化学反应而结合在一起。这在催化方面应用极广。

(3) 量子效应

所谓量子尺寸效应是指当粒子尺寸减小到接近或小于某一值(激子波尔半径)时,费米能级附近的电子能级由准连续变为离散能级的现象。纳米微粒存在不连续的被占据的高能级分子轨道,同时也存在未占据的最低的分子轨道,并且高低轨道能级间的间距随纳米微粒粒径的变小而增大。

(4) 宏观量子隧道效应

电子既具有粒子性又具有波动性,具有贯穿势垒的能力,称之为隧道效应。近年来,人们发现一些宏观物理量,如微颗粒的磁化强度、量子相干器件中的磁通量等也显示出隧道效应,称之为宏观的量子隧道效应。量子尺寸效应、宏观量子隧道效应将会是未来微电子、光电子器件发展的基础,或者说它确立了现存微电子器件进一步微型化的极限,当微电子器件进一步微型化时必须要考虑上述的量子效应。例如,在制造半导体集成电路时,若电路的尺寸接近电子波长,电子就通过隧道效应而溢出器件,使器件无法正常工作,经典电路的极限尺寸大约在 0.25 μm。

**2. 纳米复合材料的应用**

基于纳米复合材料的奇异特性,纳米复合材料在下列方面具有广阔的应用前景。

(1) 纳米复合材料的催化性能

纳米复合材料催化剂是以聚合物为载体,以纳米粒子为催化活性中心的高效催化复合体系,既能发挥纳米粒子催化的高效性和高选择性,又能通过高聚物的稳定作用使之具有长效稳定性。常用的作为催化活性中心的纳米粒子主要有金属粒子(如 Pt、Rh、Ag、Pd、Ni、Fe、Co 等)及一些金属氧化物纳米粒子,如纳米 TiO,是典型的具有光催化性能的纳米粒子。纳米粒子可以通过填充、吸附、沉积而负载在多孔树脂上或聚合物膜上或包裹在聚合物基体中,从而得到聚合物基纳米复合材料催化剂。用于烯类单体的聚合有机废物的降解,处理废气、废水以净化环境等。

(2) 纳米复合材料的高强度、高韧性

纳米材料增强的有机聚合物复合材料有更高的强度、模量,同时还具有高韧性,不论是拉伸强度还是冲击强度均具有一致的变化率。在加入与普通分散体相同体积分数的情况下,强度和韧性一般要高出 1~2 倍,在加入相同质量分数的情况下,一般要高出 10 倍以上。为了改善高分子材料的性能,目前广泛采用增韧和增强的方法。高分子材料中加入橡胶弹性体,虽可大幅度提高冲击强度,但拉伸强度、弯曲强度和耐热性能会有所下降;采用无机粒料增强聚合物基体,在提高复合材料强度的同时,又会降低复合材料的韧性;而采用纳米粒子填充聚合物基体时,复合材料既可以增强又可以增韧。

从复合材料的观点出发,若粒子刚硬且与基体树脂结合良好,刚性无机粒子也能承受拉伸应力,起到增韧增强作用。对于超微无机粒子增韧改性机理一般认为:① 刚性无机粒子的存在产生应力集中效应,易引发周围树脂产生微开裂,吸收一定的变形功。② 刚性粒子的存在使基体树脂裂纹扩展受阻和钝化,最终终止裂纹不致发展为破坏性开裂。③ 随着填料的微细化,粒子的比表面积增大,因而填料与基体接触面积增大,材料受冲击时,由于刚性纳米粒子与基体树脂的泊松比不同,会产生更多的微开裂,吸收更多的冲击能并阻止材料的断裂。但若填料用量过大,粒子过于接近,微裂纹易发展成宏观开裂,体系性能变差。

(3) 纳米复合材料的电磁性

纳米材料的电磁特性赋予纳米复合材料电磁性质、电学性质等。填充型纳米复合材料的电磁性质,采用单磁畴针状微粒,且不小于扭顺磁性临界尺寸(10 nm)的纳米粒子与聚合物复合形成复合材料,这种材料具有单磁畴结构,大的矫顽力,用它制作磁记录材料可以提高记录密度,提高信噪比。利用纳米粒子的电学性质使纳米复合材料诸如塑料、涂料、橡胶等具有导电性,而在纳米材料良好的分散状态下,少量的纳米材料就能发挥巨大的性能,例如用纳米银代替微米银制成导电胶,可以节省银的用量;而利用纳米材料特殊的电绝缘性获得绝缘性、介电性复合材料;纳米复合材料因纳米微粒的导电性而成为抗静电材料,用诸如纳米微粒 $Fe_2O_3$、$T_iO_2$、$Cr_2O_2$、ZnO 等具有半导体特性的氧化物粒子制成具有良好静电屏蔽的涂料,而且可以调节其颜色;在化纤制品中加入金属纳米粒子可以解决其静电问题,提高安全性。因此,纳米复合材料的电磁性使这种特殊的复合体系在功能材料领域具有广阔的应用前景。

(4) 纳米复合材料的光学性质

纳米微粒的量子尺寸效应等使它对某种波长的光吸收带有蓝移现象和各种波长光的吸收带有宽化现象,纳米微粒的紫外吸收材料就是利用这两个特性。通常的纳米微粒紫外线吸收材料是将纳米微粒分散到树脂中制成膜,这种膜对紫外光的吸收能力依赖于纳米粒子的尺寸和树脂中纳米粒子的掺加量和组分。

# 思考题与习题

1. 什么是复合材料?复合材料与合金、化合物之间的区别有哪些?

2. 简述复合材料的基本特征与优缺点。

3. 复合材料的基本组成包含哪些？其分类方式有哪些？

4. 飞机结构中使用复合材料的原因有哪些？

5. 分析对比结构复合材料与功能复合材料的区别及其应用特点。

6. 影响飞机复合材料构件结构工艺性的因素有哪些？

7. 智能复合材料的内涵是什么？

# 第2章 复合材料的增强材料与基体组分

## 2.1 概 述

如前所述,复合材料主要由增强材料(纤维、颗粒和晶须等)和基体材料两部分组成,增强材料是复合材料的关键组分,它起着提高强度、改善力学性能的作用。基体起着保护和黏结纤维和其他功能填充材料、传递载荷的作用,它在很大程度上决定了复合材料构件的工艺性。除此以外,复合材料结构中还有夹芯结构、填料等。

复合材料用增强材料的品种很多,其中既包括已广泛应用的玻璃纤维、各种植物纤维,也包括各种新型的高性能纤维状增强材料品种,如有机纤维中的对位芳酰胺(芳纶)、聚芳酯、聚苯并噁唑(PBO)和超高分子量聚乙烯(UHMWPE)等纤维,以及无机纤维中的碳纤维、氧化铝纤维、碳化硅纤维和特种玻璃纤维(S-glass)等纤维品种。20世纪90年代后,为满足先进复合材料高性能(高强度、高弹性模量)化、多功能化、小型化、轻量化、智能化及低成本化的发展需要,各种新技术和新设备不断涌现,从而大大推动了高性能纤维的发展。进入21世纪以来,出现了一批新一代高性能纤维,如纳米碳纤维、耐1 300 ℃以上高温的硅系列纤维等。

世界各国为提升其现代经济和国防的整体实力,十分重视高性能纤维的发展。很长一段时期以来,美国在研究、开发、应用诸方面一直处于领先地位,大多数民用高性能纤维品种的开发和使用均源于美国。我国也将高性能纤维的研究和开发列入了科技攻关或产业化项目中,以保证我国拥有对该战略资源的自主保障能力。

从相态学的角度来说,复合材料可以分为分散相(增强材料)和黏结分散相的连续相(基体)。分散相通常是具有一定形状的固体材料,其以一定方式和比例加入基体中进行复合,作用是赋予复合材料优异的力学性能或某种特殊的物理功能(如吸波、导热等)。一般认为,用于结构复合材料的分散相材料称为增强材料或增强体;而以赋予复合材料某种特殊功能为主要目的分散相则称为功能体,一般以填充材料的形式加入,由此而得到的复合材料称为功能复合材料。夹芯材料是用于一种特殊的复合材料夹层结构中的芯子材料,复合材料夹层结构实际上是一种工程应用上的"三明治",在上下两面板之间放入一种夹芯材料,形成整体的夹层结构,主要目的是减轻构件质量和提高刚度,飞机的机翼、尾翼等的控制翼面广泛应用这种夹层结构材料。

用作分散相的材料可以是金属、无机非金属或有机高分子材料,其中用作增强材料的形式主要有纤维、薄片、晶须和颗粒等;用作夹芯材料的形式多以刚性固体泡沫为主,或预先制成一定的形状和结构,如蜂窝夹芯结构;而填充材料则以颗粒为主,也包括短切纤维或其他形状的填充材料。

用作连续相的基体材料主要有聚合物、金属和无机非金属。

此外,纳米材料是近年发展起来的一门新技术,用纳米材料作为分散相制成的复合材料,既可以是功能复合材料,也可以是结构复合材料,其中用作结构复合材料增强材料的纳米材料大多为碳纳米管(Carbon Nano-Tubes,CNT),包括单壁碳纳米管和多壁碳纳米管。

# 2.2　纤维增强材料

如前所述,结构复合材料的增强材料可以是不同材料制成的纤维、薄片、晶须和颗粒等,但当前及今后的 20～30 年内,航空复合材料的主导增强材料仍然是高性能的纤维。而在功能复合材料领域,碳纳米管可大大改善复合材料性能,有着广阔的发展前景。

纤维增强材料的主要品种有玻璃纤维、碳纤维、芳纶纤维、硼纤维,还有玄武岩纤维、超高分子量聚乙烯纤维及金属丝、硼纤维和陶瓷纤维,等等。

航空航天高端应用的复合材料必须采用高性能的纤维增强材料,高性能纤维目前的主流产品仍是碳纤维,还包括芳纶和超高分子量聚乙烯纤维。高性能纤维的界定主要是依据其优异的力学性能,即具有高比强度和高比模量。

## 2.2.1　碳纤维

如图 2.1 所示,连续碳(石墨)纤维,是由不完整石墨结晶沿纤维轴向排列的一种多晶纤维,其直径为 6～8 μm,是为满足高性能飞机对材料的需求而发展起来的一种新型材料。

碳纤维是由碳元素组成的一种特种纤维。具有耐高温、抗摩擦、导电、导热及耐腐蚀等特性。外形呈纤维状,柔软、可加工成各种织物,由于其石墨微晶结构沿纤维轴择优取向,因此沿纤维轴方向有很高的强度和模量。

**图 2.1　连续碳(石墨)纤维**

尽管碳纤维含碳量在 90% 以上,但是它的制备不是直接从碳材料中抽取。碳材料不溶于任何溶剂,也不能用熔融纺丝法制取,而是由有机高分子纤维,即聚丙烯腈纤维,或石油沥青或煤沥青纤维经专门的碳化处理而制得的。用于制备碳纤维的有机纤维称为前驱体或原丝。商用的连续碳纤维的制造是将碳质前驱体通过各种纺丝工艺转变成纤维状态后,将前驱体纤维交联(稳定化),再在惰性保护性气体中加热(碳化)到 1 200～3 000 ℃以除去非碳元素而形成多晶碳纤维。

最有代表性的碳材料是连续碳纤维,它是近三十多年来商业化的碳制品中最成功的产品,已经发展成为现代工业材料之一,主要用作聚合物基、陶瓷基及碳基复合材料的增强材料。目前各先进国家均把碳纤维视为 21 世纪的尖端材料。碳纤维按力学性能分类,有高强型(HT)、超高强型(UHT)、高模量型(HM)、超高模量型(UHM),其主要力学性能如表 2.1 所列。按制造碳纤维的前驱体来分,主要有聚丙烯腈基(PAN)碳纤维、沥青基碳纤维和人造丝(黏胶丝)碳纤维。

在美国,碳纤维也被称为石墨纤维,但真正意义上的石墨纤维和碳纤维是有区别的:碳纤维主要含无定形碳,制造碳纤维热处理温度为 1 200～1 500 ℃,最终碳纤维中碳的含量约为 95%;而石墨纤维是将相应的有机前驱体纤维制成碳纤维后,再经 2 000～3 300 ℃石墨化处理后而得到的纤维材料,含碳量高达 99%。因此,石墨纤维的弹性模量也大大提高,用石墨纤维制造的复合材料,不仅轻质高强,而且刚性和尺寸稳定性特别好,在航天应用中,被用来制造卫星天线或太阳能电池矩阵。

**表 2.1　碳纤维类型和主要力学性能**

| 性　能 | UHM | HM | UHT | HT |
|---|---|---|---|---|
| 弹性模量/GPa | ＞400 | 300～400 | 200～350 | 200～250 |
| 拉伸强度/GPa | ＞1.70 | ＞1.70 | ＞2.76 | 2.0～2.75 |
| 碳含量/% | 99.8 | 99.0 | 96.5 | 94.5 |

碳纤维的微观结构尚未完全清楚,但基本可以认为碳纤维的微观结构类似于人造石墨,碳原子以石墨化的六方微晶体的形式连接在一起,形成无规乱层石墨结构,并沿纤维的轴向进行取向排列,这种结晶的取向排列使碳纤维强度变得非常高。

碳纤维的力学行为可以看成在断裂之前呈线性的应力—应变关系,表示它的强度与应变成正比。碳纤维断裂是脆性断裂,这在进行碳纤维复合材料结构设计时必须充分考虑。碳纤维最突出的优点体现在它的超出其他工程材料许多的比强度和比模量(见表2.2)。

**表 2.2　碳纤维与金属的性能比较**

| 材　料 | 密度/<br>(g·cm$^{-3}$) | 拉伸强度/MPa | 弹性模量/GPa | 比强度/<br>[GPa·(g·cm$^{-3}$)$^{-1}$] | 比模量/<br>[GPa·(g·cm$^{-3}$)$^{-1}$] |
|---|---|---|---|---|---|
| 高模碳纤维 | 1.7 | 4 000 | 240 | 2.4 | 140 |
| 高强度钢 | 7.5 | 340～2 100 | 208 | 0.04～0.27 | 27 |
| 高强铝合金 | 2.7 | 144～650 | 69 | 0.05～0.23 | 26 |
| E-玻璃纤维 | 2.54 | 3 100～3 800 | 72.5～75.5 | 12.6～15 | 28.5～29.5 |
| 芳纶49 | 1.44 | 2 800 | 126 | 1.94 | 88 |
| 硼纤维 | 2.36 | 2 750 | 382 | 1.17 | 162 |
| 碳化硅 | 2.69 | 3 430 | 480 | 1.28 | 178 |

由表2.2可以看出,碳纤维的比强度和比模量要远高于钢和铝合金的,碳纤维增强的树脂基复合材料是一种优良的轻质高强的结构材料。实践证明,用碳纤维环氧树脂复合材料代替钢或铝,减重效率可达20%～40%,因而在许多工业领域,特别是在航空航天领域得到了广泛的应用。据有关分析,飞机自重每减少1 kg,相当于增加500万美元的经济效益,由此可以看出复合材料在航空航天领域内的重要地位。不仅如此,其他如汽车、海运、交通、发电等与运行速度有关的部门都会因采用复合材料而大为受益。此外,碳纤维还具有耐腐蚀、抗疲劳、耐高温、膨胀系数小、尺寸稳定性高和导电等优点。

几十年来,碳纤维发展很快,品种繁多,目前碳纤维主要根据原丝类型和使用性能进行分类。商品化的碳纤维主流产品有两大类:一是聚丙烯腈基碳纤维(PAN - based CF),二是沥青基碳纤维(Pitch - based CF)。

**1. 聚丙烯腈(PAN)基碳纤维**

PAN基碳纤维是目前生产碳纤维的前驱体的主体,约占80%以上,PAN基高性能碳纤维的世界产量为每年10万吨以上,日本东丽、东邦和三菱人造丝公司占有70%以上的市场份额,总产量占世界总产量的78%,其余产量由美国赫氏(Hexcel)、英国的BP阿莫科(Amoco)和中国台湾的台塑分担。PAN基碳纤维最早于1959年由美国和日本先后研制成功,1963年英国皇家航空研究中心在纤维的热稳定化过程中施加了张力牵伸,实现了高性能碳纤维的生产。PAN 基碳纤维于 20 世纪 90 年代迅速发展,到 21 世纪初已步入成熟、稳定的良性循环发展态势中,并形成各自特色迈向高强度化、高模量化和大丝束的发展新时期。

我国对 PAN 基高强碳纤维的研究始于 20 世纪 60 年代;90 年代后期,我国碳纤维发展进入技术转型期,其中北京化工大学开展了有机溶剂体系制备高强度碳纤维原丝的技术研究,在原丝工艺技术上取得突破;21 世纪初,高强碳纤维的工程化技术研究取得进展,以有机溶剂一步法湿法纺丝、其他溶剂一步法或二步法湿法纺丝工艺等高强度碳纤维原丝制备国产化技术体系得以形成。近年来,我国 PAN 基碳纤维的生产工艺趋于多元化,预氧化和高温碳化炉的来源也趋于多样化,有国产设备和从美、德等引进的设备,国产石墨化炉也初步得到了应用。

截至 2016 年底,我国主要有 25 家企业从事碳纤维生产,年生产能力超过 2.8 万吨。其中,大陆有 24 家生产企业,年生产能力近 2 万吨;台湾地区有 1 家生产企业(台塑),产能为 8750 吨/年。

(1) 聚丙烯腈基碳纤维的制造

PAN 基碳纤维制造工艺流程如图 2.2 所示。

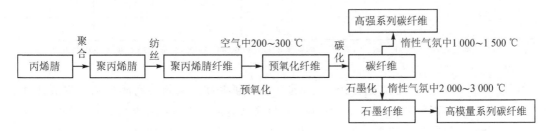

**图 2.2　PAN 基碳纤维制造工艺流程图**

PAN 基碳纤维的特性包括:可编织性好;密度小(1.7~2.1 g/cm³),质量轻;高模量(200~700 GPa),高刚性;高强度(2~7 GPa),强而坚;耐疲劳,使用寿命长;自润滑,耐磨损;吸能减振;热膨胀系数小($0 \sim 1.1 \times 10^{-6}$/K),尺寸稳定;热导性好,不蓄热;导电性好(电阻率为 5 $\mu\Omega$/m),非磁性;X 射线穿透性好;与生物的相容性好,等等。这一系列性能和功能,可以使其满足各种条件下的使用要求。

目前,日本东丽公司生产的 PAN 基碳纤维的质量与产量均居世界领先水平,其碳纤维规格和性能见表 2.3。

**表 2.3　日本东丽公司部分碳纤维的牌号与性能**

| 牌号 | 根数/(K/束) | 拉伸强度/GPa | 弹性模量/GPa | 断裂伸长/% | 纤度/Tex | 密度/(g·cm⁻³) |
|---|---|---|---|---|---|---|
| T300 | 1 | 3.53 | 230 | 1.5 | 66 | 1.76 |
| | 3 | | | | 198 | |
| | 6 | | | | 396 | |
| | 12 | | | | 800 | |
| T300J | 3 | 4.21 | 230 | 1.8 | 198 | 1.78 |
| | 6 | | | | 396 | |
| | 12 | | | | 800 | |

续表 2.3

| 牌　号 | 根数/<br>(K/束) | 拉伸强度/<br>GPa | 弹性模量/<br>GPa | 断裂伸长/<br>% | 纤度/Tex | 密度/<br>$(g \cdot cm^{-3})$ |
|---|---|---|---|---|---|---|
| T400H | 3 | 4.41 | 250 | 1.8 | 198 | 1.8 |
| | 6 | | | | 396 | |
| T600S | 24 | 4.12 | 230 | 1.9 | 1 700 | 1.79 |
| T700S | 6 | 4.9 | 230 | 2.1 | 400 | 1.8 |
| | 12 | | | | 800 | |
| | 24 | | | | 1 650 | |
| T700G | 12 | 4.9 | 240 | 2.0 | 800 | 1.78 |
| | 24 | | | | 1 650 | |
| T800H | 6 | 5.49 | 294 | 1.9 | 223 | 1.81 |
| | 12 | | | | 445 | |
| T1000G | 12 | 6.37 | 294 | 2.2 | 485 | 1.8 |

注:K 为"千"的意思,即 $10^3$,3K、6K 和 12K 对应的就是 3 000,6 000 和 12 000,除非特别说明,本书中的 K 均为此意。

可以看到碳纤维从 T300 到 T1000 G,其性能不断提高。东丽公司的目标是将碳纤维的抗拉强度进一步提高到 8.56 GPa,目前实验室数据已达到 8.05 GPa,提高碳纤维的拉伸强度仍有很大余地。目前的拉伸强度仅为理论值的 4.76%(石墨晶体的理论强度为 180 GPa)。未来使碳纤维细化、均质化及表面无缺陷,是开发更高拉伸强度碳纤维的有效途径。

我国 20 世纪 70 年代中期研制出了 PAN 基碳纤维的连续化预氧化和碳化工艺,制得的碳纤维为拉伸强度 2.0 GPa、弹性模量 180 GPa 的中强中模碳纤维。在 80 年代初,相继生产出拉伸强度为 2.5 GPa、弹性模量为 180~200 GPa 的高强 I 型 PAN 基碳纤维。继而在 80 年代末,又制成拉伸强度为 3.0~3.6 GPa、弹性模量为 220 GPa 的碳纤维,并同时生产出小批量的拉伸强度为 2.0 GPa、弹性模量为 280 GPa 的碳纤维。若石墨化温度达到 2 500 ℃,碳纤维的弹性模量可达 3 000 GPa,但抗拉强度只有 0.8~1.2 GPa。20 世纪末已能批量生产连续长度大于 500 m,拉伸强度高于 2.45 GPa、弹性模量高于 392 GPa 的 PAN 基碳纤维。

(2)聚丙烯腈(PAN)基碳纤维的发展特点

1)产品高性能化

强度是碳纤维不断追求的目标之一,以日本东丽公司为例,自 1971 年 T300(拉伸强度 3 535 MPa)进入市场以来,碳纤维的拉伸强度得到很大改进,经过了 T700、T800 到 T1000 的 3 个阶段,T1000 的拉伸强度已达 6 370 MPa,比 T300 提高了 1 倍多。

2)降低成本,发展大丝束产品

降低成本是技术进步的重点。各厂商在继续提高碳纤维的力学性能、改善其柔性的同时,更加注重生产成本的降低,以谋求更大的市场占有率。因此,研制低成本碳纤维已成为技术进步的重点,研究内容主要为制取廉价原丝技术(包括大丝束化、化学改性、用其他纤维材料取代聚丙烯腈纤维)、等离子预氧化技术、微波碳化和石墨化技术。

大丝束是碳纤维产品多元化的一个重要方面。PAN 碳纤维按用途大致可分 24K 以下的宇航级小丝束碳纤维(1K 的含义为一条碳纤维丝束含 1 000 根单丝)和 48K 以上的工业级大丝束碳纤维,大丝束碳纤维目前已发展到 480K。

3）环境问题已引起重视

碳纤维需求大幅增加,必将导致产生越来越多的废弃的碳纤维产品,带来的二次污染问题亟待处理。目前全球废弃的碳纤维增强塑料高达数万吨。随着碳纤维生产能力的提高及增强材料的大量使用,为了保护环境,要求企业必须重视碳纤维的回收利用。目前一些新的化学处理和热解处理技术为碳纤维/环氧树脂复合材料的回收再利用提供了新途径,其回收产品可用于一般的碳纤维增强塑料的制造。从飞机和其他设备中回收和循环利用使用过的碳纤维方法也在研发之中。

**2. 沥青基碳纤维**

以煤沥青、石油沥青、聚氧乙烯沥青或合成沥青为基体,适当处理后使其具有一定的流变性能,并使其化学组成和结构满足碳化和石墨化性能的要求。沥青有各向同性和各向异性(中间相或液晶相)沥青两种。由前者制得的碳纤维性能较差,一般拉伸强度为 950 MPa,弹性模量为 40～45 GPa,断裂伸长率为 2％～2.2％,称为通用级制品,主要用在性能不高的复合材料和碳制品上。以中间相沥青为前驱体可以制得高性能碳纤维,尤其是制造超高模量的碳纤维。由于沥青纤维初始含碳量比 PAN 基碳纤维高,所以碳化率高。在性能上,沥青基碳纤维除具有极高的弹性模量外,还具有极优良的导热、导电性和负的热膨胀系数,但其加工性及压缩强度不如 PAN 基碳纤维。高性能沥青基碳纤维在宇航、空间卫星等方面有独特的应用。日本石墨纤维公司生产出系列沥青基碳纤维,包括 Granoc XN 系列、Granoc CN 系列和 Granoc YSH －50A－10H 宇航级沥青基碳纤维。

沥青基碳纤维与聚丙烯腈基碳纤维相比,强度和弹性模量都较低,因而发展较慢。但随着中间相沥青制备工艺的不断完善和更新,沥青基碳纤维的性能得到较大的提高,目前抗拉强度已经达到 300 MPa 以上,模量达到 50 GPa 以上,有的甚至达到 90 GPa 的水平。这就形成了 PAN 基碳纤维和沥青基碳纤维在性能上互补的局面,但是沥青基碳纤维的生产成本非常低,在民用方面有更强的竞争力。沥青基碳纤维已有 50 多年的发展历史,现在全球的产量已超过 2 000 吨/年,我国近几年也发展较快,产量已达 500 吨/年。与聚丙烯腈基碳纤维一样,沥青基碳纤维也具有比重小、耐酸碱、耐腐蚀、导电、尺寸稳定性好等优点。

**3. 黏胶基碳纤维**

由纤维素原料如木材、棉籽绒或甘蔗渣等提取的 α—纤维素(称为浆泊)经烧碱、二硫化碳等处理纯化后,溶解在稀溶液中,成为黏稠的纺丝原料,经湿法纺丝成形和后处理获得黏胶纤维,经洗涤、干燥化学处理后,在低于 300 ℃ 温度下进行低温热处理,再经洗涤、干燥,然后在高于 800 ℃ 的高温惰性气氛中碳化制得黏胶基碳纤维,若在 2 500 ℃ 以上氩气中进行高温热处理,则得到黏胶基石墨纤维。纤维的含碳量大于 99％,结晶度、热导率、抗氧化性、润滑性、比热等均比其他碳纤维有较大的提高。美国 UCC(联合碳化物)公司和 HITCO 公司(西格里集团子公司)是黏胶基碳纤维的主要生产厂商。

黏胶基碳纤维产品形态有短碳纤维、连续长纤维、炭纱、炭带、炭毡和炭布等。从性能上可分为黏胶基碳纤维和黏胶基石墨纤维。这种纤维除有比强度、比模量高、耐化学腐蚀、润滑性好等优点外,还具有密度低、纯度高、断裂伸长大、柔软、可编织性好、热传导系数小、比表面积大、易活化等特性,是当今一种不可替代的用于隔热防护的耐烧蚀材料,也是一种功能复合材料的增强材料,同时它的生物相容性极好,是一种应用前景非常好的生物工程材料。

## 2.2.2　芳纶纤维

芳纶纤维是一种高强度、高模量、低密度和耐磨性好的有机合成的高科技纤维。它的全称是芳香族聚酰胺纤维，是以含苯环的二氨基化合物与含苯环的二羧基化合物为原料制成的，属于聚酰胺纤维。国外通常称"Aramid Fiber"，我国称为芳纶。芳纶可分为邻位、间位及对位3种，而邻位无商业价值。芳纶所用原料不同有多种牌号，如尼龙6T、芳纶1414、芳纶14、芳纶1313等。其中以芳纶1414、芳纶1313最为成熟，产量最大，使用最多。

对位芳纶产品主要有杜邦公司的凯芙拉(见图2.3)，其主要性能见表2.4，具有耐高温、防火、耐化学腐蚀性能及高的力学性能和抗疲劳性；强度为钢的3倍，热稳定性好，在150℃温度下收缩率为0；在高温下仍能保持较高的强度，如在260℃温度下仍可保持原强度的65%。

图2.3　凯芙拉纤维

表2.4　对位芳纶的主要品种及性能

| 牌　号 | 类　型 | 密度/$(g \cdot cm^{-3})$ | 拉伸强度/MPa | 拉伸模量/GPa | 伸长率/% | 分解温度/℃ | 吸湿率/% |
|---|---|---|---|---|---|---|---|
| Kevlar29 | 标准 | 1.44 | 2 923.2 | 70.56 | 3.6 | 500 | 7 |
| Kevlar49 | 高模 | 1.45 | 3 016 | 113.1 | 2.4 | 500 | 3.5 |
| Kevlar119 | 高伸 | 1.44 | 3 052.8 | 54.72 | 4.4 | 500 | 7 |
| Kevlar129 | 高强 | 1.44 | 3 369.6 | 96.48 | 3.3 | 500 | 7 |
| Kevlar149 | 高模 | 1.47 | 2 469.6 | 169.05 | 1.3 | 500 | 1.2 |
| TwaronReg | 标准 | 1.44 | 3 024 | 72 | 4.4 | 500 | 6.5 |
| TwaronHM | 高模 | 1.45 | 3 045 | 108.75 | 2.5 | 500 | 3.5 |
| Technora | 高强 | 1.39 | 3 433.3 | 72.28 | 4.6 | 500 | 2 |
| Armos | 高强高模 | 1.43 | 5 005～5 577 | 150.15 | 3.5～4.0 | 575 | 2.0～3.5 |

间位芳纶是指两个单体活性基团位于苯环的1、3位，也称芳纶13，其大分子链呈锯齿状，间位芳纶产品主要有杜邦的Nomex、帝人的Conex等，具有优良的物理力学性能，如强度、断后延伸率等，但强度不如对位芳纶。同时，芳纶13还拥有极佳的耐火和耐氧化性。它在260℃温度下连续使用1 000 h后，其强度仍能保持原强度的65%；在300℃高温下使用7 h后，仍能保持原强度的50%；离开火焰后具有自熄性；它在酸、碱、漂白剂、还原剂及有机溶剂中的稳定性很好；同时还具有良好的抗辐射性能。

芳纶具有很高的拉伸强度和优异的韧性，可与树脂基体或陶瓷基体制成复合材料，用于装甲和防护。利用芳纶的阻燃性制成的复合材料可用来制造飞机的内舱件。此外，在造船、体育器材、汽车、建筑等工业中也有广泛应用，如在建筑业可以制作增强混凝土构件，在汽车业可替代石棉来制造刹车片、离合器、整流器等，芳纶子午线汽车轮胎是发展很快的新产品，能有效地延长轮胎的使用寿命和提高防爆安全性。耐热制品有芳纶增强的橡胶传送带,以及制造高性能的绳索。

## 2.2.3　玻璃纤维

玻璃纤维(见图 2.4)是以石英砂、石灰石、白云石、石蜡等为组分并配以纯碱、硼酸等,有时为简化工艺和获得预期的性能,还适当掺入 $TiO_2$、$ZrO_2$、$Al_2O_3$ 等氧化物来制备各种玻璃纤维。玻璃纤维的主要特点是不燃、耐腐蚀、耐热、拉伸强度高,断裂伸长率较小,绝热性与化学稳定性好,且有良好的电绝缘性。

图 2.5 所示为玻璃纤维熔融窑熔制拉丝工艺示意图。玻璃纤维池窑拉丝是在坩埚法拉丝的基础上发展起来的,多种原材料按不同比例

**图 2.4　玻璃纤维**

混合均匀送入池窑熔化成玻璃液,玻璃液经过澄清、降温后流入支路上的铂铑合金漏板。漏板上布满了 100~4 000 个小孔,玻璃被拉丝机从这些小孔中拉出,即成玻璃纤维。

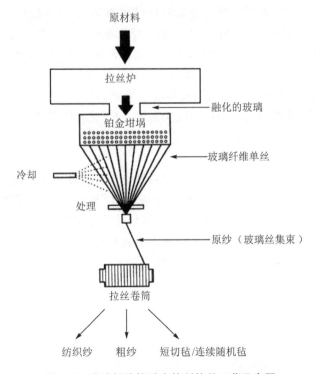

**图 2.5　玻璃纤维熔融窑熔制拉丝工艺示意图**

玻璃纤维是最早开发的一种性能优异的无机非金属材料,种类有很多,技术已较成熟,目前以商品形式提供的主要品种有纤维本身和各种纤维布或织物。它是最早用于制备聚合物基复合材料(俗称玻璃钢)的低成本增强纤维。玻璃纤维的直径一般为 5~20 $\mu m$,纤维直径越细,性能越好。已有的商业化玻璃纤维类型及特性为:E-玻璃纤维,具有良好的电绝缘性;C-玻璃纤维,耐化学侵蚀;A-玻璃纤维,含有高碱金属氧化物;D-玻璃纤维,具有高介电性能;S-玻

璃纤维,具有高拉伸强度;M -玻璃纤维,具有高弹性模量;AR -玻璃纤维,耐碱性好,是水泥基复合材料的良好增强纤维。常用商业玻璃纤维增强材料的性能如表 2.5 所列。作为增强材料,玻璃纤维可以加工成纱、布、带、毡及三维织物等形状。

表 2.5　商业玻璃纤维增强材料的性能

| 牌　号 | 直径/$\mu m$ | 密度/$(g \cdot cm^{-3})$ | 热膨胀系数/$(10^{-6} \cdot ℃^{-1})$ | 弹性模量/GPa | 拉伸强度/GPa | 伸长率/% | 泊松比 | 软化温度/℃ |
|---|---|---|---|---|---|---|---|---|
| E | 12 | 2.54 | 5.0 | 72.4~76 | 3.6 | 2.0 | 0.21 | 845 |
| AR | 12 | 2.68 | 7.5 | 70~80 | 3.6 | 2.0 | 0.21 | — |
| M | 12 | 2.89 | 5.7 | 110 | 3.5 | — | — | — |
| S | 12 | 2.48 | 2.9~5.0 | 86 | 4.6 | — | — | 968 |

玻璃纤维发展很快,品种繁多,按玻璃原料的成分,可分为如下几类。

(1)无碱玻璃纤维(E -玻璃纤维)

无碱玻璃纤维是最早用于电子绝缘带的纤维品种,也是最普通的聚合物基复合材料的增强玻璃纤维。它是一种以 Ca - Al - B - Si 为成分的玻璃纤维,其总的碱含量小于 0.89%,从而确保了其抗腐蚀性和高电阻,是现代工程材料中性能很好的电绝缘材料,用它制成的电磁线、浸渍材料、云母制品、层压制品及其聚合物基复合材料制品,绝缘性能可适用于 B、F、H 级,最高可达 C 级(7 180 ℃),已在电机、电器、电工和电子工业中广泛使用。该纤维还具有高强度、较高弹性模量、低密度及良好的耐水性能,是当代增强高聚物的较为理想的增强玻璃纤维(国际上连续玻璃纤维 90% 以上应用此种纤维),是一种性能优良的制备结构材料和功能材料的原材料。E -玻璃纤维增强橡胶制品或制成高温过滤布,使用温度可达 150~300 ℃,可在水泥、电力、冶金和炭黑工业中进行高温尾气收尘过滤。E -玻璃纤维的主要缺陷是其在酸、碱介质中抗化学腐蚀性较差,从而限制了其在水泥基体中的应用。

(2)中碱玻璃纤维(C -玻璃纤维)

中碱玻璃纤维其特点是耐化学性特别是耐酸性优于无碱玻璃纤维,但电气性能差,力学性能比无碱玻璃纤维低 10%~20%,通常国外的中碱玻璃纤维含一定分量的 $B_2O_3$,而我国的中碱玻璃纤维则完全不含硼。在国外,中碱玻璃纤维只是用于生产耐腐蚀的玻璃纤维产品,如用于生产玻璃纤维表面毡、玻璃纤维棒,也用于增强沥青屋面材料,但在我国中碱玻璃纤维占据玻璃纤维产量的一大半(60%),广泛用作玻璃钢的增强材料,以及用于过滤织物、包扎织物等中,因为其价格低于无碱玻璃纤维而有较强的竞争力。

(3)有碱玻璃纤维(A -玻璃纤维)

有碱玻璃纤维含有约 16% 的 $ZrO_2$,是抗碱玻璃纤维,用作水泥基复合材料增强材料,其抗碱性优于普通玻璃纤维。A -玻璃纤维增强的此种复合材料与未增强的水泥砂浆相比,拉伸强度可提高 2~3 倍,弯曲强度可提高 3~4 倍,韧性可提高 15~20 倍,主要用于制造大尺寸的墙板、屋面板、波纹瓦、阳台栏板、各种管材和永久性模板等。

(4)高强玻璃纤维(S -玻璃纤维)

高强玻璃纤维又称高强度玻璃纤维,是高性能玻璃纤维的一种,其主要组成为 $SiO_2$、$Al_2O_3$ 和 MgO,这种纤维比无碱玻璃纤维拉伸强度高 35% 左右。代表性产品为"S - 994",其拉伸强度为 4.3~4.9 GPa,弹性模量为 85 GPa,密度为 2.49 $g/cm^3$,软化点为 970 ℃。我国目前生产的高强 Ⅰ 型和高强 Ⅱ 型的单丝拉伸强度为 4.1 GPa,弹性模量为 85 GPa。纤维直径视用途可为 7～12 μm 不等,并可制成各种规格的无捻粗纱、有捻纱、布及其他制品。采用 KH‐550 浸润剂浸润后可直接与环氧树脂、酚醛树脂及尼龙等基体复合,主要用于对强度要求较高的聚合物基复合材料的制作;用于火箭发动机的壳体、飞机螺旋桨叶、起落架和雷达罩等武器装备中,也可用作炮盖、炮弹引信和火箭筒壳体、深水水雷外壳、防弹衣、炮弹箱等的材料,在提高武器的性能和质量方面起到了重要作用。在民品开发上可制作各种高压容器如航空气瓶、保健气瓶、救生艇、冷藏船及螺旋桨(S‐玻璃纤维/尼龙)等。

(5) 无硼无碱玻璃纤维(E‐CR 玻璃纤维)

无硼无碱玻璃纤维是一种改进的耐酸耐水性好的玻璃纤维,其耐水性比无碱玻璃纤维高 7～8 倍,耐酸性比中碱玻璃纤维也优越不少,是专为地下管道、贮罐等的制作而开发的新品种材料。

(6) 低介电常数玻璃纤维(D‐玻璃纤维)

低介电常数玻璃纤维主要由 $SiO_2$、$Al_2O_3$、$CaO$、$MgO$、$B_2O_3$、$Fe_2O_3$ 组成,按配比经制备而成。具有更低的介电常数,抗湿性能好,适于作为印刷电路板之基材。

除了以上的玻璃纤维以外,近年来还出现了一种新的无碱玻璃纤维,它完全不含硼,从而减轻了环境污染,但其电绝缘性能及力学性能都与传统的 E‐玻璃纤维相似。另外还有一种含双玻璃成分的玻璃纤维,已用于生产玻璃棉,据称在用作玻璃钢增强材料方面也有潜力。此外还有无氟玻璃纤维,是为满足环保要求而开发出来的改进型无碱玻璃纤维。

## 2.2.4　硼纤维

硼纤维是高性能复合材料重要的增强纤维品种之一,是用化学气相沉积法使硼沉积在钨丝或碳纤维状芯材上制得的直径为 100～200 μm 的连续单丝。常用的钨丝芯材直径为 3.5～50 μm,在沉积过程中温度为 1 120～1 200 ℃时,硼扩散渗入钨的核心,比钨向外扩散的速度快得多,钨芯转变为各种硼化钨如 WB、$W_2B_5$ 和 $WB_4$ 等,此阶段仅有少量的硼沉积。当温度为 1 200～1 300 ℃时,硼的沉积速度加快,最后得到所需直径的硼纤维。由于在沉积过程中钨芯受到压应力,在最初的沉积层中存在拉应力,使硼纤维存在辐射状裂纹。为避免在与金属复合时发生不良的界面反应和微裂纹的进一步扩展,常在沉积的后期设置涂覆室,通入 $BCl_3$、$CH_4$ 及 $H_2$,发生反应生成碳化硼($BC_4$)沉积于纤维表面。一般涂层厚度为 3 μm。用类似的方法也可制得 SiC 涂层的硼纤维,商品名为"BoSiC"。涂层对纤维有良好的保护作用。

硼纤维最突出的优点是力学性能好(拉伸强度为 3.5 GPa,弹性模量为 400 GPa)、密度低 (2.5 g/cm³),而成熟的制备工艺、合理的价格是硼纤维得以发展的最本质原因。另外,硼纤维抗弯曲性能好,相应压缩强度高(6.9 GPa),是其拉伸强度的 2 倍。在空气中 500 ℃热处理 1 h,其拉伸强度变化不大,但若超过 500 ℃的高温,其拉伸强度则会大幅度下降。硼纤维主要应用于航空、航天领域,制造对重量和刚度要求较高的金属基、聚合物基复合材料,尤其是作为技术成熟的铝基复合材料的增强纤维,已成功获得应用。可以采用硼纤维与环氧树脂带材对飞机金属机体进行修补及制作体育和娱乐用品如高尔夫球杆、滑雪板等。

美国是最早、最主要的对硼纤维及其复合材料进行研究与开发的国家。在 20 世纪 60 年代中期,美国 AVCO(阿芙科)公司通过化学气相沉积(CVD)法在移动的钨丝或碳丝上用氢气还原三氯化硼制得直径在 100～200 μm 的连续硼纤维。1956 年美国德事隆(Textron)公司制得了高强度、高模量、低密度的连续硼纤维。日本真空冶金公司也于 1985 年 7 月开发此产品并制得世界上最高拉伸强度达到 5.2 GPa 的硼纤维,并建成产量 60 kg/月的中试工厂。苏联和法国也相继对硼纤维开展了研究并已具备较高的研究水平。我国自 20 世纪 70 年代初开始对其进行实验室研究,目前已建成多条生产线,研究水平和纤维质量与国际研究水平比较接近。

硼纤维复合材料主要用于飞机的零部件上。例如,美国空军飞机 F-15 和海军飞机 F-14 的垂直尾翼、安定面,直升机 CH-54B,F-4 飞机方向舵,波音 707 飞机襟翼,F-5 飞机着陆装置门,T-39A 飞机机翼箱等都使用硼纤维增强环氧树脂复合材料。硼纤维与铝制的复合管材,可用于制作直升机的主要结构构件、框架和机壳。

硼纤维与环氧树脂带材还可用于飞机金属机体的修补。金属机体因长期运行会出现龟裂及金属疲劳,采用硼纤维复合材料修补飞机有以下特点:现场修补,即无须分解机体就可进行修补,可缩短修理、停飞时间;采用树脂黏结修补,不需要铆钉和螺栓等,可以提高工效,还可避免因铆钉孔、螺栓孔的存在而产生龟裂与应力;可使用超声波和涡流非破坏性试验检查,不会产生触电;可延长疲劳寿命,降低维修成本。在航天方面,可制作航天器的结构构件。硼纤维与碳纤维混杂结构具有很高的刚性,可使热膨胀系数趋近于零,适应太空中苛刻环境的需要。

在其他工业部门,利用硼纤维高导热性和低热膨胀系数等特点,制成硼纤维与铝合金复合材料,可用于制作半导体用冷却基板;利用硼纤维的高硬度,可将其用于录音剪辑材料及车轮等制品。此外,硼纤维还具有吸收中子的能力,可适于制作核废料搬运及贮存用容器。硼纤维的高压缩强度,在对沥青基碳纤维进行强度补强方面也非常有效。

硼纤维的主要缺点是制备工艺复杂,不易大量生产,价格高;由于钨丝的密度大,硼纤维的密度也相对较大。

## 2.2.5　几种主要增强纤维的性能比较

对结构复合材料,特别是航空航天高端结构复合材料,质轻、高强、耐热是其主要发展方向,增强纤维是复合材料中承载的组分材料,其力学性能直接关系到复合材料的承载能力和服役行为。增强纤维的力学性能主要从比强度和比模量及断裂行为上进行比较,这也是复合材料结构设计选材必须要考虑的问题。各种纤维的比强度和比模量比较如图 2.6 所示。

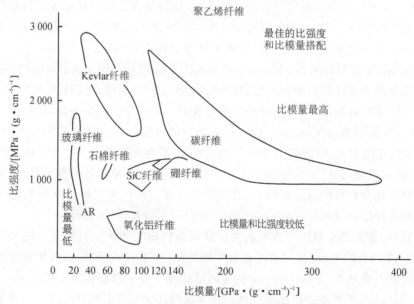

图 2.6　各种纤维的比强度和比模量比较

# 2.3　织　物

织物是采用纺织技术织造的产物,作为复合材料增强体的织物主要包括机织物、编织物、针织物、缝合织物和非织造织物等,其中又分为二维织物(也称平面织物)和三维织物(也称立体织物),不同织物形式将赋予预制件不同的性质。以织物形态增强的树脂基复合材料力学性能好、造价低,易于制作形状各异的构件,近年来已广泛应用于航空航天、船舶、汽车等国防和民用领域。特别是三维纺织结构增强的复合材料,各向强度、刚度、抗冲击抗力和剪切性能好,成形工艺好,具有广阔的应用前景。

织物与树脂浸渍,可制成预浸料,再通过铺叠工艺预成形,入热压罐或烘箱或室温下固化成形。也可在成形过程中与树脂浸渍,然后固化,如后面章节将要介绍的液体成形工艺。纺织预成形方法决定了预成形体中纤维取向程度和纤维体积含量,并影响树脂渗透和制品性能。在浸渍过程中,织物形式可保证纤维结构连续性与纤维位置保持性。

## 2.3.1　机织物

机织物是在织机上由经纬纱按一定的规律交织而成的织物,是存在交叉关系的纱线构成的织物。机织物的生产速度快,效率高,产量大。

机织物具有良好的结构可设计性,在经纬向具有良好的稳定性,厚度方向具有高的布面密满度或纱线聚集密度,还具有较大的平面覆盖系数。机织物的缺点是各向异性和变形性有限,面内抗剪切性差,难以织制开口结构件,以及由于纱线交错屈曲皱缩降低了纱线到织物的拉伸强度转化系数。

机织预成形体可分为二维双轴向结构、二维多轴向结构和空间三维结构。二维机织物广泛用于复合材料预浸料的生产,并且制成平直复合材料层合板。目前二维机织预成形件少量用于飞机部件如进气道、蒙皮面板等。三维机织物可制成整体结构,有高的层间强度,所以用于复杂形状或抗冲击的复合材料构件。

(1) 二维双轴向机织物

基本的二维机织物是由两个纱线系统相互交织而成的,这两个纱线系统分别称为经纱系统和纬纱系统,织物中经纬纱相互交织的规律和形式称为织物组织。通常将经纱和纬纱呈直角织造而成的平面织物称为二维双轴向机织物。

常用做复合材料增强体的二维双轴向机织物根据织物组织主要分为平纹织物、斜纹织物和缎纹织物,它们之间的区别在于纱线交织的频率和纱线链段的线性度。图 2.7 为二维双轴向机织物的结构示意图。

① 平纹织物。平纹织物具有机织物中最简单的织物组织,由两根经纱和两根纬纱组成一个单位组织循环,经纱和纬纱每隔一根纱线交错一次。平纹组织是所有织物组织中经纬纱交织频率最高的,因此平纹织物具有高度的结构整体性和韧性,正反面特征基本相同;当经纬纱号数、密度相同时,可织成经纬向各向同性的增强结构织物。织物密实,柔性差,铺敷性也较差。

② 斜纹织物。斜纹织物的特征是织物表面呈现经纱或纬纱浮点组成的斜线,最少需要三根经纱和纬纱才能组成一个单位组织循环。斜纹织物的倾斜方向有左有右,有经面斜纹和纬面斜纹两种。斜纹织物的经纬纱的交织次数比平纹织物少,因此织物更加紧密、厚实,而且比

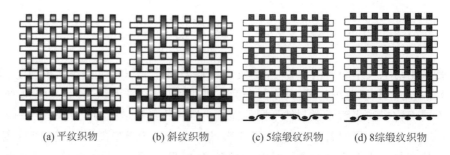

(a) 平纹织物　　(b) 斜纹织物　　(c) 5综缎纹织物　　(d) 8综缎纹织物

图 2.7　二维双轴向机织物结构示意图

平纹织物有更好的变形能力。

③ 缎纹织物。斜纹织物组织中,一组纱线的单独浮点之间的距离较远,表面由另一组纱线的较长浮点覆盖。缎纹织物也有经面缎纹和纬面缎纹,经面缎纹织物正面的表面主要显示经纱,而纬面缎纹织物正面主要由纬纱显示在织物表面。缎纹织物的织物组织结构决定了它的正反面有较大的区别,正面平滑而有光泽,反面则较为粗糙没有光泽。缎纹织物具有高线性度,要相距几根才交错一次,并且纱线交织频率在几种织物中是最低的,因此缎纹织物手感柔软、组织卷曲少、容易变形、铺敷性好、便于基体浸渍,并且纤维传递到织物的强度和模量的有效率较高,在纤维含量高的情况下也允许纱线有迁移的自由度。

二维双轴向机织物是平面各向异性材料,经、纬向拉伸强度较高,斜向拉伸强度较低。二维双轴向机织物的拉伸性能随着拉伸方向偏离经向或纬向的角度而发生变化,织物拉伸变形机织也随拉伸方向变化而不同。三种基本组织的织物适用于制造形变较小的平板类构件。

(2) 二维多轴向机织物

双轴向机织物受力时呈现平面各向异性,为解决织物平面斜向拉伸时易发生剪切变形这个问题,人们开发了二维多轴向机织物。二维三轴向织物是最常见的二维多轴向机织物,其基本结构为三组纱线相互以 60°的角度交织而成,如图 2.8 所示。

二维三轴向织物在斜线方向的刚度和强度与其他方向相同,是各向同性的。该织物力学性能优于普通二维机织物,它的特点是结构稳定、各方向强度均匀,具有高顶裂强度、高抗撕破强度及良好的抗剪切性。重量相同、纤维种类相同的条件下,二维三轴向织物的抗撕破强度是双轴向织物的 4 倍。

二维四轴向机织物经纱和纬纱分别与两个斜向对角排列的纱线交织,斜向纱线的倾斜角为 40°～60°。二维四轴向机织物的结构如图 2.9 所示。

图 2.8　二维三轴向织物的基本结构

图 2.9　二维四轴向织物的基本结构

（3）三维机织物

三维机织物是利用多层经纱织造技术将纤维或纱线织成三维立体织物。三维机织技术建立在平面机织物结构叠加的基础上，除了有多层经纱和纬纱外，在厚度方向还引入了纱线，这些纱线互相交织形成三维的纤维集合体。

三维机织预成形件的结构主要可分为以下几种：

① 正交实心结构。正交实心结构是三维机织物的基本形式，$X$、$Y$、$Z$ 三个方向纱线两两垂直。正交实心结构中，每根纬纱均被经纱包围，织物比较紧密，纱线除了在织物表面有弯曲外，基本是伸直的。此种机织物层与层之间相连，在三个方向上可以最大限度发挥纱线的特性，尺寸和形状都比较稳定。若纱线层数和粗细都相同，此种织造结构的三维织物厚度最大，因此正交实心结构常用作高厚板材。

② 角连锁结构。通过织物厚度方向的经纱并不和织物表面垂直而是沿其他方向取向，称为角连锁结构，此种织物的变形量较大。角连锁结构还可以有许多其他的变化：一组经纱沿轴向取向，另一组经纱与轴向成一定角度取向，则纱线就在四个方向上取向，形成了三维四向机织物；如果经纱的运动不贯穿整体材料厚度，只是部分穿过材料的话，就形成了层间角连锁结构，层间角连锁织物柔曲性好，用它增强的复合材料表面损伤后不会使通过厚度方向的纱线都断裂，内部纱线仍未破坏，这有利于保持其性能。

③ 空心结构。空心结构又称夹芯结构，在这种结构的织物中，两层机织物由 $Z$ 方向的纱线连接在一起，可形成各种形状，如圆形空心、矩形空心、三角形空心、正弦形空心、V 形空心等各种结构。空心结构复合材料质量轻，性能好，尤其是损伤容限高，广泛满足于各种需要。目前，空心结构的最大密度可在 $40 \sim 150 \ \text{kg/m}^3$ 之间变化，如果用碳纤维或芳纶可得到更轻的结构质量。

不同结构三维机织物沿厚度方向的截面示意图如图 2.10 所示。

(a) 正交实心结构织物

(b) 纱线通过整个厚度的角连锁结构

(c) 层间角连锁结构

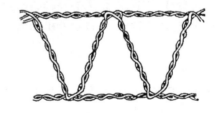

(d) V 形空心结构

图 2.10　不同结构三维机织物示意图

由于纱线在织物中成屈曲状态，力学性能利用率低，加上织造过程中纱线受到损伤，三维机织物材料的面内性能比二维机织低，拉伸强度和压缩强度下降了 15%～20%。

## 2.3.2　针织物

针织物的结构是由一系列纱线线圈相互串套连接形成的，与机织物相比，针织物加工的工艺流程短、产量高、成本低。由于存在大量易变形线圈，因而针织物即使不发生纱线的伸长也具有相当大的变形能力,具有良好的形状适应性,可以在不发生褶皱的情况下完全覆盖复杂形状的模具,适于复杂结构的成形。此外相互串套的线圈使得制成的复合材料抗冲击性好,具有很高的弹性。但是针织线圈结构也降低了纤维对复合材料的增强效果,也使复合材料的纤维体积分数受到限制。

按照生产方法,针织物可以分为经编和纬编两类,每大类还可以根据组织结构再分类。在针织结构中还可以织入增强纤维,一般称为衬纱。通常把只有线圈形成的针织物称为二维针织物,而把加入衬纱的针织物称为三维针织物。

(1)二维针织物

二维针织物包括二维经编针织物和二维纬编针织物,二维针织物在各个方向上具有较大的伸缩性,适合于拉伸大的模压成形复合材料。经编针织物由经编针织机制造而成,将一组或几组平行的纱线由经向喂入,在所有工作针上同时成圈形成。经编针织物的组织特点是横向线圈系列由沿织物纵向平行排列的经纱组同时弯曲相互串套而成,并且每根经纱在横向逐次形成一个或多个线圈。纬编针织物由纬编针织机制造而成,纱线由纬向喂入针织机的工作针上,使纱线顺序地弯曲成圈并且相互串套。纬编针织物的组织特点是横向线圈由同一根纱线按照顺序弯曲成圈而成。图2.11为基本的二维经编针织物和二维纬编针织物的组织示意图。

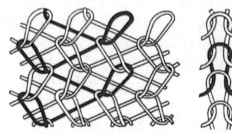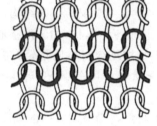

(a)二维经编针织物　　(b)二维纬编针织物

图2.11　基本的二维经编针织物和二维纬编针织物的组织示意图

二维经编针织物和二维纬编针织物的组织结构不同使得二者的性能也有所区别。经编针织物在纵向和横向都有一定的延伸性,弹性较好,脱散性较小;纬编针织物横向延伸性较大,有一定的弹性,脱散性较大,当横向和纵向密度相同时,纬编针织物的纵向断裂强度比横向断裂强度大。

(2)双轴向针织物

二维针织结构复合材料具有良好的抗冲压和能量吸收性能,在拉伸变形中有较好的延伸性,可以作为一种柔性复合材料,但不适宜用作承载结构。根据需要通过加入不参加织造的增强纱线或纤维,可以实现针织结构的稳定。

在经编针织物的线圈中衬入0°的经纱和90°的纬纱就形成可双轴向衬纱经编针织物,如图2.12所示。在双轴向衬纱经编针织物中,衬纱由针织纱所形成的经编线圈结构绑缚在一起形成一个整体结构,衬纱起到了主要的承力作用。由于衬纱不参加织造,呈平行顺直状态,这使得衬纱的力学性能被充分利用,提高了织物整体的刚度,也使得织物尺寸稳定性提高。在纬编针织物的线圈中也可以衬入0°的经纱和90°的纬纱形成双轴向衬纱纬编针织物,如图2.13所示。此外,利用纬编多层双轴向织物制造设备,可以制得多至五层的双轴向纬编衬纱针织物,这种织物与经编双轴向衬纱针织物相比,设备价格低,衬经衬纬的纱层可多达五层,具有极好的模压成形性。

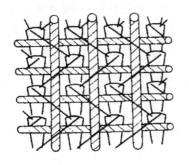
图 2.12　双轴向衬纱经编针织物

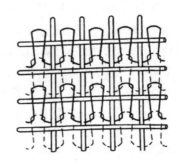
图 2.13　双轴向衬纱纬编针织物

（3）多轴向针织物

多层多轴向针织物是根据材料实际应用中的受力情况，在经向、纬向、斜向铺设伸直的强度较高的增强纤维（衬经、衬纬及斜向衬纬），再用针织的方法利用成圈纱线把这些增强纤维连接在一起，确保纱线不会发生滑移，形成纱线层结合紧密的织物。

图 2.14 为一种由几层平行顺直的纱线组沿不同方向排列并被针织线圈绑缚在一起的多轴向经编结构。多轴向经编结构具有结构稳定性好，纱线强度利用率高的优点，但目前能够商业化生产的织物中衬纱的层数只限于四层，制品厚度受到很大限制。图 2.15 为多轴向纬编衬纱织物结构示意图，纬编多轴向衬纱织物门幅宽，设备结构简单，且有利于树脂的渗透。

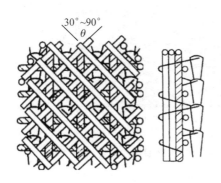
图 2.14　多轴向经编衬纱织物

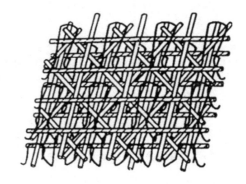
图 2.15　多轴向纬编衬纱织物

## 2.3.3　编织物

广义上的编织技术是指按照织物成形方向取向的三根或多根纱线按不同规律同时运动，相互交织在一起，并且沿与织物成形方向有一定的角度排列成形，最终形成织物。编织的种类按编织形状分可分为圆形编织和方形编织，按编的厚度可分为二维编织和三维编织。

采用编织布作为增强材料时，纤维编织布起到了止裂作用，使构件有较高的损伤容限性能，还可提高机械连接强度；同时，编织使纤维扭结，降低了承载能力，并且可提高构件的层间性能。工艺性方面，编织布易裁剪，铺敷容易，可减少手工劳动量，提高工作效率，构件质量易控制；并且，可根据需要，选用混杂编织物以满足构件设计性能要求。此外，编织布拼接时必须有一段重叠铺贴，增加了编织工序，价格会有所提高。

二维编织能生产无缝的预形件，抗扭转的强度和刚度都较高，且易于实现自动化操作，其复合材料可用于长的、封闭截面的构件,如导弹壳、驱动轴、控制棒等管形结构。三维编织能制成复杂形状和整体的三维结构,其复合材料抗冲击性能、抗损伤强度均较高,它可用作复杂的高应力部件如管嘴、弹头等。尽管三维编织复合材料的优点很多,但它的应用仍不广泛,主要受困于预形件的尺寸,大多数工业编织机只能编织较窄的预形件,最大宽度为 100 mm。

(1)二维编织

二维编织是指编织物的厚度不大于编织纱直径 3 倍的编织方法,一般用于生产鞋带和衣服上的绳、带等,也可用于加工异型薄壳预成形体。

二维编织物中编织纱可分为两组:一组在轨道盘上沿一个方向运动,另一组则沿着相反方向运动,这样使纱线相互交织,并与织物成形方向夹有一定角度,这个角度称为编织角。交织的纱线在成形板处形成织物,然后被卷曲装置移走,如图 2.16 所示。

二维编织物的纱线结构如图 2.17 所示。除了编织物的基本组织单元的纱线与其轴向成一定角度外,其组织单元的组成与相应的机织物没有根本意义上的区别。当编织物受纵向或横向拉伸时,编织纱容易沿受力方向取向,产生面内的剪切变形,使得编织物呈现较大的变形能力。

如果希望提高织物沿织物成形方向(轴向)性能,可以引入不与其他纱线交织的轴向纱线,也称为衬纱。衬纱的引入提供了编织物的稳定性,提高了织物及其形成的复合材料在衬纱引入方向上的抗拉、抗压强度和模量。带有衬纱的编织物结构如图 2.18 所示。

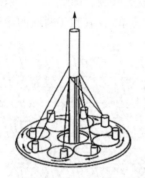 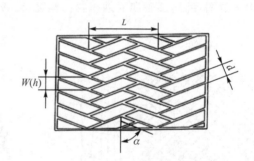

图 2.16　二维编织机纱线运动基本形式　　图 2.17　二维编织物的纱线结构

(2)三维编织

三维编织是指编织物厚度至少超过编织纱直径的 3 倍,并在厚度方向有纱线或纤维束相互交织的编织方法。三维编织法有多种,如二步法、四步法、多步法、多层角锁编织等,但常用的主要是二步法和四步法。

四步法,又称纵横步进编织法,因其一个编织循环包括四个机器运动而称为四步法。四步法三维编织分为方形编织和圆形编织。四步法中编织纱沿织物成形方向排列,在编织过程中每根编织纱按一定的规律同时运动,从而相互交织形成一个不分层的三维整体结构。如果在编织过程中加入

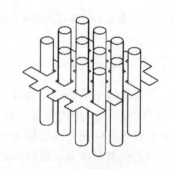

图 2.18　带有衬纱的编织物结构

轴纱系统,则可以提高复合材料轴向的力学性能。四步法的表面纱线交织形状如图 2.19 所示。从四步法编织物的表面形状及内部的结构单元可以看出,纱线在织物中呈现空间取向的

排列,结构整体性好。

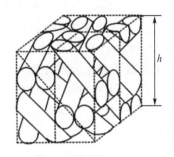

图 2.19　四步法的表面纱线交织形状和内部结构单元

二步法编织中,纱线系统有轴向纱和编织纱两种。轴向纱的排列决定了编织物的截面形状,它构成纱线的主体部分;编织纱位于主体纱的周围。在编织过程中,编织纱按一定的规律在轴向纱之间运动,这样不仅它们之间相互交织,而且也将轴向纱捆绑成一个整体。二步法的表面纱线交织形状如图 2.20 所示。二步法轴向纱的比例较大,并且轴向纱在编织过程中保持伸直状态,因此二步法编织复合材料在该方向具有优良的力学性能。

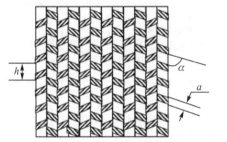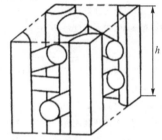

图 2.20　二步法的表面纱线交织形状和内部结构单元

## 2.3.4　其他织物

（1）缝合织物

缝合是制造三维预形件的最简单方法,它是将多轴向织出的织物两层、三层、四层或更多层地组合在一起,用缝纫法缝合在一起成为多层多轴向织物,如图 2.21 所示。缝合减少了模具费用和结构中构件的数目,因此造价较低;缝合预成形体有高的纤维体积含量和好的整体性;多轴向缝合织物则可以满足某些复合材料厚度上的要求;缝合也是连接复合材料部件的有效方法。缝合复合

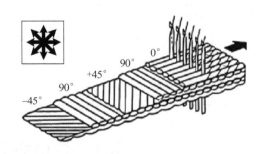

图 2.21　缝纫法缝合在一起多层多轴向织物

材料可用于飞机的蒙皮、隔板和屏蔽套。有夹芯的缝合复合材料可用于复杂的三维结构如螺旋桨的叶片。但是缝合引起的面内纤维的损伤会降低复合材料的面内性能,因此应用不如机织物、编织物等广泛。

（2）非织造织物

非织造织物是一种直接将纤维加工成织物的方法，即将短纤维或者连续长纤维进行随机排列（定向或者杂乱）形成纤网结构，然后用机械、化学或者热学等方法加固，形成所谓的非织造结构。非织造工艺的基本要求是力求避免或减少纤维形成纱线再加工成织物的传统工艺，而是直接在纤维的基础上加工而成纤维网。非织造工艺比传统工艺更高效、成本更低。由于非织造布特殊的结构，使其受载时应力扩散均匀、破坏稳定性较好，因而可以替代钢材用于混凝土结构中。这种复合材料不仅质量轻、强度高，而且当受地震等破坏时结构仍很稳定，不易产生突然性的破坏。

## 2.3.5 常用的织物性能比较

各种工艺如机织、非织造、编织、针织和缝合都是专门生产结构件的纺织工艺，表2.6列出了常用的织物类型的优缺点和主要应用领域。

表 2.6 常用织物的优缺点和主要应用领域

| 织物类型 | 优 点 | 缺 点 | 主要应用 |
|---|---|---|---|
| 机织织物 | 经向、纬向稳定性好；纱线覆盖率、排列密度最高 | 各向异性；适应性不够；平面内抗剪能力差；不能高拉伸 | 一般用于生产板形预形件，可生产工字梁、T形梁和夹层结构 |
| 针织织物 | 简单的经编和纬编结构在各个方向上有较大的伸长；通过某一方向加入纤维，可以提高该方向的稳定性，而保持其他方向的适应性；多向，多层针织物可得到较厚的产品，可提供较宽的织物和高生产率；平面内抗剪能力较好 | 简单的经编和纬编结构厚度不够（纱线直径的3~5倍）；需要消耗大量的纱线才能得到高的纤维覆盖率；某些纤维要得到成圈结构有一定的困难 | 可生产三维平板、壳体、夹层结构预形件和非卷曲预形件 |
| 编织织物 | 可根据需要，使某些方向具有稳定性或适应性；可制造成各种异形预构件（管、工字、T形、盒型等）；可加入不参加编织的纱线以提高某一方向的性能 | 沿轴向压缩稳定性不够；织物的幅宽有一定限制；生产率低 | 适合生产杆、圆筒、各种截面的梁以及更精巧复杂的结构预构件 |
| 缝合织物 | 具有可接受的稳定性或适应性 | 缝合时容易损伤纤维，从而造成强度下降 | 可生产三维结构预构件 |

# 2.4 其他形态的增强材料

目前，纤维材料是航空复合材料的主要增强材料，尤其是碳纤维，占有主导地位。碳纤维增强的树脂基复合材料仍是航空航天等高端应用领域的发展主流。随着航空复合材料技术的发展，除纤维增强材料以外，其他形态的增强材料也在不断发展，主要种类有晶须、颗粒和小薄层片。

## 2.4.1　晶须增强材料

复合材料用增强晶须是在人工控制条件下以单晶形式制取的一种细小短纤,具有质轻、高强、高模、高硬度等优异力学性能,还耐高温、耐腐蚀,电绝缘性好,被广泛用作高性能复合材料的增强材料。晶须直径为 $0.1\ \mu m$ 到几个 $\mu m$,长度为数十 $\mu m$ 到数千 $\mu m$,但具有实用价值的晶须的直径为 $1\sim10\ \mu m$,长径比在 $5\sim100$ 之间。

晶须是目前已知纤维中强度最高的一种,其拉伸强度接近纯晶体的理论强度。晶须高强的主要原因有两点:一是它的直径非常小,不能容纳大晶体中常见的缺陷,如空隙、位错和不规整等;二是晶须材料的内部结构完整,原子排列高度有序,使它的强度不受表面完整性的严格限制。

晶须的制备方法有 CVD(化学气相沉积)法、溶胶-凝胶法、气液固法、液相生长法、固相生长法和原位生长法等。制备陶瓷晶须经常采用 CVD 法,即由气体原料在高温下反应,并沉积在衬底上而长成晶须。

晶须在复合材料中的增强效果与其品种、用量关系极大,如用 $20\%\sim30\%Al_2O_3$ 晶须增强金属,得到的复合材料强度在室温下比原金属增加近 30 倍。加入 $5\%\sim50\%$ 晶须的模压复合材料和浇注复合材料的强度能成倍增加。一般而言,晶须作为增强材料的用量体积分数多在 $35\%$ 以下。

晶须的强度与直径也有密切关系,晶须直径小于 $10\ \mu m$ 时,其强度急剧增大。一般认为,随着晶须直径的增大,晶须晶格缺陷相应增多,造成强度下降,所以,在晶须制备过程中,控制晶须以单晶形式生长,是制取高强度、高有序性和完整晶须的关键。

晶须生产成本很高,不易推广使用。晶须复合材料由于昂贵,目前主要用在空间和尖端技术领域。

(1) 晶须增强材料的分类和性能

迄今为止,材料学家们已研发出了上百种晶须,有金属、氧化物、碳化物、氮化物、硼化物及无机盐等多种晶须。但是,已经得到实际应用并开始进行工业化生产的晶须只有几种。

金属晶须主要有 Ni、Fe、Cu、Si、Ag、Ti、Cd 等。金属氧化物晶须主要有 MgO、ZnO、BeO、$Al_2O_3$、$TiO_2$ 等。陶瓷晶须主要有碳化物晶须,如 SiC、TiC、ZrC、WC 等。硼化物晶须有 $TB_2$、$ZrB_2$、$TaB_2$、CrB、$NbB_2$ 等。

(2) 晶须增强复合材料

用晶须增强复合材料之前,必须解决其团聚问题,由于晶须增强材料有较大的长径比,通常在 $7\sim30$ 的范围内,故分散比较困难。形成团聚的主要原因是晶须之间的相互纠结及晶须之间的化学吸附作用。

常用的晶须分散技术方法主要有球磨分散、超声分散、溶胶-凝胶法及分散介质选择、值的调整等。对于某些长径比较大、分枝较多的晶须,首先还需通过球磨或高速捣碎的方式减少分枝和降低长径比。

1) 晶须补强陶瓷基复合材料

晶须补强陶瓷基复合材料是以陶瓷为基体,以晶须为增强材料,通过复合工艺制得的新型陶瓷材料。它既保留了陶瓷基体的主要特色,又通过晶须的增强、增韧作用改善了陶瓷材料的性能。所用晶须有碳、$Si_3N_4$、SiC、莫来石等,基体有 $Si_3N_4$、SiC 等陶瓷材料。

复合工艺有两种,即外加晶须补强和原位生长晶须补强。外加晶须补强通过晶须分散、晶须与基体原料混合、成形、烧结而完成;原位生长晶须补强的工艺过程是将晶须生长剂与基体原料直接混合成形,在一定的温度下热处理,使坯体内部生长出晶须,然后烧结而成。前一种工艺,容易控制晶须的含量,但是难以消除晶须的团聚现象。后一种工艺能够实现晶须的均匀分布,但晶须的含量难以精确控制。晶须补强陶瓷基复合材料的界面是关键环节。合理的界面结合,有利于发挥晶须的作用,使复合材料获得优越的性能。晶须补强陶瓷基复合材料发生断裂时,晶须能够阻止裂纹扩展,提高材料断裂韧性。

2)晶须增强金属基复合材料

晶须增强金属基复合材料是以金属或合金为基体,用各种晶须增强的复合材料。按金属或合金基体的不同,可分为铝基、镁基、铜基、钛基、镍基、高温合金基、金属间化合物及难熔金属基等,使用的晶须有碳化硅、氮化硅、硼酸铝、钛酸钾等。不同的金属或合金基体,所适用的晶须类型也不同。应保证获得良好的润湿性又不发生损伤晶须的界面反应,如对铝基复合材料,使用最多的为碳化硅、氮化硅晶须;对钛基复合材料,最佳选择是硼化钛和碳化钛晶须。这类复合材料的制备方法大体上可分为固态法(如粉末冶金法)和液相法(如压铸法)。

晶须增强铝基复合材料的制备工艺较成熟,已走向实用化。而钛基和金属间化合物等高温合金基复合材料由于加工温度高,界面控制困难,工艺复杂,所以制造技术还不够成熟。晶须增强的金属基复合材料,目前主要应用于航天航空等领域。

## 2.4.2 颗粒增强材料

颗粒增强材料是以颗粒形状增强复合材料的材料的统称,用以改善复合材料的力学性能、提高断裂性、耐磨性和硬度、增进耐腐蚀性能等。用得最多的是碳化物、氮化物、石墨等无机非金属颗粒,如碳化硅、碳化钛、碳化硼、碳化钨、氧化铝、氮化硅、硼化钛、氮化硼及石墨颗粒等,颗粒的尺寸一般在 $3.5\sim10~\mu m$,最细的为纳米级 $1\sim100~nm$,最粗的颗粒粒径大于 $30~\mu m$;含量范围为 $5\%\sim75\%$,一般为 $15\%\sim20\%$ 和 $65\%$ 左右。

颗粒增强材料的主要特点是选材方便,可根据不同的性能要求选用不同的品种。其次是颗粒增强材料成本低,易于批量生产。

从材料性质上看,颗粒增强材料又可分为刚性颗粒增强材料和延性颗粒增强材料。刚性颗粒增强材料主要是指具有高强度、高模量、耐热、耐磨、耐高温性能的陶瓷和石墨等非金属颗粒,如碳化硅、氧化铝、氮化硅、碳化钛、碳化硼、石墨、细金刚石等。将其加入金属基或陶瓷基中以提高复合材料的耐磨性、耐热性、强度、模量和韧性。如在铝合金中加入体积为 $30\%$,粒径为 $0.3~\mu m$ 的 $Al_2O_3$ 颗粒,材料在 $300~℃$ 时的拉伸强度仍可达 $220~MPa$,并且所加入的颗粒越细,复合材料的硬度和强度越高。在 $Si_3N_4$ 陶瓷中加入体积为 $20\%$ 的 $TiC$ 颗粒,韧性可提高 $5\%$。

延性颗粒增强材料主要为金属颗粒,一般是加入陶瓷、玻璃和微晶玻璃等脆性基体中,以增强基体材料的韧性,如 $Al_2O_3$ 中加入 $Al$,$WC$ 中加入 $Co$ 等。金属颗粒的加入使材料的韧性显著提高,但高温力学性能会有所下降。

颗粒增强复合材料的力学性能取决于颗粒的形貌、直径、结晶完整度和颗粒在复合材料中的分布情况及体积分数。

## 2.4.3 纳米增强材料

纳米材料通常按照维度进行分类,其中零维纳米材料包括原子团簇、纳米微粒,一维纳米材料包括纳米线和纳米管等,纳米薄膜为二维纳米材料,纳米块体为三维纳米材料。

纳米材料的应用称为纳米技术,其中纳米复合材料技术是重要的一个方面。目前纳米复合材料的主要品种包括以下几种:

(1) 黏土纳米复合材料

主要有蒙脱土增强的聚合物基复合材料。由于层状无机物在一定作用力下能碎裂成纳米尺寸的微型层片,因此它不仅可让聚合物嵌入层片之间,形成“嵌入纳米复合材料”,还可使层片均匀分散于聚合物中形成“层离纳米复合材料”。其中黏土具有亲油性,易与有机阳离子发生交换反应,提高与聚合物的黏结性。黏土纳米复合材料的制备技术有插层法和剥离法,插层法是预先在黏土层片间进行插层处理,制成“嵌入纳米复合材料”,而剥离法则是采用一些手段对黏土层片直接进行剥离,形成“层离纳米复合材料”。

(2) 刚性纳米粒子复合材料

用刚性纳米粒子对脆性聚合物增韧是改善其力学性能的另一种可行方法。随着无机粒子微细化技术和粒子表面处理技术的发展,特别是近年来纳米级无机粒子的出现,塑料的增韧彻底摒弃了以往在塑料中加入橡胶类弹性体的做法。采用纳米刚性粒子填充不仅会使聚合物韧性、强度得到提高,而且使其性价比大幅提高。

(3) 碳纳米管复合材料

碳纳米管于 1991 年由日本学者发现,直径比碳纤维小数千倍,主要用途之一是作为聚合物复合材料的增强材料。

碳纳米管的力学性能相当突出。现已测出碳纳米管的强度试验值为 $30\sim50$ GPa。尽管碳纳米管的强度高,脆性却不像碳纤维那样高。碳纤维在发生约 $1\%$ 变形时就会断裂,而碳纳米管要到发生约 $18\%$ 变形时才断裂。碳纳米管的层间剪切强度高达 $500$ MPa,比传统碳纤维增强环氧树脂复合材料高一个数量级。在电性能方面,碳纳米管作为聚合物的填料具有独特的优势,加入少量碳纳米管即可大幅度提高材料的导电性。同时,由于纳米管本身的长度极短而且柔曲性好,填入聚合物基体时不会断裂,因而能保持其高长径比。有研究表明,在塑料中含 $2\%\sim3\%$ 的多壁碳纳米管使电导率提高了 14 个数量级,从 $10^{-12}$ s/m 提高到了 $10^2$ s/m。

# 2.5　复合材料基体

根据复合材料类型的不同,基体材料一般可分为树脂、金属(含合金)和陶瓷。由于目前航空结构复合材料中,绝大多数是树脂基复合材料,因此在此主要讨论航空用高性能树脂基体。

用于制造高性能树脂基复合材料的原材料也称为组分材料,主要是树脂基体和增强材料。复合材料的原理是将两者进行有效的组合,发挥各自的作用,形成优势互补,得到原单一组分材料所不具备的优异性能。

先进树脂基复合材料的力学、物理性能除了与纤维种类及含量、纤维的排列方向、铺层次序和层数有关外,还与所用的树脂基体密切相关。先进树脂基复合材料的使用温度、耐环境性能、力学性能和电性能在很大程度上取决于所用的树脂基体。

## 2.5.1　复合材料树脂基体性能要求

作为航空复合材料基体使用的高性能树脂体系,其各项性能,如工艺性、热物理性能和力学性能必须满足实际应用的需要。树脂基体工艺性包括在溶剂中的溶解性、熔融黏度(流动性)和黏度的变化情况。树脂的热物理性能包括玻璃化转变温度($T_g$)、耐热氧化稳定性、热分解温度、阻燃性能和热变形温度等,它决定了复合材料的使用温度。树脂基体的力学性能包括在使用条件下的拉伸、压缩、弯曲和抗冲击性能及断裂韧性等力学性能指标。对于某些特殊应用,树脂基体还应具有优异的电性能和耐化学性能,包括耐溶剂性、自润滑性、耐腐蚀性等。对于有光学使用要求的树脂,还应考虑折光指数、透明度、颜色、耐候性及光化学稳定性等。

(1)耐热性

1)玻璃化转变温度

玻璃化转变是聚合物从玻璃态向高弹态的次级转变。在玻璃化转变温度下,聚合物的比热和比容发生突变,分子链段开始运动,热膨胀系数迅速增大。聚合物链段中强极性基团的存在增大了分子间作用力,进而增加链密度,因此极性聚合物有相对高的 $T_g$;在聚合物主链和侧基上的庞大刚性的基团阻碍链段的自由转动,有利于 $T_g$ 的提高;而柔性的侧基能使链段间的距离增大,使其更易运动从而降低 $T_g$。因此,为了获得高的 $T_g$ 和耐热性,先进复合材料树脂基体一般被设计成含有大量庞大的刚性链段。

2)热氧化稳定性

为满足航空航天领域的需要,已经发展了甚至能在 300 ℃ 以上长期使用的耐高温树脂基体。动态热重分析可用来确定耐高温树脂基体的短期耐热性和热氧化稳定性。高温长期老化试验用以确定树脂基体的长期热氧化稳定性。热氧化稳定性主要由组成分子链的原子间键能决定。芳杂环结构如苯和氮杂萘,具有高的键能,因而具有高的热氧化稳定性。

影响耐热性的主要因素是树脂本身的化学成分和分子结构,这两者是紧密联系的。目前提高耐热性的主要途径有以下几个。一是提高分子的交联密度,如对环氧体系,开发多官能团环氧树脂,除三官能团环氧、四官能团环氧外,又研究出了八官能团环氧。二是在树脂分子结构中引入萘环、芳香环、杂环等耐热骨架。三是混合其他耐热树脂,例如在环氧中混入聚酰亚胺树脂或双马来酰亚胺,或加入热塑性耐高温树脂(如 PEEK 等)。四是提高热塑性树脂的结晶度。最后是从固化工艺着手,如选择性能更好的固化剂,或进行后固化处理,以提高固化度,达到完全固化。

代表树脂耐热性的主要参数是玻璃化转变温度和热分解温度,玻璃化转变温度是树脂从玻璃态转变成弹性态的温度,在这一温度下,树脂开始变成弹性态,从而降低或甚至失去了对纤维的约束力。热分解温度是指树脂的分子结构开始发生裂解的温度,此时,复合材料开始发生破坏,并伴有裂解的低分子段放出。对树脂耐热性的表征主要采用热分析方法,包括差热分析法(DTA)、动态扫描量热法(DSC)、热重分析法(TG)。对有些固化交联度高的树脂基体,用 DTA 或 DSC 有时很难测出玻璃化转变温度,则可用动态机械分析法(DMA),还可测试复合材料的黏弹行为。

(2)热膨胀系数

两种热膨胀系数不同的材料结合在一起,当温度变化时,会在界面上产生应力。如果这两种成分热膨胀系数差别较大,则有可能导致界面结合的破坏。复合材料由树脂和增强纤维组成,随着温度的变化,树脂和纤维界面会产生应力,严重时会出现界面分层,胶接构件也极易在胶接界面发生破坏。因此,高性能树脂基体必须考虑和增强材料的热膨胀系数匹配问题。

热膨胀系数可以采用 TMA(热机械分析)方法测定。表 2.7 为部分常用复合材料树脂基体和增强材料的热膨胀系数。一般来说,无机材料的热膨胀系数较有机高分子材料低。降低高分子材料的热膨胀系数的方法有:在聚合物中引入有序结构,如结晶体;使用庞大刚性结构,如芳杂环,减少聚合物分子链段的运动;提高交联密度。

**表 2.7　部分树脂基体和增强材料的热膨胀系数**

| 材　料 | 热膨胀系数/$10^{-6} \cdot K^{-1}$ | 材　料 | 热膨胀系数/$10^{-6} \cdot K^{-1}$ |
|---|---|---|---|
| 聚酯 | 70~101 | 酚醛 | 16~25 |
| 聚砜 | 59~86 | 碳纤维 | $-1.6$~3.4 |
| 环氧 | 59 | 玻璃纤维 | 8.46 |
| 聚酰亚胺 | 45~50 | 石英纤维 | 0.31 |

（3）力学性能

高性能树脂基体的力学性能主要包括拉伸强度和模量、断裂伸长率、弯曲强度和模量、冲击强度和表面硬度等。这些性能会随温度、加工和固化条件的变化而改变。与其结构材料相比,高性能树脂基体的一个重要特征是黏弹性,即其性能强烈依赖于作用温度和时间。由于存在黏弹性,高分子材料,尤其是热塑性树脂基体,在使用过程中会发生蠕变和应力松弛。

高性能树脂基体具有刚性骨架,大分子主链上含有大量的芳杂环,有的共轭双键还以梯形结构有序排列,分子的规整性好;或具有高的交联密度。因此高性能树脂基体一般具有高的模量,但断裂伸长率和韧性偏低。表 2.8 为部分高性能树脂基体的力学性能。

**表 2.8　部分高性能树脂基体的力学性能**

| 树脂基体 | 拉伸强度/ MPa | 弯曲强度/ MPa | 弯曲模量/GPa |
|---|---|---|---|
| 聚醚醚酮 PEEK | 99 | 145 | 3.8 |
| 聚醚酰亚胺 PEI | 107 | 148 | 3.37 |
| 热塑性聚酰亚胺 | 87 | 134 | 3.16 |
| 双马来酰亚胺 | 84 | 45 | 3.3 |
| 热塑性聚酰亚胺 | 75 | 40 | 3.5 |
| 环氧 | 85 | 50 | 3.3 |

除上述性能外,对树脂基复合材料而言,还有一个值得关注的性能就是树脂的韧性,增韧的树脂可改善复合材料的断裂韧性和疲劳性能,在损伤下保持较高剩余强度,提高构件结构的使用安全。

环氧树脂和双马树脂是目前用得最多的两种高性能热固性树脂基体,但它们都有固化物脆性较大的缺点。这是由于固化后形成的立体网状分子交联结构密度高,使整个分子结构的刚性增大,导致固化物的脆性大。

高性能树脂基体的增韧改性主要从如下三方面进行,一是进行分子结构原创性改性,如在分子主链结构上引入柔性链段,以改变交联网络的化学结构组成,这类方法主要包括接枝共聚、嵌段共聚、互穿网络等。二是改进固化工艺。简单的降低交联密度,有可能导致树脂基体的耐热性下降,更好的方法是通过控制固化反应历程来控制固化物的分子结构形态,使最终形成的交联网络是非均匀的连续相结构,既有刚性部分,也有柔性部分,而柔性部分则起到增韧作用。通过控制这种交联网络的非均匀性,可得到不同的增韧效果。三是采用共混的方法,即在树脂中加进一些能增韧的成分,如刚性无机填料、橡胶弹性体、热塑性树脂单体和热致性液晶聚合物,以及新型的纳米填料等。

（4）电性能

高性能树脂在电子工业的应用发展很快，包括用作绝缘材料、透波材料等。因此了解高性能树脂的电性能也是极其重要的。

材料的电性能主要包括介电性能和电击穿强度。材料的介电常数指的是单位电场强度下材料单位体积内的平均能量贮存。介电常数的大小和材料的介电极化（电子极化、原子极化和取向极化）程度有关。

高分子材料作为绝缘材料使用时，除考虑在使用条件下其耐热性、力学性能要满足要求外，还需考虑材料的绝缘性能。当在某一电场作用下其介电损耗所产生的热量超过材料散发的热量时，会引起材料局部过热，随之会发生材料的击穿。高分子材料在应力作用下发生变形也会影响其击穿行为，使击穿强度下降，在这种情况下发生的击穿行为称为电机械击穿。

（5）耐环境性

树脂的耐环境性主要是指吸水性、抗老化性、抗氧化性、抗电磁辐射性等，其中吸水性非常重要。

各种树脂都有不同程度的吸水性，水汽进入基体后，会产生一种增塑作用，使固化交联的分子链段出现松弛，从而使强度下降。研究表明，某些环氧树脂固化后最高吸水率可达19%～39%，强度下降可达10%～15%。特别是在较高温度下，吸入的水分或湿气对复合材料的性能影响更大，因此，对复合材料的湿热性能研究也是一个重要课题。

吸水性与树脂的成分和分子结构有关，也与固化程度有关，有的环氧树脂在高的交联密度下吸水率反而高。

除各项物理、力学和电性能之外，高性能树脂的研制还需考虑树脂制备工艺是否简单，能否可稳定批量生产，价格是否低廉。实际上，高性能航空复合材料的研发，对树脂基体性能的要求越来越严格。一般而言，理想的基体应具备的条件有：①在所需要的使用温度、使用时间和给定环境下有良好的力学性能；②容易制成预浸料并有较长的贮存期；③工艺上容易操作和控制质量；④基体在加工过程中无挥发物，固化后孔隙少；⑤性能满足较高温度下的长期使用需求；⑥可以接受的价格。

## 2.5.2 高性能树脂基体

（1）高性能树脂分类

高性能树脂基体实际上是一种高分子聚合物材料，按照加工性能不同，分为热固性和热塑性两种。热固性树脂基体目前仍占主导地位，被大量地用来制造飞机的各种结构件，包括机翼、机身、尾翼等主承力结构件。热固性树脂基体主要有环氧、双马来酰亚胺、聚酰亚胺、聚酯、酚醛、异氰酸酯等。

从耐热性考虑，用作轻质高效结构材料的热固性高性能树脂基体主要有3大类，即130 ℃以下长期使用的环氧树脂体系、150～220 ℃下长期使用的双马来酰亚胺树脂体系和260 ℃以上使用的聚酰亚胺树脂体系。

环氧树脂最高使用温度达150 ℃，在军用飞机无高温要求的结构和商用飞机上被越来越多地采用。双马树脂成本较高，主要用在高性能军机上的耐高温构件上。而聚酰亚胺树脂由于优异的高温性能，已被开发应用在飞机发动机部件上。

高性能热塑性基体主要是一些半结晶型的新型热塑性树脂，如聚醚醚酮（PEEK）、聚醚酮（PEK）、聚苯硫醚（PPS）、聚醚酰亚胺（PEI）等。这些新型的热塑性树脂是在20世纪80年代开发出来的,同热固性树脂基体相比,具有耐温性、工艺性及可再生重复使用等方面的优势,已被开发用于制造飞机结构件,而空客公司在这方面处于领先地位,单架 A380 飞机上热塑性复合材料的用量达 6 吨之多。

(2) 环氧树脂

环氧树脂基体实际上是由环氧树脂、固化剂和其他助剂组成的一种树脂体系,其性能主要取决于所选用的环氧树脂。

环氧树脂是指分子结构中含有 2 个或 2 个以上环氧基并能与某些化学试剂发生反应形成三维网状交联分子结构的高分子材料。这种由线性的大分子结构变成立体的网状分子交联结构的过程称为固化。环氧树脂的固化,通常需要借助于一种叫固化剂的化学物质的作用,有时还需要加热。经固化后,树脂由黏流状态转变成坚实的固体状态,同时伴有热量放出,因此环氧树脂的固化反应是放热反应,这一特性成为表征和研究环氧树脂的分子结构、固化行为以至最终性能的重要依据。有多种方法可以用来进行这方面的研究,其中用得最多的是热分析方法。

环氧树脂是一类重要的热固性树脂,与酚醛树脂及不饱和聚酯树脂并称为三大通用型热固性树脂。但环氧树脂性能最好,用得最多。环氧树脂中含有独特的环氧基,以及羟基、醚键等活性基团和极性基团,因而具有许多优异的性能。与其他热固性树脂相比较,环氧树脂的种类和牌号最多,性能各异。环氧树脂固化剂的种类更多,再加上有众多的促进剂、改性剂、添加剂等,因此可以进行多种多样的组合和组配,从而能获得各种各样性能优异的、各具特色的环氧固化物材料,几乎能适应和满足各种使用性能和工艺性能的要求。

用高性能环氧树脂作为基体,与高性能的纤维增强材料复合,能得到性能非常优异的复合材料,在航空航天等高端领域得到了大量应用,且现在还在不断发展中。

环氧树脂品种繁多,其分类方法是按分子化学结构分类。根据环氧基(又称缩水甘油基)相连官能基团化学结构不同和环氧基相连化合物结构不同,环氧树脂大致可分成四类,即缩水甘油醚型环氧树脂、缩水甘油酯型环氧树脂、缩水甘油胺型环氧树脂和脂环族环氧化合物。

复合材料工业上使用量最大的环氧树脂品种是缩水甘油醚类环氧树脂,而其中又以二酚基丙烷型环氧树脂(简称双酚 A 型环氧树脂)为主。其次是缩水甘油胺类环氧树脂。

改性环氧树脂是根据所用的元素和原母体进行分类,如元素有机(如硅、磷)环氧树脂、聚氨酯环氧树脂。

1) 环氧树脂的优点

① 力学性能好。环氧树脂具有很强的内聚力,分子结构致密,所以它的力学性能优于酚醛树脂和不饱和聚酯等通用型热固性树脂。

② 黏结强度高。环氧树脂固化体系中活性极大的环氧基、羟基及醚键、胺键、酯键等极性基团使环氧固化物对各种固体材料都有极高的黏结强度。

③ 固化收缩率低。固化物的尺寸稳定性好。固化收缩率一般为 1%～2%,是热固性树脂中固化收缩率最低的品种之一(酚醛树脂为 8%～10%,不饱和聚酯树脂为 4%～6%,有机硅树脂为 4%～8%)。线膨胀系数也很小,一般为 $6×10^{-5}/K$,所以其产品尺寸稳定,内应力小,不易开裂。

④ 工艺性好。适用于各种成形工艺。环氧树脂固化时基本上不产生低分子挥发物,所以可低压成形或接触压成形。配方设计的灵活性很大,可设计出适合各种工艺性要求的

配方。

⑤ 电性能好。是热固性树脂中介电性能最好的品种之一。

⑥ 稳定性好。环氧固化物具有优良的化学稳定性,其耐碱、酸、盐等多种介质腐蚀的性能优于其他热固性树脂。

⑦ 有较好的耐热性。一般的环氧固化物使用温度在 80～120 ℃,高温型环氧树脂的耐热性可达 150 ℃ 或更高。

2) 环氧树脂的应用特点

① 具有极大的配方设计灵活性和多样性。能根据不同的使用性能和工艺性能要求,设计出针对性很强的最佳配方。这是环氧树脂应用中的一大特点和优点,也是目前环氧改性研究不断深入,新的高性能环氧品种不断得以开发的原因。

② 应用针对性强。尽管环氧树脂品种繁多,供选择的余地大,但每个配方品种都有一定的目的和适用范围,有的是为专门的应用而开发的品种,对结构复合材料而言,高温、高强、高模、高韧、耐湿热、工艺性好的环氧基体是其发展重点。

③ 成形工艺要求严格。不同配方的环氧树脂固化体系有不同的固化工艺要求,即使相同的配方在不同的固化条件下也会得到性能大不相同的产品。对高性能环氧树脂基体,要对其工艺性能进行全面的研究,制定出最佳的固化成形工艺条件,以保证最终复合材料构件的质量。

④ 脆性较大,耐候性较差,吸水性强。

(3) 双马来酰亚胺树脂

双马来酰亚胺树脂(BMI)简称双马树脂,是为了满足高性能飞机对结构材料更高的耐温性能要求而发展起来的一种新型热固性树脂。

对目前大量使用的环氧树脂而言,最高工作温度一般在 120～150 ℃。较高的使用温度要求(180 ℃以上)已成为一道难以逾越的障碍,因而势必要开发新型的性能优良的耐高温树脂。聚酰亚胺树脂(PI)虽有卓越的耐热性,但苛刻的工艺条件限制了它的推广应用。而居于环氧树脂与聚酰亚胺之间的加成聚酰亚胺——双马来酰亚胺,既有接近聚酰亚胺的耐热性,又基本保留了环氧树脂的成形工艺性,因而受到极大的关注。自 1980 年以来各机构纷纷将它从耐热绝缘材料提升到先进复合材料的基体树脂。

双马来酰亚胺的主要性能有如下方面:

① 耐热性。双马树脂由于含有苯环、酰亚胺杂环及交联密度较高而使其固化物具有优良的耐热性,其玻璃化转变温度($T_g$)一般高于 250 ℃,使用温度范围为 180～230 ℃。脂肪族的双马树脂中乙二胺是最稳定的,热分解温度($T_d$)达 420 ℃,随着亚甲基数目的增多,热分解温度将有所下降。芳香族双马树脂的热分解温度一般都高于脂肪族双马树脂,其中 2,4-二氨基苯类的双马树脂的热分解温度目前最高,可达 450 ℃。

另外,热分解温度与交联密度密切相关,随着交联密度的增高,热分解温度在一定范围内有所升高。

② 溶解性。常用的单体不能溶于普通有机溶剂如丙酮、乙醇、氯仿中,只能溶于二甲基甲酰胺、N-甲基吡咯烷酮等极性强、毒性大、价格高的溶剂中。这是由 BMI 的分子极性及结构的对称性所决定的,因此如何改善其溶解性是改性的一个重要内容。

③ 力学性能。双马树脂的固化反应属于加成形聚合反应,成形过程中无低分子副产物放出,且容易控制。固化物结构致密,缺陷少,因而具有较高的强度和模量。但是由于固化物的

交联密度高、分子链刚性强而呈现出极大的脆性。它的抗冲击强度差、断裂伸长率小、断裂韧性低(低于 5 $J/m^2$)。而韧性差正是阻碍双马树脂适应高技术要求、扩大新应用领域的重要原因,所以如何提高韧性就成为决定双马树脂应用及发展的关键技术之一。

此外,BMI 还具有优良的电性能、耐化学及耐辐射等性能。

(4) 热塑性树脂

目前的高性能热塑性树脂主要有聚醚醚酮(PEEK)、聚醚酮(PEK)、聚醚酮酮(PEKK)、聚苯硫醚(PPS)、聚醚酰亚胺(PEI)、聚醚砜(PES)、聚酰胺酰亚胺(PAI)、热塑性聚酰亚胺(TPI)等,其中以聚醚酮类树脂用得最多。

聚醚酮和聚醚醚酮是半结晶态的热塑性芳香族聚合物,其分子结构中,有一些分子呈有序排列,称为晶态;另一些分子呈无规则排列,叫无定形态。这两种形态的分子互相缠结,使这些树脂表现出不同于热固性树脂的性能特征。

在热性能上,在玻璃化温度时,只有无定形部分产生链段松弛,降低部分强度,而其中的晶态部分将经历一个强度逐渐下降的过程直到接近其熔点($T_m$)。以上保留强度的比例与晶态分子的含量有关。一般来说,晶态分子的熔点温度都较高,接近或超过 300 ℃,这就使热塑性复合材料的成形制造变得更加复杂和困难。

在力学性能上,高性能热塑性树脂具有明显的力学松弛现象;在外力作用下,有相当大的断裂伸长率;抗冲击性能好。这有利于提高复合材料的断裂韧性和抗冲击能力,但力学松弛却对复合材料使用中的尺寸稳定性有影响。

和热固性树脂复合材料相比,高性能热塑性树脂和相应的复合材料的优点主要表现在以下两方面。

1) 材料性能方面的优点

优异的力学性能,相当高的拉伸强度和模量;优异的韧性、抗冲击性能和损伤容限;可回收和重复使用,资源利用率高;挥发分含量很低,降低乃至避免了环境污染,人工操作安全;无限的贮存期,不需要冷冻贮存和运输。

对于半结晶型树脂(如 PEEK、PPS 等)还特别具有以下性能优点:

耐湿热性能好,湿热条件下的性能保持率高;化学性能稳定,突出的抗腐蚀和抗介质性能;突出的阻燃性能,低烟、低毒、低热释放速率;很低的吸水性;使用温度接近玻璃化温度。

2) 成形工艺方面的优点

① 构件制造成本低,主要表现在:成形周期短,加热到熔点后马上成形;没有固化过程,无须后处理;可以快速自动化成形,避免手工铺层、热压罐的消耗;构件一般不需要太多的处理,可以得到净型件;可以再成形与再加工;预浸料不需要冷冻贮存和运输。

② 没有固化放热问题,可以制造厚的构件,残余应力小。

③ 能实现现场连续成形,如丝束缠绕、纤维和带铺放、辊轧成形、拉挤成形等。

④ 可采用熔合技术,用普通胶黏剂进行连接。

⑤ 构件容易修理。

表 2.9 给出了一些热塑性树脂与热固性树脂的性能对比。可见,热塑性树脂具有较高耐热性,且韧性较热固性双马树脂约高一个数量级,有利于提高复合材料的断裂韧性和抗冲击性。但热塑性树脂复合材料的压缩性能几乎都低于双马和环氧树脂复合材料,需要进一步研究和改进。

表 2.9　典型热塑性树脂与热固性树脂力学性能比较

| 树脂 | $T_g/T_m$ /℃ | 拉伸强度/ MPa | 拉伸模量/ GPa | 断裂伸长率/ % | 弯曲强度/ MPa | 弯曲模量/ GPa | 断裂韧性/ $(kJ \cdot m^2)$ |
|---|---|---|---|---|---|---|---|
| 聚醚醚酮 | 144/340 | 102 | 3.8 | 40 | 110 | 3.8 | 2.0 |
| 聚醚酮酮 | 156/338 | 103 | 4.5 | — | — | 4.5 | 1.0 |
| 聚醚酰亚胺 | 217/— | 104 | 3.0 | 30～60 | 145 | 3.0～3.3 | 2.5 |
| 聚醚砜 | 260/— | 84 | 2.6 | 40～80 | 129 | 2.6 | 1.9 |
| 聚酰胺酰亚胺 | 288/— | 136 | 3.3 | 25 | — | — | 3.4 |
| K-聚合物 | 250/— | 102 | 3.8 | 14～19 | — | 3.8 | 1.1～1.9 |
| N-聚合物 | 350/— | 110 | 4.1 | 6 | 117 | 4.2 | 2.5 |
| 聚苯硫醚 | 85/285 | 82 | 4.3 | 3.5 | 96 | 3.8 | 0.2 |
| 环氧 | 170 | 59 | 3.7 | 1.8 | 90 | 3.5 | — |
| 热固性双马 | 295 | 83 | 3.3 | 2.9 | 145 | 3.4 | 0.2 |

# 2.6　夹芯材料

夹芯材料(Sandwich Core Materials)是指用于一种特殊的复合材料夹层结构中的芯子材料。

复合材料夹层结构由强度很高的上下面板和强度较低的轻质夹芯材料组成,是一种高效的结构形式,具有最优的强度/重量比、刚度/重量比和可设计性,同时还具有消声、透波、隔热、保温等功能。

夹层结构的面板和芯材大多用高强度的胶黏剂胶接在一起。夹层结构的开发从飞机应用开始,用于飞机的次承力构件,如雷达罩、机翼和尾翼蒙皮、舱门、口盖、机身整流罩、行李舱等。随着复合材料应用领域的扩展,夹层结构应用领域已由最初的航空航天扩大到汽车、建筑、石化、船舶、轨道交通、风力发电叶片等。几种典型的夹层结构如图 2.22 所示。图 2.23 是蜂窝夹层结构在飞机机翼上的应用示意图。

夹层结构的材料主要有两大部分:一是上下面板材料,二是夹芯材料。面板材料可以是金属材料,多用铝、钛合金和不锈钢薄板材。而复合材料面板多用纤维增强的复合材料层合板,包括玻璃纤维、碳纤维或其他纤维增强的复合材料层合板。

在选材时,首先要考虑的是面板和芯材的匹配,以实现这两种力学性能差异巨大的材料的完美结合,充分发挥各自优点,既满足使用要求,又不浪费材料。其次是胶黏剂的选用,用于黏结面板和夹芯材料的胶黏剂要有足够的剪切强度和韧性,才能把剪切应力从面板传递到芯材,保证黏结层不先于芯材而破坏,最终保持夹层结构的整体性。另外,胶黏剂不能与芯材或面板发生化学反应,其固化成形温度不能影响芯材和面板的性能。当然还要考虑耐热、环境、老化等问题。

若夹芯材料按使用要求分类,则可以分为非结构芯材、准结构芯材和结构芯材。非结构芯材只能提供一定的刚度,对载荷的承受能力较低。例如密度为 32 kg/m³ 的聚氨酯泡沫或纸质蜂窝,这类蜂窝可用于制造房屋内门。准结构芯材如剪切强度低于 0.69 MPa 的低密度聚

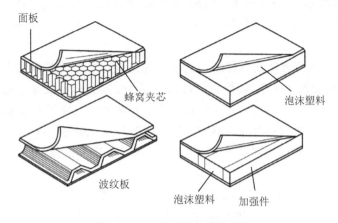

**图 2.22　典型夹层结构示意图**

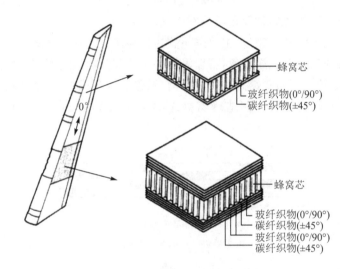

**图 2.23　蜂窝夹层结构在机翼上的应用**

氯乙烯泡沫芯材(密度＜60 kg/m³),这类芯材还包括酚醛基纸蜂窝和较高密度聚氨酯泡沫。结构芯材能提供最大的刚度和很大的承载能力,如密度高于 60 kg/m³ 的 Nomex 蜂窝和铝蜂窝,BALSA (巴尔杉)端纹轻木,硬质聚氯乙烯泡沫和玻璃布芯材。

夹芯材料按形状可分为蜂窝芯材、泡沫芯材及其他形状芯材如梯形板、矩形板和圆筒形夹芯材料等。

## 2.6.1　蜂窝夹芯材料

蜂窝夹芯材料是开发得最早,也是用得最多的夹芯材料。蜂窝的强度与选用原材料和蜂窝几何形状有关,按蜂窝格的截面形状,蜂窝夹芯材料可分为六边形、菱形、矩形、正弦曲线形和有加强带六边形等。在这些蜂窝夹芯材料中,以加强带六边形强度最高,正方形蜂窝次之。由于正六边形蜂窝制造简单,用料省,强度也较高,故应用最广。

蜂窝夹层结构的质量轻,强度高,刚度大,多用于结构尺寸大、强度要求高的结构件,如雷达罩、玻璃钢桥的承重板、球形屋顶结构、反射面、冷藏车地板及箱体结构等。

蜂窝夹芯材料分金属和非金属两大类,金属芯材多用铝、钛合金和不锈钢。非金属夹芯材料主要用玻璃钢、泡沫塑料、蜂窝纸等。目前,以玻璃钢蜂窝和泡沫塑料做芯材的夹层结构应用最广,近年来新发展的新型夹芯材料 Nomex 蜂窝夹芯材料,如此命名时由于用的是一种叫Nomex 的芳纶纸。

① 玻璃纤维布。生产玻璃钢夹层结构的玻璃布分为面板布和蜂窝布两种。面板布是经过增强处理的中碱和无碱平纹布,其厚度一般为 0.1～0.2 mm,平纹布不易变形,不脱蜡,可以防止树脂胶液渗到玻璃布的背面,产生粘连现象。对曲面制品要用斜纹布(属于加捻布),其变形性较好,有利于制品的成形加工。蜂窝布选用未脱蜡的无碱平纹布,有蜡玻璃布可防止树脂渗透到玻璃布的背面,减少层间黏结,有利于蜂窝格的拉伸。无碱平纹布不易变形,可提高芯材的挤压强度。

② Nomex 芳纶纸。具有良好的树脂浸润性,高比强度、比模量(约为钢的 9 倍),突出的耐腐蚀性和自熄性,优良的耐环境和绝缘性,良好的透电磁波性和高稳定性等优点。Nomex 蜂窝是由芳纶纸经过加工并浸渍阻燃酚醛树脂制成,已在飞机、火箭、太空飞船、卫星航天器、火车、船舶、汽车、建筑、体育器材等领域得到广泛应用。

蜂窝夹芯的制造方法基本相似,主要采用胶接拉伸法。以玻璃布蜂窝为例,其工艺过程是先在制造蜂窝芯材的玻璃布上涂胶条,可以采用手工涂胶,也可以使用机械化涂胶。然后重叠成蜂窝叠块,固化后按需要的蜂窝高度切成蜂窝条,经拉伸预成形,形成连续的蜂窝格芯材,最后浸胶,固化定型成蜂窝芯材。制造蜂窝夹芯的工序如图 2.24 所示,工艺流程如图 2.25 所示。

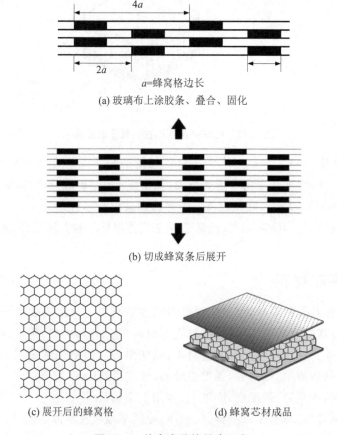

(a) 玻璃布上涂胶条、叠合、固化

(b) 切成蜂窝条后展开

(c) 展开后的蜂窝格

(d) 蜂窝芯材成品

**图 2.24 蜂窝夹芯的制造工序**

图 2.25　制造蜂窝夹芯的工艺流程

## 2.6.2　泡沫夹芯材料

泡沫塑料作为夹芯层制成的泡沫塑料夹层结构的最大特点是蒙皮和泡沫塑料夹芯层黏结牢固,适用于受力不大和保温隔热性能要求高的部件,如飞机尾翼、保温通风管道及样板等。常用的泡沫塑料有聚氯乙烯(PVC)、聚苯乙烯(PS)、聚氨酯(PU)、聚醚酰亚胺(PEI)、苯乙烯-丙烯腈(SAN)或丙烯酸酯-苯乙烯(AS)、聚甲基丙烯酰亚胺(PMI)、发泡聚酯(PET)等。

① PVC 泡沫:其主要优点是价格相对低,通常用来制造小型飞机构件,制造工艺不需要热压罐,固化温度低于 120 ℃。在使用 RTM(树脂转移模塑,液体成形的一种)工艺时,需对其加热后释放的气体给予重视,因为这会导致面板材料内部产生孔隙。

② PMI 泡沫:这是一种均匀的刚性闭孔泡沫,孔隙大小基本一致。在进行适当的高温处理后,PMI 泡沫能承受高温的复合材料固化工艺要求,因此 PMI 泡沫在航空领域得到了广泛应用。中等密度的 PMI 泡沫具有很好的压缩蠕变性能,可在 120~180 ℃、0.3~0.5 MPa 条件下固化。PMI 泡沫能满足通常的预浸料固化工艺的蠕变性能要求。

所有泡沫芯材几乎适用于所有的复合材料成形工艺。复合材料夹层结构的主要成形工艺有手糊/喷射成形、真空袋/注射成形及预浸料/热压罐固化成形等。

# 2.7　填充材料

填充材料(Filling materials)简称填料,是主要以粉末、颗粒的形式加入基体中以改善复合材料力学性能,或赋予复合材料以某种特殊功能的细微固体材料的统称。填充材料还可包括微珠、短纤或其他形状的细微材料,如现在广泛研究的纳米材料,也可看成是一种新型的填充材料。填充材料包括的范围很广,种类繁多,而且新的品种还在不断研发,从材料属性看,填料大致可分为金属填料、无机非金属填料和有机高分子填料。但用得最多的是用无机矿物质和它们的化合物制备的填料。填料主要的应用对象是树脂基复合材料。有些填充材料虽然也能提高或改善复合材料力学性能,但填料不能归类于增强材料,其主要目的不在于增强,而在于改性,更多的是赋予某种声、光、电、热、磁和生物化学上的功能。复合材料的改性主要体现在性能上的改进和成形工艺的改进,如果把改性也作为填料的一种功能,则目前所用的大多数填料都可归类于功能填料,用其制备的复合材料则称为功能复合材料。

功能复合材料种类很多,涉及的技术内容广泛,而且有的功能交叉融合,一般根据其主要的物理、化学和生物功能特征来分类,如表 2.10 所列。

表 2.10　功能复合材料类型

| 功能特征 | 复合材料品种 | 主要应用范围 |
|---|---|---|
| 电学功能 | 导电复合材料 | 弱电开关、抗腐蚀电极、厚膜电阻线路 |
| | 压电复合材料 | 声呐、水听器、生物传感器 |
| | 半导体复合材料 | 防静电地板 |
| | 电磁屏蔽复合材料 | 电子设备屏蔽 |
| | 透波复合材料 | 飞机雷达罩及天线罩 |
| | 吸波隐身复合材料 | 飞机及导弹蒙皮 |
| | 温控导电(PTC)复合材料 | 自控恒温发热体 |
| | 导电纳米复合材料 | 锂电池 |
| 磁学功能 | 水磁复合材料 | 磁感应、磁存储器件 |
| | 软磁复合材料 | 磁控、磁芯 |
| 光学功能 | 透光复合材料 | 农用温室顶板及建筑构件 |
| | 光传导复合材料 | 光纤传感器 |
| | 发光复合材料 | 荧光显示板 |
| | 光致变色复合材料 | 光信息存储、光调控、光开关、光学器件 |
| | 感光复合材料 | 光刻胶 |
| | 光电转换复合材料 | 光电导摄像管 |
| | 光记录复合材料 | 光学存储器 |
| | 透 X 射线复合材料 | 医用 X 光检查设备床板 |
| 热学功能 | 防热耐烧蚀复合材料 | 固体火箭发动机喷管,航天飞机表面防护 |
| | 热适应复合材料 | 半导体支撑板 |
| | 自熄阻燃复合材料 | 车、船、光行器等内装饰材料 |
| 声学功能 | 吸声复合材料(空气) | 隔声板 |
| | 吸声复合材料(水气) | 消声板 |
| | 声功能复合材料 | 船舰声呐 |
| 机械功能 | 摩阻复合材料 | 刹车片 |
| | 阻尼复合材料 | 机械减振器 |
| 装甲功能 | 软质防弹装甲 | 防弹衣 |
| | 复合材料层合板防弹装甲 | 防弹头盔,军用车辆防弹装甲 |
| | 陶瓷-复合材料防弹装甲 | 航空复合装甲 |

从应用的角度,功能填充材料又可归纳为下列主要类型:

(1) 导电填充材料

用于制备导电高分子复合材料的固体材料,主要类型有炭黑、碳纤维、金属粉、金属纤维及碎片、镀金属的玻璃纤维及其他各种新型导电材料。导电填料分散法是制备这类复合材料的主要方法,将填料以一定的比例加入树脂基体中,均匀分散,再成形为复合材料。导电复合材料具有防静电和电磁波屏蔽功能,被广泛地应用于电子、电气、石油化工、机械、照相、军火工业等领域,用作包装、保温、密封、集成电路材料等。

(2) 磁功能填料

主要有铁素体类钡铁氧体、稀土类钴等磁粉末填料,可制成磁性复合材料,成本比金属磁铁低,主要用于电子、通信、电气等领域。磁性复合材料的磁力强度取决于磁性填料量,填料越多磁力越好,一般为 30％～90％。另外填料的结晶形态和取向性能对磁力也有很大的影响。填料晶体形状均匀且取向性好时,磁场强度也好。

(3) 光功能填料

主要有光散射、光反射、光致发光、光致变色等类型的填料,主要品种有玻璃珠、荧光粉、过渡金属、稀土金属等。光功能填充材料主要用于夜间交通标志、信息贮存、显示、彩色装饰、照明及半导体等方面,在电子信息、家电、建筑、交通等领域得到广泛应用。

(4) 压电功能填料

主要有压电晶体、压电陶瓷、压电金属薄膜和压电高分子材料,用于制造具有声学功能的高分子压电复合材料。这种复合材料具有能量转换率高、易于成形、使用方便等特点,主要用于制备声呐、水声器和超声传感器。压电晶体还用作传感元件,用于制造智能型的复合材料结构。

(4) 电磁波屏蔽功能填料

用金属丝或金属颗粒制取,主要有铝纤维、黄铜纤维和镀镍碳纤维。与高分子基体复合成复合材料后,具有一定导电性,对电磁波有反射作用,既能屏蔽外来电磁波,也能防止电器内部电磁波外泄,并具有质轻、易加工成形和屏蔽效果好的特点。

(6) 吸波功能填料

吸波材料是指能吸收投射到它表面的电磁波能量,并通过材料的介质损耗使电磁波能量转化为热能或其他形式的能量而耗散掉的一类材料。它的工作原理与材料的电磁特性有关。吸波材料必须具备两个条件,一是雷达波射入吸波材料内时,其能量损耗尽可能大;二是吸波材料的阻抗与雷达波的阻抗相匹配,此时满足无反射要求。吸波材料主要有电阻型的碳化硅、石墨,电介质型的钛酸钡和磁介质型的铁氧体、羰基和多晶铁纤维等。用吸波材料制取的复合材料具有隐身功能,是研制隐身结构复合材料的新型材料。

(7) 阻燃功能填料

具有阻燃、抑烟和降低燃烧速率功能的一类物质,主要有卤素(溴和氯)、无机材料和三聚氰胺化合物。近年来,卤素化合物因燃烧时放出毒气而逐渐被禁用,新型阻燃剂有氢氧化镁、氢氧化铝和硼酸锌等。用阻燃剂制备的树脂基复合材料用于飞机、船舶、车辆的内装饰上。

# 思考题与习题

1. 复合材料增强体的作用是什么? 主要类型有哪些?
2. 碳纤维的分类方式有哪些? 碳纤维与石墨纤维的区别是什么?
3. 简述碳纤维的制造流程。
4. 对比碳纤维、玻璃纤维、硼纤维的主要性能特点及应用。
5. 简述常见织物的形式并对比各自特点及应用。
6. 复合材料基体的作用是什么? 主要类型有哪些?

7. 除纤维外,可作为复合材料增强体的材料还有哪些? 不同增强体的应用场所分别是什么?

8. 复合材料基体的分类有哪些? 航空结构复合材料中的基体材料主要是什么?

9. 航空复合材料树脂基体的基本性能要求有哪些?

10. 航空复合材料所用的典型树脂有哪些? 其性能特点与应用场合分别是什么?

11. 热塑性树脂基体与热固性树脂基体的主要区别是什么?

12. 什么是复合材料夹层结构? 典型复合材料夹层结构的主要组成是什么?

13. 复合材料夹层结构的夹芯材料的主要形式有哪些?

14. 复合材料中主要的填充材料有哪些? 其作用是什么?

# 第3章 复合材料结构设计基础

## 3.1 复合材料结构设计特点

纤维增强复合材料是由高强度、脆性、低密度的纤维材料与低强度、低模量、低密度、韧性较好的树脂基体所组成。

纤维增强复合材料之所以具有相当高的比强度,一是由于组成这种复合材料的组分材料密度都较低;二是由于纤维具有很小的直径,其内部缺陷要比块状形式的材料少得多,所以强度较高。如块状玻璃的拉伸强度为 $40\sim100$ MPa,而玻璃纤维的拉伸强度可达 4 000 MPa,约为块状玻璃拉伸强度的 $40\sim100$ 倍。

复合材料比强度、比模量高,可以减轻构件的质量,这对于航空、航天部门来说尤为重要。由于减轻了飞行器自身的质量,可以增加航程或提高有效载荷,或缩小飞行器的尺寸。因此,复合材料在飞机上的使用量已作为当代飞机先进性的指标之一。

对于复合材料来说,其结构设计具有如下特点:

① 复合材料既是一种材料又是一种结构。复合材料就其本质来说是一个结构。因为纤维增强塑料是由纤维和树脂两种组分材料复合而成的,两者之间有明显的界面,所以,实际上是一种结构。层合板是由纤维与基体所组成的单层以不同方向层合而成的层合结构复合材料,所以它是一种层合结构形式,如图 3.1 所示。如果所有单层都处于同方向,则称为单向层合板(简称单向板);如果单层按不同方向构成层合,则称为多向层合板(简称多向板)。

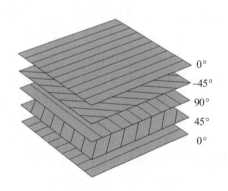

图 3.1 复合材料层合板示意图

实际工程中,绝大多数复合材料及其结构是一次完成的,根据产品的设计形状制作相应的模具,将预浸料或纤维织物按设计要求逐层铺叠在模具上;各层可先行浸胶处理,也可逐层铺叠后涂胶,然后加温(或常温)、加压(或不加压)固化制成产品。层合板有时是平面,有时也可能是曲面,它是复合材料构件的基本单元,而铺层又是层合板的基本单元。因此,对于层合复合材料结构来说,除材料、纤维的选择外,单层设计和层合板设计是其最基础的设计内容。

② 复合材料具有可设计性。复合材料的组分材料和铺层方向可以按照设计要求进行选择。选择不同的基体材料与增强材料及它们的含量比和选择不同的铺层方向与构成形式,可以构成不同性能的复合材料结构。当然,这种组合不是简单的混合,不仅组分材料有其固有特性,而且组分材料之间要彼此相容(包括物理、化学、力学等方面),使其真正复合成一个整体,成为一种新材料结构。比如,受内压的圆柱形薄壁容器,其纵向截面上的应力为横向截面上应力的 2 倍,因此,可以用 2∶1 的经纬纤维缠绕,使环向强度为轴向强度的 2 倍,从而获得具有相

同强度储备的结构。再如,受扭的圆管,为了提高扭转刚度,可以用1∶1的编织布沿管轴45°方向铺设。这些在通常金属材料的结构设计中是很难办到的。因此,复合材料不仅给设计人员提供了一种比强度、比模量高的材料,而且给设计人员提供了一种在一定范围内可自主设计的材料。

③ 复合材料结构设计包含材料设计。常规的结构设计中,材料是直接选择的,即在材料部门提供的有确定性能数据的各种材料中选择结构中所用的材料牌号与规格。而在复合材料的结构设计中,材料是由结构设计人员根据设计条件(如性能要求、载荷情况、环境条件等)自行设计的。如前所述,复合材料结构往往是材料与结构一次形成的,且材料也具有可设计性。因此,复合材料结构设计是包含材料设计在内的一种新的结构设计方式,它比常规的金属材料结构设计要复杂得多。但是在复合材料结构设计时,可以从材料与结构两个方面考虑,以满足各种设计要求,尤其是复合材料的可设计性,使复合材料效益最大化。

# 3.2 复合材料的力学性能特点

(1) 各向异性

连续纤维增强复合材料是由各个单层层合而成的。每一个单层在其面内均具有两个相互垂直的对称面,对称面的垂直方向为材料弹性主方向。将两材料弹性主方向中模量较大的主方向定义为纵向或 $L$ 向(平行于纤维方向),与其垂直的另一个主方向定义为横向或 $T$ 向(垂直于纤维方向),如图 3.2 所示。

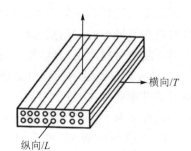

图 3.2 连续纤维增强复合材料层合板弹性主方向定义

在通常的各向同性材料中,表达材料弹性性能的独立工程弹性常数有两个,即弹性模量 $E$ 和泊松比 $\upsilon$(或剪切模量 $G$);而对于复合材料来说,表达材料弹性性能的独立工程弹性常数则有五个:纵向弹性模量 $E_L$、横向弹性模量 $E_T$、纵向泊松比 $\upsilon_L$、横向泊松比 $\upsilon_T$ 及面内剪切模量 $G_{LT}$。除此之外,当加载方向与主弹性方向不一致时,还会引起耦合变形(如图 3.3 所示)。

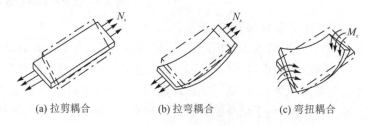

(a) 拉剪耦合　　(b) 拉弯耦合　　(c) 弯扭耦合

图 3.3 复合材料耦合变形

在通常的各向同性材料中,表达材料性能的强度指标只有一个。如果是塑性材料,一般用屈服极限 $\sigma_S$(或条件屈服极限 $\sigma_{0.2}$);如果是脆性材料,一般用强度极限 $\sigma_b$。至于剪切屈服极限 $\tau_S$,一般与拉伸屈服极限 $\sigma_S$ 存在一定的关系,$\tau_S=(0.5\sim0.6)\sigma_S$,所以 $\tau_S$ 不是独立的强度指标。对于上述复合材料中的每个单层,通常有五个强度指标,称为基本强度。即纵向拉伸强度 $X_t$、纵向压缩强度 $X_c$、横向拉伸强度 $Y_t$、横向压缩强度 $Y_c$、面内剪切强度 $S$。由于复合材料强度指标的增加,使判断各种受力状态下强度的理论也较各向同性材料复杂。

(2) 非均质性

按照复合材料定义,纤维增强复合材料是由纤维与基体两相材料组成的,因而是非均质的。

如果分析的对象是比纤维直径大得多的范围(即所谓宏观范围),则可以将每个单层看作是均质的。但是,对于实际由各个单层层合而成的层合板,由于各个单层可以按不同方向铺设,所以多向层合板也是非均质的。由于这种非均质性,对层合结构的弹性与强度分析必须建立在分析各个单层的弹性与强度的基础上,也即建立在宏现的层合理论上。

综合复合材料各向异性和非均质性的特点,层合结构复合材料在一种外力作用下,除了引起本身的基本变形外,还可能引起其他基本变形,即所谓耦合变形。这种力学性能的复杂性在通常的金属材料中是没有的。另外,非均质性还将构成复合材料力学性能的其他一些特异性。例如,单层方向的变化引起的层合板力学性能变化不能单凭主观推测。如图 3.1 所示的层合板,若将中间的 $90°$ 层变成 $±45°$ 层,似乎应使 $0°$ 方向(即 $x$ 方向)的刚度提高;然而,在 $0°$ 方向所表现出来的刚度实际上是降低了。再如,在双向层合板的某种特定条件下会出现负的泊松比,即一个方向的拉伸引起垂直于该方向的材料伸长。

(3) 层间强度低

一般情况下,纤维增强复合材料的层间剪切强度和层间拉伸强度分别低于基体的剪切强度和拉伸强度,这是由于界面的作用所致。因此在层间应力作用下很容易引起层合板分层破坏,从而导致复合材料结构的破坏,这是影响复合材料在某些结构物上使用的重要因素。因此,在结构设计时,应尽量减小层间应力,或采取某些构造措施,以避免层间分层破坏。

# 3.3　复合材料设计流程

复合材料结构设计前,必须掌握复合材料力学分析与结构分析方面的一些基本知识,了解复合材料结构设计的过程和设计所需的条件,这样才能顺利进行复合材料结构设计。复合材料力学分析与结构分析相关知识请读者参阅相关书籍,本书重点在于阐述复合材料设计过程。

复合材料结构设计是选用不同材料组合综合各种设计(如层合板设计、典型结构件设计、连接设计等)的反复过程。在综合过程中必须考虑的一些主要因素有:结构质量、研制成本、制造工艺、结构鉴定、质量控制、工装模具的通用性及设计经验。复合材料结构设计的综合过程如图 3.4 所示,大致分为以下三个步骤:

① 明确设计条件。如性能要求、载荷情况、环境条件、形状限制等。

② 材料设计。包括原材料选择、铺层性能的确定、复合材料层合板的设计等。

③ 结构设计。包括复合材料典型结构件(如杆、梁、板、壳等)的设计,以及复合材料结构(如桁架、刚架、硬壳式结构等)的设计。

在上述材料设计和结构设计中都涉及应变、应力与变形分析,以及失效分析,以确保结构的强度与刚度。

复合材料结构往往是材料与结构一次成形的,且材料也具有可设计性。因此,复合材料结构设计不同于常规的金属结构设计,是包含材料设计和结构设计在内的一种新的结构设计方法。在复合材料结构设计中,可以从材料与结构两方面进行考虑,以满足各种设计要求,尤其是材料的可设计性,可使复合材料结构达到优化设计的目的。

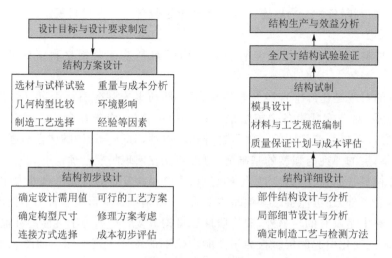

图 3.4　复合材料结构设计综合流程图

# 3.4　复合材料的结构设计条件

在结构设计中,首先应明确设计条件,即根据使用目的提出性能要求,搞清载荷情况、环境条件及受几何形状和尺寸大小的限制等,这些往往是设计任务书的内容。

对于某些新型结构,其外形通常并没有确定。这时,为了明确设计条件,就应首先大致假定结构的外形,以便确定在一定环境条件下的载荷。为此,需常常反复才能确定合理的结构外形。

设计条件有时也不是十分明确的,尤其是结构所受载荷的性质和大小在许多情况下是变化的,因此明确设计条件有时也有反复的过程。

## 3.4.1　结构性能要求

一般来说,体现结构性能的主要内容有:

① 结构所能承受的各种载荷,确保在使用寿命内的安全;

② 提供装置各种配件、仪器等附件的空间,对结构形状和尺寸有一定的限制;

③ 隔绝外界的环境状态而保护内部物体。

结构的性能与结构质量有密切关系。一方面,在运载结构(如车辆、船舶、飞机、火箭等)中,若结构本身的质量轻,则运载效率就高,用于装配自重所消耗的无用功就少,特别是在飞机中,只要减轻质量,就能多运载旅客、货物和燃料,使效率提高。另一方面,对于在某处固定的设备结构,看起来它的自重不直接影响它的性能,实际上减重能提高经济效益。例如,在化工厂的处理装置中常用的大型圆柱形结构,其主要设计要求是耐腐蚀性,因此其结构质量将直接影响到圆柱壳体截面的静应力和由风、地震引起的动弯曲应力等。减轻质量就能起到减少应力腐蚀的作用,从而提高结构的经济效益。

此外,由于复合材料还可以具有功能复合的特点,因此对于某些结构物,在结构性能上面需满足一些特殊的性能要求。如上述化工装置要求耐腐蚀性;雷达罩、天线等要求有一定的电、磁方面性能;飞行器上的复合材料构件要求有防雷击的措施等。

## 3.4.2　载荷情况

结构承载分静载荷和动载荷。所谓静载荷,是指缓慢地由零增加到某一定数值以后就保持不变或变动不显著的载荷。这时构件的质量加速度及其相应的惯性力可以忽略不计,例如,固定结构的重力载荷一般为静载荷。所谓动载荷,是指能使构件产生较大的加速度,并且不能忽略由此而产生的惯性力的载荷。在动载荷作用下构件内所产生的应力称为动应力。例如,风扇叶片由于旋转时的惯性力将引起拉应力。动载荷又可分为瞬时作用载荷、冲击载荷与交变载荷。

瞬时作用载荷是指在几分之一秒的时间内,从零增加到最大值的载荷。例如,飞机突然启动时所产生的载荷。冲击载荷是指在载荷施加的瞬间,产生载荷的物体具有一定的动能,例如打桩机打桩。交变载荷是连续周期性变化的载荷。

在静载荷作用下的结构一般应设计成具有抵抗破坏和抵抗变形的能力,即具有足够的强度和刚度。在冲击载荷作用下,应使结构具有足以抵抗冲击载荷的能力。而在交变载荷作用下的结构(或者是结构产生交变应力)疲劳问题较为突出,应按疲劳强度和疲劳寿命来设计结构。

## 3.4.3　环境条件

一般在设计结构时,应明确确定结构的使用目的和环境。一般分为如下四种环境条件:

① 力学条件:加速度、冲击、振动、声音等;

② 物理条件:压力、温度、湿度等;

③ 气象条件:风雨、冰雪、日光等;

④ 大气条件:放射性、盐雾、风沙等。

其中,力学和物理条件主要影响结构的刚度和强度,与材料的力学性能有关;气象和大气条件主要影响结构的腐蚀、磨损、老化等,与材料的理化性能有关。

## 3.4.4　结构的可靠性与经济性

在飞机结构设计中,对于设计条件还往往提出结构可靠度的要求,必须进行可靠性分析。所谓结构的可靠性,是指结构在规定的使用寿命内,在给予的载荷情况和环境条件下,充分实现所预期性能时结构正常工作的能力。这种能力用一种概率来度量,称为结构的可靠度。

由于结构破坏一般主要表现为静载破坏和疲劳断裂破坏,所以结构可靠性分析的主要方面也分为结构静强度可靠性和结构疲劳寿命可靠性,其设计内容在于许用值确定和耐久性/损伤容限设计。

结构设计的合理性最终主要表现在可靠性和经济性两方面。一般来说,要提高可靠性就得提高初期成本,而维修成本是随可靠性的增加而降低的,所以总成本最低时(即经济性最好)的可靠性最为合理,如图 3.5 所示。

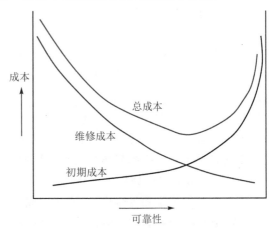

图 3.5　复合材料结构与可靠性的关系

# 3.5　材料设计

材料设计,通常是指选用几种原材料组合制成具有所要求性能的材料的过程。这里所指的原材料主要是指基体材料和增强材料。不同原材料构成的复合材料将会有不同的性能,而且纤维的组织形式不同将会使与基体复合构成的复合材料的性能也不同。对于层合复合材料,由纤维和基体构成复合材料的基本单元是单层,而作为结构的基本单元——结构材料,是由单层构成的复合材料层合板。因此,材料设计包括原材料选择、单层性能的确定和复合材料层合板设计。

## 3.5.1　原材料的选择与复合材料性能

原材料的选择与复合材料的性能关系甚大,因此,正确选择合适的原材料就能得到所需复合材料的性能。

(1) 原材料选择原则

1) 比强度、比模量高的原则

对于结构物,特别是航空航天结构,在满足强度、刚度、耐久性、相损伤容限等要求的前提下,应使结构质量最轻。通常,树脂基或金属基复合材料,比强度、比模量是指单向板纤维方向的强度、刚度与材料密度之比。然而,实际结构中的复合材料为多向层合板,其比强度和比刚要比上述值低 $30\%\sim50\%$。

2) 材料与结构的使用环境相适应的原则

通常,要求材料的主要性能在结构整个使用环境条件下,其下降幅值应不大于 $10\%$。一般情况下,引起性能下降的主要环境条件是温度。对于树脂基复合材料,湿度也对性能有较大的影响,特别是在高温、高湿的工作环境下影响会更大。树脂基复合材料受温度与湿度的影响,主要是基体受影响的结果。因此,可以通过改进或选用合适的基体以达到与使用环境相适应的条件。通常,根据结构的使用温度范围和材料的工作温度范围对材料进行合理的选择。

3) 满足结构特殊性要求的原则

除了结构刚度和强度以外,许多结构物还要求有一些特殊的性能,如飞机雷达罩要求有透波性,隐身飞机要求有吸波性,客机的内装饰件要求阻燃性等。通常,为满足这些特殊性要求,要着重考虑合理地选取基体材料。

4) 满足工艺性要求的原则

复合材料的工艺性包括预浸料工艺性、固化成形工艺性、机加装配工艺性和修补工艺性四个方面。预浸料工艺性包括挥发物含量、黏性、高压液相色谱特性、树脂流出量、预浸料贮存期、处理期、工艺期等参数。固化成形工艺性包括加压时间带、固化温度、固化压力、层合板性能对固化温度和压力的敏感性、固化后构件的收缩率等。机加装配工艺性主要指机加工艺性。修补工艺性主要指已固化的复合材料与未固化的复合材料通过其他基体材料或胶黏剂黏结的能力。工艺性要求与选择的基体材料和纤维材料有关。

5) 成本低、效益高的原则

成本包括初期成本和维修成本,而初期成本包括材料成本和制造成本,效益指减重获得节省材料、提高性能、节约能源等方面的经济效益。因此成本低、效益高的原则是一项重要的选材原则。

（2）纤维选择

目前已有多种纤维可作为复合材料的增强材料，如各种玻璃纤维、凯芙拉纤维、硼纤维、碳化硅纤维和碳纤维等，有些纤维已经有多种不同性能的品种。选择纤维时，首先确定纤维的类别，其次要确定纤维的品种规格。

选择纤维类别，是根据结构的功能选取能满足一定的力学、物理和化学性能的纤维。

① 若结构要求有良好的透波、吸波性能，则可选取 E 或 S 玻璃纤维、凯芙拉纤维、碳纤维等作为增强材料；

② 若结构要求有高的刚度，可选用高模量碳纤维或硼纤维；

③ 若结构要求有高的抗冲击性能，则可选用玻璃纤维、凯芙拉纤维；

④ 若结构要求有很好的低温工作性能，则可选用低温下不脆化的碳纤维；

⑤ 若结构要求尺寸不随温度变化，则可选用凯芙拉纤维或碳纤维，它们的热膨胀系数可以为负值，可设计成零膨胀系数的复合材料；

⑥ 若结构要求既有较大强度又有较大刚度时，则可选用比强度和比模量均较高的碳纤或硼纤维。

工程上通常选用玻璃纤维、凯芙拉纤维或碳纤维作增强材料。对于硼纤维，一方面由于其价格高，另一方面由于它的刚度大和直径粗，弯曲半径大，成形困难，所以应用范围受到很大限制。表 3.1 列出了由玻璃、凯芙拉及碳纤维增强树脂复合材料的特点，以供选择纤维时参考。

**表 3.1　几种纤维增强树脂基复合材料的特点**

| 性　能 | 玻璃纤维<br>增强树脂基复合材料 | 凯芙拉纤维<br>增强树脂基复合材料 | 碳纤维<br>增强树脂基复合材料 |
|---|---|---|---|
| 成本 | 低 | 中等 | 高 |
| 密度 | 大 | 小 | 中等 |
| 加工 | 容易 | 困难 | 较容易 |
| 抗冲击性能 | 中等 | 好 | 差 |
| 透波性 | 良好 | 最佳 | 不透波、半导体性质 |
| 可选用形式 | 多 | 厚度规格较少 | 厚度规格较少 |
| 使用经验 | 丰富 | 不多 | 较多 |
| 强度 | 较好 | 比拉伸强度最高、比压缩强度最低 | 比拉伸强度高、比压缩强度最高 |
| 刚度 | 低 | 中等 | 高 |
| 断裂伸长率 | 大 | 中等 | 高 |
| 耐湿性 | 差 | 差 | 好 |
| 热膨胀系数 | 适中 | 沿纤维方向接近于零 | 沿纤维方向接近于零 |

除了选用单一品种纤维外，复合材料还可由多种纤维混合构成混杂复合材料。这种混杂复合材料既可以是由两种或两种以上的纤维混合铺层构成，也可以是由不同纤维构成的铺层混合构成。

混杂纤维复合材料的特点在于能以一种纤维的优点来弥补另一种纤维的缺点。例如，用碳纤维来克服凯芙拉压缩性能低的弱点；用凯芙拉铺层和碳纤维铺层混合可克服碳纤维抗冲击性能差的弱点；用凯芙拉或玻璃纤维带混合在碳纤维中可以起到止裂的作用。

选择纤维规格,是按比强度、比模量和性能价格比选取的。对于要求较高的抗冲击性能和需充分发挥纤维作用时,应选取有较高断裂伸长率的纤维。一般情况下,材料供应商均会提供上述参数。

如上所述,纤维有编织布形式和单向带形式。一般玻璃纤维或芳纶纤维采用编织布形式,碳纤维两种形式均采用。一般形状复杂处采用编织布容易成形,操作简单,且编织布构成的复合材料表面不易出现崩落和分层,适用于制造壳体结构。单向带所构成的复合材料的比强度、比模量大,使纤维方向与载荷方向一致,易于实现铺层优化设计。

（3）树脂选择

目前可供选择的树脂主要有两类,一类为热固性树脂,包括环氧树脂、聚酰亚胺树脂、双马来酰亚胺树脂、酚醛树脂和聚酯树脂。另一类为热塑性树脂,如聚醚砜、聚砜、聚醚醚酮、尼龙、聚苯乙烯、聚醚酰亚胺等。

目前,树脂基复合材料中用得较多的基体是热固性树脂,尤其是各种牌号的环氧树脂和聚酯树脂,它们有较好的力学性能,但工作温度较低,只能在−40～130 ℃范围内长期工作;某些环氧树脂的短期工作温度能达到150 ℃,由其构成的复合材料基本上能满足结构材料的要求,工艺性能好,成本低。对于需耐高温的复合材料,目前主要是用聚酰亚胺作为基体材料,它能在200～250 ℃温度下长期工作,短期工作温度可达350～400 ℃。双马来酰亚胺、聚醚醚酮、聚砜、聚醚砜,它们能在150～200 ℃范围内正常工作,能满足一般耐高温的要求,且韧性好,有较大的复合材料强度许用值。

玻璃纤维复合材料的基体一般采用不饱和聚酯树脂和环氧树脂。凯芙拉复合材料的基体主要是环氧树脂。内部装饰件常采用酚醛树脂,因为酚醛树脂具有良好的耐火性、自熄性、低烟性和低毒性。

树脂的选择按如下要求选取:

① 要求基体材料能在结构使用温度范围内正常工作。对于具体选定的树脂,应对其浇注体进行玻璃化温度测试,一般可以认为,工作温度应低于其玻璃化转变温度30 ℃。与此同时,还应作层合板的高温力学性能测试,其模量下降率不应超过8%。对于短期高温使用环境,材料的模量下降率也不应超过15%。

② 要求基体材料具有一定的力学性能。对于飞机主结构用复合材料的基体,要求$E_{me} > 3$ GPa,$\varepsilon_{mt} > 2.5\%$,临界能量释放率$G_{Ic} > 60$ J/ m²,以确保层合板在结构使用中的强度、刚度及使用。

③ 要求基体材料的断裂伸长率高于或者接近于纤维的断裂伸长率,以确保充分发挥纤维的增强作用。

④ 要求基体材料具有满足使用要求的物理、化学性能。物理性能主要指吸湿性,目前纯树脂的吸水率要求在1.5%～4.5%,复合材料的吸水率要求在1.5%以下。化学性能主要指耐介质、耐候性能要好。对于内部装饰件要求有阻燃、低烟性和低毒性等。

⑤ 要求具有一定的工艺性。主要指黏性、凝胶时间、挥发分含量、预浸带的保存期和工艺期、固化时的压力和温度、固化后的尺寸收缩率等。

## 3.5.2　单层性能的确定

复合材料的单层是由纤维增强材料和树脂体组成的。简单的混合法则,即单层性能与体积含量呈线性关系的法则,仅适用于复合材料密度和单向铺层方向上的弹性模量等一类特殊情况的性能。而实际上,单层性能的上、下限不能简单地说成是由组成复合材料的原材料的上、下限确定的。例如,以任意热膨胀系数为正的基体材料所制成的复合材料,其某一方向上的热膨胀系数可能是零或负数。再如,在单向铺层中,与纤维成 90° 方向上的强度通常比基体的强度还低。总之,已知原材料的性能欲确定单层的性能是较为困难的。然而在设计的初步阶段,为了层合板设计、结构设计的需要,必须提供必要的单层性能参数,特别是刚度和强度参数。为此,通常是利用细观力学分析方法,确定预测公式。而在最终设计阶段,一般为了单层性能参数的真实可靠,使设计更为合理,单层性能的确定需要用试验的方法直接测得。

(1) 单层树脂含量的确定

为了确定单层的性能,必须选取合理的纤维含量和树脂含量。对此,一般是根据单层的承力性质或单层的使用功能选取。具体的纤维/树脂复合百分比可参考表 3.2。

表 3.2　单层树脂含量的选择

| 使用工况 | 固化后树脂质量含量/% |
| --- | --- |
| 主要承受拉伸、压缩、弯曲载荷 | 27 |
| 主要受剪切载荷 | 30 |
| 用作受力构件的修补 | 35 |
| 主要用作外表层防机械损伤和大气老化 | 70 |
| 主要用作防腐蚀 | 70~90 |

而纤维体积含量与质量含量之间的关系式如下:

$$V_f = \frac{M_f}{M_f + \dfrac{\rho_f}{\rho_m} M_m} \tag{3.1}$$

式中,$M_f$ 和 $M_m$ 分别为纤维和树脂的质量百分比,$\rho_f$ 和 $\rho_m$ 分别为纤维和树脂的密度。

另外,在最终设计阶段,一般为了单层性能参数的真实可靠,使得设计更为合理,单层性能需用试验的方法直接测定。试验可依据国家标准 GB/T 3354—1999《定向纤维增强塑料拉伸性能试验方法》和 GB/T 3355—2014《聚合物基复合材料纵横剪切试验方法》等进行。

(2) 刚度的预测公式

为了由组分材料的性能确定单层材料性能,必须将单层从细观角度视为由两种材料构成的非均匀材料,然而从宏观角度来看,单层还是均匀的,因此只需取某一单元来研究即可。但是,这种单元必须足够小以表示出细观的材料组成结构,而又必须足够大以代表单层面内的全部性能。这样的单元经过适当的简化后称为代表性体积单元。在代表性体积单元上,作为单层来说,其应力和应变在宏观上是均匀的;而作为细观来说,由于有两种不同组分材料,所以应力和应变是不均匀的。我们正是利用组分材料的应力-应变关系所反映的弹性参数和强度来联系单向层合板的应力-应变关系所反映的弹性性能和强度。为此,代表性体积单元有各种各样的取法。例如单向带可用板状代表性体积单元,取成一根纤维嵌入基体薄片中的形式(见图 3.6)。

假定纤维在单元中的厚度与基体一样,且看成是矩形,单元宽度使纤维宽度和基体宽度之比正好等于单层纤维含量与基体含量之比。单元长度可以是任意的。单元中各组分材料分别

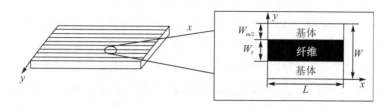

图 3.6　单向带的代表性体积单元

是各向同性的。我们将利用这样的代表性体积单元,作为用细观力学分析单层带和刚度的模型。现说明如何确定单层的工程弹性常数 $E_L$ 和 $E_T$。

1)$E_L$ 的确定

由图 3.6 给出的代表性体积单元,作用应力 $\sigma_1$,见图 3.7。这如同材料力学中由两种不同材料关联组成的杆受拉伸时的分析。已知纤维材料的弹性模量 $E_f$ 和基体材料的弹性模量 $E_m$,对于求单元应变 $\varepsilon_1$ 或纵向弹性模量 $E_L$ 的问题是一次静不定问题。为此,需要利用静力、几何和物理三方面的材料力学基本方法来解决。

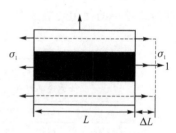

图 3.7　代表性体积单元
在 1 方向上受载

① 静力关系

$$\sigma_1 A = \sigma_f A_f + \sigma_m A_m \qquad (3.2)$$

式中,$A$ 为单元的截面面积;$A_f$ 为纤维的横截面积;$A_m$ 为基体的横截面积。

上式也可改写为

$$\sigma_1 = \sigma_f V_f + \sigma_m V_m \qquad (3.3)$$

式中,$V_f = A_f/A$,$V_m = A_m/A$,分别为单层的纤维体积含量和基体体积含量。

② 几何关系:按照材料力学平截面假设,纤维和基体具有相同的线应变,且等于单元的纵向线应变,即

$$\varepsilon_1 = \varepsilon_f = \varepsilon_m \qquad (3.4)$$

③ 物理关系:根据基本假设,单层、纤维、基体都是线弹性的,因而都服从胡克定律,即

$$\sigma_1 = E_L \varepsilon_1, \sigma_f = E_f \varepsilon_f, \sigma_m = E_m \varepsilon_m \qquad (3.5)$$

综合式(3.3)~(3.5)可得

$$E_L = E_f V_f + E_m V_m \qquad (3.6)$$

由于

$$V_f + V_m = 1 \qquad (3.7)$$

式(3.6)又可写成

$$E_L = E_f V_f + E_m (1 - V_f) \qquad (3.8)$$

单层纵向弹性模量的计算公式是符合混合法则的。

2)其他弹性常数的确定

根据类似的思路,可以对单向带和正交铺层的工程弹性常数进行预测,结果如表 3.3 和表 3.4 所列。

表 3.3　单向带的工程弹性常数预测公式

| 工程弹性常数 | 预测公式 | 说　明 |
|---|---|---|
| 纵向弹性模量 | $E_L=E_fV_f+E_m(1-V_f)$ | 此式基本符合试验测定值 |
| 横向弹性模量 | $E_T=\dfrac{E_fE_m}{E_mV_f+E_f(1-V_f)}$ | 此式预测值往往低于试验测定值,对此可改用修正公式:<br>$\dfrac{1}{E_T}=\dfrac{V_f'}{E_f}+\dfrac{V_m'}{E_m}$,式中,<br>$V_f'=\dfrac{V_f}{V_f+\eta_TV_m}$,$V_m'=\dfrac{\eta_TV_m}{V_f+\eta_TV_m}$,其中 $\eta_T$ 由试验测得,对于玻璃纤维增强环向复合材料,取 0.5 |
| 纵向泊松比 | $\nu_L=\nu_fV_f+\nu_m(1-V_f)$ | 此式基本符合试验测定值 |
| 横向泊松比 | $\nu_T=\nu_L\dfrac{E_T}{E_L}$ | 此式为工程弹性常数之间的关系式 |
| 面内剪切模量 | $G_{LT}=\dfrac{G_fG_m}{G_mV_f+G_f(1-V_f)}$ | 此式预测值往往低于试验测定值,因此可修正公式:<br>$\dfrac{1}{G_{LT}}=\dfrac{V_f''}{G_f}+\dfrac{V_m''}{G_m}$,式中,<br>$V_f''=\dfrac{V_f}{V_f+\eta_{LT}V_m}$,$V_m''=\dfrac{\eta_{LT}V_m}{V_f+\eta_{LT}V_m}$,其中 $\eta_T$ 由试验测得,对于玻璃纤维增强环向复合材料,取 0.5 |

式中,$E_f$ 为纤维弹性模量;$E_m$ 为树脂弹性模量;$\nu_f$ 为纤维泊松比;$\nu_m$ 为树脂泊松比;$G_f$ 为纤维弹性模量;$G_m$ 为树脂弹性模量;$V_f$ 为纤维体积含量。

表 3.4　正交铺层的工程弹性常数预测公式

| 工程弹性常数 | 预测公式 | 说　明 |
|---|---|---|
| 纵向弹性模量 | $E_L=k(E_{L_1}\dfrac{n_L}{n_L+n_T}+E_{T_2}\dfrac{n_T}{n_L+n_T})$ | 将正交铺层看作两层单向带的组合,即经线和纬线分别看作是单向带的组合。由于织物不平直使得计算值大于实测值,所以需要乘以一个小于 1 的折减系数 $k$,称为波纹影响系数 |
| 横向弹性模量 | $E_T=k(E_{L_1}\dfrac{n_L}{n_L+n_T}+E_{T_1}\dfrac{n_T}{n_L+n_T})$ | 同上 |
| 纵向泊松比 | $\nu_L=\nu_{L_1}E_{T_1}\dfrac{n_L+n_T}{n_LE_{T_1}+n_TE_{L_1}}$ | 将正交铺层看作是两层单向带的组合,即经线和纬线分别看作是单向带的组合 |
| 横向泊松比 | $\nu_T=\nu_L\dfrac{E_T}{E_L}$ | 此式为工程弹性常数之间的关系式 |
| 面内剪切模量 | $G_{LT}=kG_{L_1T_1}$ | 正交层的剪切模量与具有相同纤维含量的单向带的剪切模量相同,$k$ 为波纹影响系数 |

注:$n_L$、$n_T$ 分别为单位宽度的正交层中经向和纬向的纤维量,实际上只需知道两者的相对比例即可;$E_{L_1}$、$E_{L_2}$ 分别为经线和纬线作为单向带时纤维方向的弹性模量;$E_{T_1}$、$E_{T_2}$ 分别为经线和纬线作为单向带时垂直于纤维方向的弹性模量;$\nu_{L_1}$ 为经线作为单向带时的纵向泊松比;$G_{L_1T_1}$ 由经线作为单向带的面内剪切模量;$k$ 为波纹影响系数,取 0.9~0.95。

（3）强度预测公式

下面分别给出纵向拉伸强度和纵向压缩强度预测公式:

$$X_t = \begin{cases} \sigma_{fmax} V_f + \sigma_m \varepsilon_{fmax}(1-V_f), & (V_f \geqslant V_{fmin}) \\ \sigma_{mmax}(1-V_f), & (V_f \leqslant V_{fmin}) \end{cases} \tag{3.9}$$

$$V_{fmin} = \frac{\sigma_{mmax} - \sigma_m \varepsilon_{fmax}}{\sigma_{fmax} + \sigma_{mmax} - \sigma_m \varepsilon_{fmax}} \tag{3.10}$$

式中,$\sigma_{fmax}$ 为纤维的最大拉伸应力,$\sigma_m \varepsilon_{fmax}$ 为基体应变等于纤维最大拉伸应变时的基体应力,$\sigma_{mmax}$ 为基体的最大拉伸应力,$V_f$ 为纤维体积含量;$V_{fmin}$ 为强度由纤维控制的最小纤维体积含量。

$$X_c = \begin{cases} 2V_f \sqrt{\dfrac{V_f E_m E_f}{3(1-V_f)}} \\ \dfrac{G_m}{(1-V_f)} \end{cases} \tag{3.11}$$

式中,$E_f$ 为纤维弹性模量;$E_m$ 为树脂弹性模量;$G_m$ 为树脂弹性模量;$V_f$ 为纤维体积含量。纵向压缩强度 $X_c$ 取两者计算的最小值。

### 3.5.3 复合材料层合板设计

复合材料层合板设计,就是根据单层的性能确定层合板中各铺层的取向、铺设顺序、各定向层相对于总层数的百分比和总层数(或总厚度)。复合材料层合板设计通常又称为铺层设计。

进行层合板设计时一般遵循如下设计原则。

(1)铺层定向原则

由于层合板铺层取向过多会造成设计工作的复杂化,目前多选择 0°、90°和±45°四种铺层方向。如果需要设计成准各向同性的层合板,除了用[0/45/90/−45]s 层合板外,为了减少定向数,还可采用[60/0/−60]s 层合板。

复合材料层合板常用铺层表示方式解释如下。

一般,铺层角度信息用中括号[ ]表示,默认从贴模面开始,沿厚度方向逐层铺放,如[0/45/90/−45],这是一类最简单的铺层表示方法,从贴模面0°开始逐层罗列。

若中括号带有下标,则下标s表示"关于中面对称",下标n表示"重复括号内的铺层共n次",如:

单向带铺层[45/−45/0/−45/45/90/90/45/−45/0/−45/45]可以简化为[45/−45/0/−45/45/90]s,[0/90]s 等同于[0/90/90/0]。

[0/90]2s 表示先重复再对称,即[0/90/0/90/90/0/90/0];而[0/90]s2 表示先对称再重复,即[0/90/90/0/0/90/90/0]。

(2)均衡对称铺设原则

除特殊需要外,一般均设计成均衡对称层合板,以避免拉-剪、拉-弯耦合而引起固化后的翘曲等变形。

(3)铺层取向按承载选取原则

如果承受拉(压)载荷,则使铺层的方向按载荷方向铺设;如果承受剪切载荷,则铺层按±45°方向成对铺设;如果承受双轴向载荷,则铺层按受载方向 0、90°正交铺设;如果承受多种载荷,则铺层按 0°、90°和±45°多向铺层。

（4）最小铺层比例原则

为避免基体承载，减少湿热应力，使复合材料与其连接的金属泊松比相协调，以减小连接诱导应力，对于方向为 0°、90°和±45°的铺层，其任一方向的铺层最小比例应大于 6%～10%。

（5）铺设顺序原则

① 应使各定向层尽量沿层合板厚度均匀分布，即使层合板的单层组数尽量的大，或者说使每一单层组中的单层数尽可能的少，一般不超过 4 层。这样可减少两种单向层之间的层间分层可能性。

② 如果层合板中含有 0°、90°和±45°铺层，应尽量使±45°层之间用 0°层或 90°层隔开，也尽量使 0°层和 90°层之间用 45°铺层隔开，以减小层间应力。

（6）冲击载荷区设计原则

冲击载荷区层合板应有足够多的 0°层，以承受局部冲击载荷；也要有一定量的±45°层，以使载荷扩散。除此之外，需要时还需局部加强以确保足够的强度。

（7）防边缘分层破坏设计原则

除了遵循铺设顺序原则外，还可以沿边缘区包一层玻璃布，以防止边缘分层破坏。

（8）抗局部屈曲设计原则

对于有可能形成局部屈曲的区域，将±45°层尽量铺设在层合板的表面，可提高局部屈曲强度。

（9）连接区设计原则

沿钉载方向的铺层比例应大于 30%，以保证足够的挤压强度；与钉载方向成±45°的铺层比例应大于 40%，以增加剪切强度，同时有利于扩散载荷和减少孔的应力集中。

（10）变厚度设计原则

变厚度构件的铺层阶差、各层台阶设计宽度应相等，其台阶宽度应等于或大于 2.5 mm。为防止台阶处剥离破坏，表面应采用连续铺层。

各单向层百分比和总层数的确定，也即各定向层层数的确定，是根据对层合板设计的要求综合考虑确定的。根据具体的设计要求，可采用等代设计法、准网络设计法、毯式曲线设计法、主应力设计法、层合板系列设计法、层合板优化设计法等，读者可查阅相关资料，本书不再展开。

# 3.6　结构设计

复合材料结构设计除了具有包含材料设计内容的特点外，就结构设计本身而言，在设计原则、工艺性要求、许用值与安全系数确定、设计方法和考虑的各种因素方面都有其自身的特点，不能完全沿用金属结构的设计方法。

## 3.6.1　结构设计一般原则

满足结构的强度和刚度是结构设计的基本任务之一。复合材料结构与金属在满足强度、刚度和总原则上是相同的，但由于材料特性和结构特性与金属有很大差别，所以复合材料结构在满足强度、刚度的原则上还是有别于金属结构的。

① 复合材料结构一般采用按使用载荷设计、按设计载荷校核的方法。

使用载荷是指正常使用中可能出现的最大载荷,在该载荷下结构不应产生残余变形。设计载荷是指设计中用来进行强度计算的载荷,在该载荷下结构刚开始或接近破坏。金属结构设计是按设计载荷进行设计,也是按设计载荷进行强度校核的。设计载荷与使用载荷的比值即为安全系数。

② 按使用载荷设计时,采用使用载荷所对应的许用值称为使用许用值;按设计载荷校核时,采用设计载荷所对应的许用值,称为设计许用值。

许用值是计算中允许采用的性能值,由一定的试验数据确定。使用许用值与设计许用值由相应环境条件下的试验数据统计分析得到。使用许用值根据基体微裂纹、冲击后压缩强度、缺口强度或疲劳等因素的试验结果统计分析确定;设计许用值按环境条件下破坏的试验结果统计分析确定。当材料的模量和强度等性能值随温度、湿度变化较大时,可按温度、湿度范围分别确定使用许用值和设计许用值。

许用值的数值基准分 A 基准值和 B 基准值两种。对主承力结构或单传力结构往往采用 A 基准值,对多传力结构或破损安全结构往往采用 B 基准值。A 基准值是指一个性能极限值,即在 95% 置信度下至少有 99% 数值群的性能高于此值。B 基准值是指一个性能极限值,即在 95% 置信度下至少有 90% 数值群的性能高于此值。

**注意**:这里许用值的概念与材料力学中许用应力的概念是不同的。传统的许用应力是指极限力与安全系数的比值,极限应力就是设计载荷对应的构件应力,所以许用应力就是使用载荷对应的构件应力。本书仍沿用传统的许用应力称呼,但不要与许用值相混淆。

③ 复合材料失效准则只适用于复合材料的单层。在未规定使用某一失效准则时,一般采用蔡-胡失效准则且正则化相互作用系数未规定时也采用 0.5。

④ 有刚度要求的一般部位,材料弹性常数的数据可采用试验数据的平均值,而有刚度要求的重要部位需要选取 B 基准值。

## 3.6.2 许用值与安全系数的确定

许用值是结构设计的关键要素之一,是判断结构强度的基准。因此正确地确定许用值是结构设计和强度计算的重要任务之一。安全系数的确定也是一项非常重要的工作。

**1. 许用值的确定**

金属结构设计时,是按设计载荷进行设计和强度校核的,其许用值只有设计许用值,一般对塑性材料用屈服极限的许用值,对脆性材料用强度极限的许用值。因为金属材料性能参数的离散系数小,所以金属材料许用值只有 A 基准值即可。

复合材料结构设计时,层合板的许用值还应适用于在确定含义下的整个层合板系列,即可能的铺层角、铺层比和铺层顺序的任一组合,所以层合板的许用值以应变方式给出比较合适,因为应变较应力更能给出统一的数值。对于同一种材料在确定的铺层方向(例如 0°、90°、±45°)下,由于铺层比值的变化,在某一种载荷作用下破坏应力变化较大,而破坏应变变化不大。

确定许用值时必须考虑环境影响,环境影响主要指温度、湿度及温湿的综合影响。当温度范围较大时,应按温度区间给出许用值。因此,许用值不但适用于确定的材料系统或结构状况,还适用于一定环境条件。

使用许用值和设计许用值的具体确定方法如下:

（1）使用许用值的确定方法

1）拉伸时使用许用值的确定方法

拉伸时使用许用值取由下述三种情况得到的较小值。

第一，开孔试样在环境条件下进行单轴拉伸试验，测定其断裂应变，并除以安全系数，经统计分析得出使用许用值。开孔试样见有关标准。

第二，非缺口试样在环境条件下进行单轴拉伸试验，测定其基体不出现明显微裂纹所能达到的最大应变值，经统计分析得出使用许用值。

第三，开孔试样在环境条件下进行拉伸两倍疲劳寿命试验，测定其所能达到的最大应变值，经统计分析得出使用许用值。

2）压缩时使用许用值的确定方法

压缩时使用许用值取由下述三种情况得到的较小值。

第一，低速冲击后试样在环境条件下进行单轴压缩试验，测定其破坏应变，并除以安全系数，经统计分析得出使用许用值。有关低速冲击试样的尺寸、冲击能量见有关标准。

第二，带销开孔试样在环境条件下进行单轴压缩试验，测定其破坏应变，并除以安全系数，经统计分析得出使用许用值，试样见有关标准。

第三，低速冲击后试样在环境条件下进行压缩两倍疲劳寿命试验，测定其所能达到的最大应变值，经统计分析得出使用许用值。

3）剪切时使用许用值的确定方法

剪切时使用许用值取由下述两种情况得到的较小值。

第一，±45°层合板试样在环境条件下反复加载卸载的拉伸（或压缩）疲劳试验，并逐步加大峰值载荷的量值，测定无残余应变下的最大剪应变值，经统计分析得出使用许用值。

第二，±45°层合板试样在环境条件下经小载荷加卸载数次后，将其单调地拉伸至破坏，测定其各级小载荷下的应力-应变曲线，并确定线性段的最大剪应变值，经统计分析得出许用值。

（2）设计许用值的确定方法

设计许用值是对在环境条件下的材料破坏试验结果进行数理统计后给出的，环境条件包括使用温度上限和1％水分含量（对于环氧类基体为1％）的联合情况。对破坏试验结果应进行分布检查（韦伯分布或正态分布），并按一定的可靠性要求（A基准值或B基准值）给出设计许用值。

**2. 安全系数的确定**

在结构设计中，为了确保结构安全工作，还应考虑结构的经济性，要求质量轻、成本低，因此，在保证安全的条件下，应尽可能降低安全系数。下面简述选择安全系数时应考虑的主要因素。

（1）载荷的稳定性

作用在结构上的外力，一般是经过力学方法简化或估算的，很难与实际情况完全相符。动载比静载应选用较大的安全系数。

（2）材料性质的均匀性和分散性

材料内部组织的非均质和缺陷对结构强度有一定的影响。材质组织越不均匀，其强度试验结果的分散性就越大，安全系数要选大些。

（3）理论计算公式的近似性

因为对实际结构经过简化或推导的公式，一般都是近似的，选择安全系数时要考虑到计算公式的近似程度。近似程度越大,安全系数选取应越大。

（4）构件的重要性

如果构件的损坏会引起严重后果,则安全系数应取大些。

（5）加工工艺的准确性

若加工工艺准确性差,则安全系数应取大些。

（6）无损检测的局限性

若无损检测手段受限,则安全系数应取大些。

（7）使用环境条件

如果使用环境条件恶劣,则安全系数应取大些。

通常,玻璃纤维复合材料可保守地取安全系数为3,民用结构产品也有取至10的,而对质量有严格要求的构件可取为2;对于硼/环氧、碳/环氧、Kevlar/环氧构件,安全系数可取1.5,对重要构件也可取2。由于复合材料构件在一般情况下开始产生损伤的载荷（即使用载荷）约为最终破坏的载荷（即设计载荷）的70%,故安全系数取1.5~2是合适的。

# 3.7　飞机典型复合材料结构设计

## 3.7.1　典型结构件设计

（1）蒙皮壁板设计

飞机蒙皮壁板为承力壁板,除承受气动载荷外,还参与总体受力,承受扭矩引起的剪应力和弯矩引起的正应力。蒙皮壁板设计要点有以下几项。

① 按刚度要求和气动弹性要求进行铺层剪裁设计。为满足蒙皮应力沿展向和弦向的变化及气动弹性要求,蒙皮沿翼展和翼弦是变厚度的。变厚度设计应有铺层过渡区,以减少应力集中。

② 铺层设计应满足稳定性要求和提高冲击损伤容限。

③ 蒙皮实际最小厚度为0.6~0.8 mm,否则难以操作。最大厚度原则上无限制,但越厚工艺难度越高,一般每6~8 mm预固化一次,要进行多次固化以保证质量。

蒙皮壁板已经应用和正在研制的主要形式有变厚度蒙皮壁板、加筋板蒙皮壁板、夹层结构壁板、格栅结构壁板和整体翼面壁板。整体翼面壁板采用增强纤维预成形结合液体树脂成形工艺制造,是正在开发的新型蒙皮壁板形式。

（2）夹层结构设计

夹层结构是一种高刚度的结构形式,在飞机上早已采用,其减重效果显著。

夹层结构由作为上下面板的层压板与夹芯材料构成（见图3.8）。夹芯材料有蜂窝芯（见图3.9）、泡沫芯和波纹板芯等。目前Nomex蜂窝芯已成功用于前缘蒙皮、活动面蒙皮壁板、全高度蜂窝夹层结构操纵面、雷达罩、梁肋腹板中。

这种夹层结构对低能量冲击敏感。低能量冲击可引起层压面板分层,面板与芯子脱胶。湿热条件下会发生水浸,引起面板起泡等现象,影响结构耐久性。

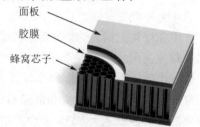

图3.8　蜂窝夹层结构组成示意图

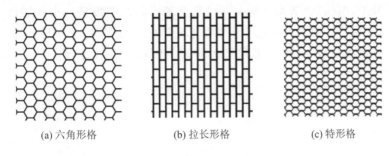

| (a) 六角形格 | (b) 拉长形格 | (c) 特形格 |

**图 3.9　几种常用蜂窝芯格**

夹层结构中,面板主要承受面内拉伸、压缩和面内剪切载荷,芯子主要支持面板承受垂直于面板的压缩载荷。

夹层结构的设计应着重考虑湿热环境影响和低能量冲击,要点如下:

① 面板通常用均衡对称铺层,在设计规定的外力下,面内应力小于材料强度。面板应变小于设计极限应变。

② 芯子应有足够高度(厚度),以保证夹层结构有足够的总体刚度,在设计载荷下,结构不发生总体失稳和弯曲过大。

③ 胶黏剂必须有足够的胶接强度(主要考虑面板与蜂窝芯的剥离强度),同时还要考虑耐湿热老化和其他耐环境性。

④ 对雷达罩、客舱内装饰件所应用的夹层结构,所有材料都必须考虑电性能、阻燃等特殊要求。

(3) 格栅结构设计

格栅结构(Grid Structures)是指用格形(方形格、菱形格)密加筋骨架的加筋板或加筋壳(筒壳或锥壳),参见图 3.10。由于格间距小,格形加筋骨架形似网状,故又称网格结构。现代民机 A300、A310、A330 和 A340 均采用了格栅式的复合材料结构蒙皮壁板。

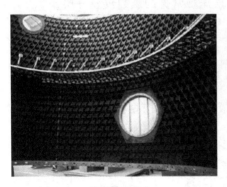

| (a) 筒壳格栅结构 | (b) 锥壳格栅结构 |

**图 3.10　格栅结构示例**

格栅结构是一种整体结构稳定性好、结构效率高、生存力强的结构形式,在航天结构上有广泛应用前景,其特点如下:

① 格栅骨架可以用纤维束(带)连续短程铺放制成,充分发挥纤维定向承载能力,且格形骨架整体性好。

② 方形格、菱形格、等角形格(三角形格)等多种格形可满足结构不同部位设计要求,如

图 3.11 所示。其中,图(d)的格栅结构——机翼上翼面蒙皮壁板是一个代表性实例,上翼面从翼尖到翼根压缩载荷逐步增大。根部用格栅承受轴向压强载荷,中间部分用三角形格栅具有良好稳定性,外端承载较小,可以通过加大肋间距(即格间距)进行优化,从而实现高结构效率。

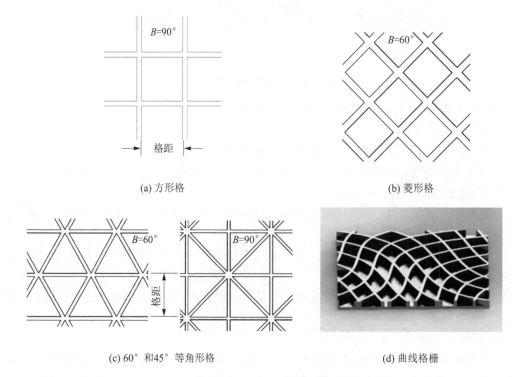

(a) 方形格                       (b) 菱形格

(c) 60°和45°等角形格            (d) 曲线格栅

**图 3.11　几种格栅形格**

③ 对局部初始缺陷敏感性不强,一般不会发生层压板常见的微裂纹及分层。

④ 制造过程可实现自动化和机械化,实现低成本制造。

(4) 翼梁(墙)结构设计

翼梁(墙)是机翼内架的纵向承力件,它们通过翼身接头将翼面上的气动载荷以集中弯曲力传到机身。按梁的剖面形状可分为工形梁、C 形梁、J 形梁等,按梁腹板进一步分类更能反映出梁的结构特点,如图 3.12 所示,有立柱加筋腹板梁、夹层结构腹板梁和正弦波腹板梁。

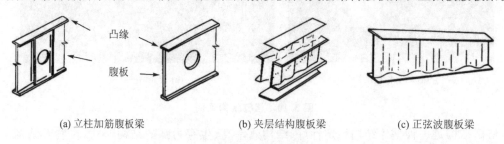

(a) 立柱加筋腹板梁          (b) 夹层结构腹板梁          (c) 正弦波腹板梁

**图 3.12　翼梁(墙)结构**

梁(墙)设计大致可分为凸缘设计、梁腹板设计和凸缘与腹板结合的细节设计及梁凸缘与机体的连接设计。

梁(墙)类结构的铺层设计要根据变矩、剪力及其分布特征进行。按许用应变设计方向的铺层数,按稳定性要求优化铺层顺序(尽可能用对称层铺层),根据各切面强度,可局部修改铺层比例和顺序。

立柱加筋腹板梁一般多采用 L 形或 T 形剖面立柱。立柱间距由腹板剪应力和腹板稳定性条件确定。

夹层结构腹板梁设计包括梁凸缘、夹层结构腹板及其结合细节设计。一般梁腹板用 ±45° 铺层提高抗剪能力,再以一定 0° 和 90° 铺层满足抗压塌和泊松比要求。

正弦波腹板梁目前在复合材料翼面结构中得到了广泛应用,AV-8B 机翼、P-22 机翼和尾属中均有采用,不仅结构质量轻、刚度大、稳定性好,而且易于制造,目前多采用梁凸缘与腹板共固化连接,实现低成本制造。

(5) 翼肋/隔框设计

翼肋是机翼的维形件,用来形成和保持机翼剖面形状;与桁条和蒙皮相边连,以其自身刚度给桁条和蒙皮以支持和加强,提高蒙皮稳定性。

如图 3.13 所示,复合材料翼肋形式有层压板立柱加筋肋、夹层板肋和构架肋等。

隔框是机身的横向承载或维形结构件,作用和设计原理与翼肋相同,但构件曲率大。目前复合材料隔框一般仅用于普通框(见图 3.14)。

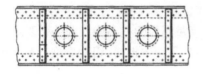 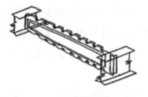 

(a) 层压板立柱加筋肋　　　　　　(b) 夹层板肋　　　　　　(c) 构架肋

**图 3.13　翼肋结构形式**

**图 3.14　CR929 复合材料隔框结构**

## 3.7.2　飞机复合材料部件设计

飞机主要由 5 个部分组成,即机翼、机身、尾翼、起落装置和动力装置。其中,机翼、机身、尾翼、起落架是构成机体的主要部件,这些部件的发展趋势是用复合材料逐步取代传统的金属材料,如波音787飞机,复合材料用量占整个结构质量的50%,其机身、机翼和尾翼都采用复合材料,标志着复合材料的航空应用进入了新的发展阶段。在此以机翼为对象介绍机翼的设计,使读者初步了解飞机部件设计的基本内涵。

(1)机翼的功用和组成

机翼连接在机身上,其主要功能是利用空气动力使飞机产生升力,同时还通过安装在其上的副翼、襟翼、扰流片和减速板等为飞机提供横向稳定性、操纵性及增升、增阻等效能。机翼又可作为发动机、起落架等部件安装的基础。机翼内部还可用来装载燃料、设备仪器等,机翼外部还可挂接油箱和武器装备。因此机翼是飞机的主承力结构之一,承受多种高载荷,翼面外形复杂,其设计分析有许多特点。

国内外复合材料应用经验表明,飞机主承力结构占机体总质量的70%,所以复合材料用于主结构上将体现出巨大的减重节能效益。

机翼的基本结构元件有纵向骨架、横向内架、蒙皮和接头。纵向骨架包括翼梁、桁条;横向内架包括普通翼肋、加强翼肋;接头有耳片式和套管式(见图3.15)。

(2)复合材料机翼设计特点

复合材料机翼设计特点与金属机翼基本相同,可根据设计特点归纳出主要设计原则和设计特殊性。主要设计原则包括以下各项:

① 要选用高强、高韧、耐湿热性能好的纤维和树脂基体。

② 结构形式多选用中厚蒙皮多墙结构或加筋壁板,以满足高应力和高刚度的特殊要求。

③ 机翼面积大,又处于水平工作状态,在制造和使用中易受冲击损伤,因此要进行耐久性和损伤容限设计。

④ 机翼载荷大,对已满足强度和刚度要求的总体铺层,还应进行对稳定性的设计优化和校核。

⑤ 复合材料导电性能比金属低,应进行防静电和防雷击设计。

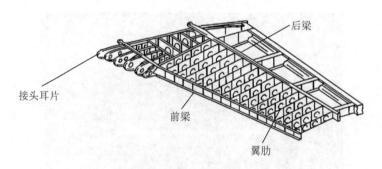

图3.15 机翼内部结构示意图

⑥ 隐身要求。现代飞机所用的隐身技术,主要包括结构外形隐身设计和隐身材料的选择。对结构设计而言,目前主要是采用翼身融合体的结构外形隐身设计,外形曲面极为复杂,金属结构成形极为困难,而复合材料则具有可整体化成形的特点。

复合材料机翼与金属机翼的主要不同点在于铺层设计。铺层设计是复合材料机翼结构设计的重要内容,其目的是利用铺层的各向异性和结构的层压特性,通过优化设计,选取最佳铺层角、铺层百分比和铺层顺序,得到满足性能要求的最佳结构。

随着复合材料使用经验的积累,复合材料设计概念不断发展,一些具有创新性的设计概念陆续出现,使复合材料高比强度、高比模量、性能可设计、易于成形的优点得到进一步发挥,同时可更加有效地避免层间强度低、开口处应力集中及与铝合金会产生电偶腐蚀等缺点,达到扬长避短的目的。

(3)"整体化"设计概念

复合材料具有可整体化成形的优点,可采用共固化技术、共胶接技术、纤维预成形体结合液体树脂成形技术(如 RTM 及其派生技术)制造出比较复杂的整体件,如整体加筋壁板、整体网络结构、整体盒段等,甚至更大型的整体部件如机身段和更加复杂的翼身融合体。图 3.16 为一些典型的复合材料整体结构。

(a) 787机身整体化成形　　　　(b) 350WB中机身共固化　　　　(c) 350WB机翼共胶接

(d) CR929的全尺寸机身壁板工艺件　　　　　　(e) CR929前机身筒段试验件

图 3.16　典型的复合材料整体结构

"整体化"设计概念是力求充分利用复合材料的整体化成形特点和不断创新的工艺方法,来提高复合材料结构整体化的程度。一般可采用以下途径来实现这一目的。

① 采用共固化或共胶接的组合件。翼面结构的整体加筋板是应用最广泛的一种整体组件。

② 采用自动铺放技术制造整体件。纤维缠绕是一种快速高效的先进制造工艺,能充分发挥纤维的承载能力。火箭壳体大多采用这种成形工艺,现在已由纤维缠绕发展到连续纤维丝自动铺放和连续预浸带自动铺放技术,已用于波音 787 机身段和 F - 22 飞机的进气道的成形。

③ 采用全高度蜂窝夹层结构。在飞机翼面的前缘或后缘采用全高度蜂窝夹层结构可以减少构件及紧固件的数量,也可减轻结构质量或增加结构刚度。

④ 研制翼身融合整体。这是目前复合材料结构设计和制造技术的一个重要发展方向,其目的是通过在关键或主要结构上更充分发挥复合材料的优点来进一步改善结构的受力特性。

⑤ 采用各种纤维预成形体和液体树脂成形技术制造整体化结构,如三维编织、缝合、针织预成形体等。

（4）"智能化"设计概念

智能化结构是将复合材料技术与现代传感技术、信息处理技术和功能驱动技术集成于一体，通过埋置在复合材料结构内部不同部位的传感器感知内外环境和受力状态的变化，并将感知到的变化信号通过微处理机进行处理并做出判断，向执行单元发出指令信号。而功能驱动器可根据指令信号的性质和大小对构件进行相应的调节，使构件适应这些变化。整个过程完全是自动化的，从而实现自检测、自诊断、自调节、自恢复及自我保护等多种特殊功能。

智能化结构是复合材料结构发展的一个新阶段，能满足高性能飞机飞行速度对结构快速反应的越来越高的要求，目前大多采用光纤传感器技术，即将光学纤维嵌入复合材料中的不同部位，通过光纤的感知来预报结构在使用期间的内部应变应力和损伤情况。光纤智能结构应用示例如图 3.17 所示。

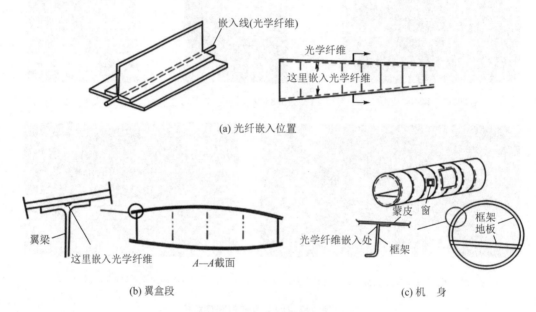

(a) 光纤嵌入位置

(b) 翼盒段

(c) 机　身

图 3.17　光纤智能结构示例

# 3.8　复合材料界面

复合材料的界面是指基体与增强体之间化学成分有显著变化的、构成彼此结合的、能起载荷传递作用的微小区域。

复合材料的界面是一个多层结构的过渡区域，约几个纳米到几个微米，此区域的结构与性能均不同于两相中的任何一相。如图 3.18 所示，复合材料界面区由五个亚层组成，每一亚层的性能都与基体和增强相的性质、复合材料成形方法有关。

复合材料的界面（Interface）并不是单指由增强体与基体相接触的单纯的一个几何面，而是指一个包含该几何面在内的从基体到增强体的过渡区域。在该区域，物质的微观结构和性质与增强体不同，也与基体有区别，而另成一相或几相，常称为界相（Interfacial phase 或 Interphase）。确切的定义如下：界面区是从与增强体内部性质不同的各个点开始，直到与基体内整体性质相一致的各个点组成的区域。界面区的宽度可能从几纳米到几十纳米。界面区物质的微观结构和性质主要取决于基体和增强体的结构和性质、增强体的表面处理及复合材料的制备工艺等。

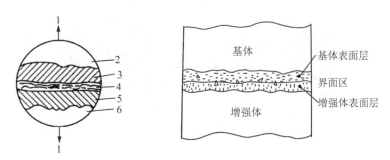

1—外力场；2—基体；3—基体表面区；4—相互渗透区；5—增强体表面区；6—增强体

**图 3.18　复合材料界面示意图**

对于给定的增强体和基体，它们之间的界面是复合材料性质的决定性因素。例如，两种不同性质材料的强界面结合可能产生强度成倍增大的新材料，而两种脆性材料通过弱界面结合可以组成一种具有良好韧性的复合材料。界面科学和技术历来是各领域复合材料工作者共同关注的一个焦点。人们努力使用各种表征手段了解界面的结构和性质，探索界面的形成机制，除科学上的意义外，还试图通过设计、制备结构和性质合适的界面，获得具有预期性能的复合材料。

## 3.8.1　复合材料界面的形成机理

复合材料中增强体与基体材料的界面结合（bonding）或界面黏结（adhesive）来源于两种组成物相接触表面之间的化学结合或物理结合，或兼而有之。结合机理包括吸附和润湿（浸润）、静电吸引、元素或分子相互扩散、机械锁合、范德华力、化学基团连接及化学反应形成新的化合物等。

（1）物理结合

1）吸附和润湿

两个电中性物体之间的物理吸附可以用液体对固体表面的润湿来描述。由润湿引起的界面结合是电子在原子级尺度的很短程范围的范德华力或酸—碱相互作用。这种相互作用点发生在组成物原子之间相互距离在几个原子直径内或者直接相互接触的情况。对于由聚合物树脂或熔融金属制备的复合材料，在制备过程的浸渍阶段，基体材料对固体增强体的润湿是必要条件。不完全润湿可能会在界面上出现气泡，形成弱界面结合。通俗地讲，润湿性是用来描述一种液体在一种固体表面上展开程度的术语。

对于真实复合材料，仅仅考虑增强体表面与液态基体（例如树脂）间的热动力学来讨论润湿是不够的。例如，对于纤维增强复合材料，因为这种复合材料是由大量集束在一起的微细纤维包埋于基体之中而构成，因而，除了由基体对纤维有适当的润湿性能，在纤维与基体间产生好的界面黏结外，另一个要点是在复合材料制备过程中基体充分渗入纤维束内部的能力。纤维之间的微小间隙能产生很大的毛细管力，促使基体的渗入，毛细管作用的大小（亦即渗入力的大小）与液体的表面张力和毛细管的半径直接相关。

需要强调指出的是，润湿性能与界面结合强弱并非同义词。润湿性能描述固体与液体之间紧密接触的程度，高润湿性能并不意味着界面有强结合。

2）原子或分子间的相互扩散

这种物理结合是指复合材料中增强体和基体的原子或/和分子越过两组成物的边界相互

扩散而形成的界面结合,图3.19显示了相互扩散的两种主要方式。

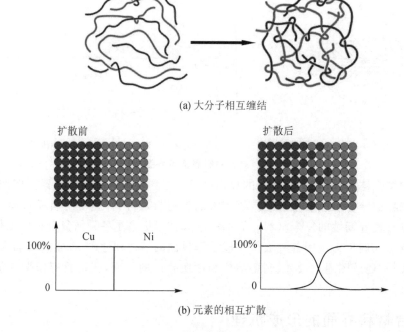

(a) 大分子相互缠结

扩散前       扩散后

(b) 元素的相互扩散

**图 3.19  相互扩散的两种主要方式**

  大分子相互缠结多发生在聚合物基复合材料中,结合强度取决于扩散的分子数量、发生缠结的分子数和分子间的结合强度。溶剂的存在可能会促进相互扩散。扩散的数量与分子构型、所包含的组分及分子的流动性能密切相关。这种结合机理形成的界面常有确定的宽度,有一个可测定的界面区域或界相区。

  元素的相互扩散常常发生在金属基和陶瓷基复合材料中。相互扩散促进了界面区元素之间的反应。对金属基复合材料,这种情况可能并不利,因为常常会形成不希望出现的化合物。

  3) 机械锁合

  图3.20是界面发生机械锁合的示意图。界面的机械锁合是由于增强体和基体表面不平滑而产生的。例如,某些碳纤维并不具有光滑的表面,表面常见纵向的沟槽,如图3.21所示。而且,常用的氧化处理还使其表面产生大量的凹陷或凸起和褶皱,同时也增大了表面积。由此产生的机械锁合是碳纤维/聚合物基复合材料重要的界面结合机制。这种类型界面的强度一般在拉伸时并不高,但其剪切强度可能达到很高的值,这取决于表面的粗糙程度。

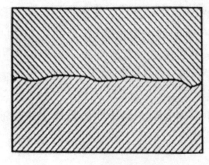

**图 3.20  机械锁合的示意图**

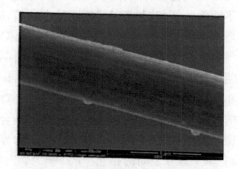

**图 3.21  碳纤维表面纵向的沟槽**

4）静电引力

在某些黏结体系中,静电作用确实能对黏结性能有所贡献。如当金属与非金属物质(如聚合物)紧密接触时,由于金属物质对电子的亲和力低,非金属物质对电子的亲和力高,在界面区容易产生接触电势并形成双电层。双电层导致的静电吸力有时候是界面黏结力的成因之一。但在一般情况下,静电吸引所提供的黏结力几乎可以忽略不计;另外,静电理论也不能解释温度、湿度及其他各种因素对黏结强度的影响。

（2）化学结合

纤维增强材料实现了界面的化学结合,提高玻纤与树脂的界面强度,尤其是耐水的侵袭能力,有效地提高了复合材料的性能。碳纤维、有机纤维等的表面处理也是根据化学键理论得以发展,在表面氧化、等离子、辐照等处理过程中(如图 3.22 所示),纤维表面产生了"—COOH、—C＝O、—OH"等含氧活性基团,可显著增强其与树脂基体的反应能力,使界面形成化学键,大大地改善了界面黏结强度。

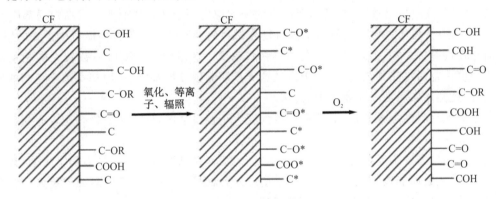

图 3.22　碳纤维表面处理

## 3.8.2　复合材料界面效应

界面是复合材料的特征,可将界面的作用归纳为以下几种效应。

① 传递效应。界面能传递场量,如传递力,即将外力传递给增强物,起到基体和增强体之间的桥梁作用。

② 阻断效应。结合适当的界面有阻止裂纹扩展、中断材料破坏、减缓应力集中的作用。

③ 保护效应。界面相可以保护增强体免受环境的侵蚀,防止基体与增强体之间的化学反应,起到保护增强体的作用。

④ 散射和吸收效应。光波、声波、热弹性波、冲击波等在界面产生散射和吸收,如透光性、隔热性、隔音性、耐机械冲击性等。

⑤ 诱导效应。一种物质(增强剂)的表面结构使另一种(基体)与之接触的物质的结构由于诱导作用而发生改变,由此产生如强弹性、低膨胀性、耐热性和冲击性等。

界面效应是任何一种单一材料所没有的特性,对复合材料具有重要的作用。界面效应既与界面结合状态、形态和物理-化学性质有关,也与复合材料各组分的浸润性、相容性、扩散性等密切相关。界面结合状态和强度对复合材料的性能有重要影响。对于每一种复合材料都要求有合适的界面结合强度,如表面几何形状,分布状况,纹理结构,吸附气体程度,吸水情况,表面形态,在界面的溶解、扩散和化学反应,表面层的力学特性、润湿速度等。

在研究和设计界面时,不应只追求界面结合还应考虑到最优化和最佳综合性能:

① 界面结合较差:呈剪切破坏,且在材料端面常有脱黏、纤维拔出、纤维应力松弛等。

② 界面结合过强:材料呈脆性断裂,也降低了复合材料的整体性能。

③ 界面最佳态:当受力发生开裂时,裂纹能转换为区域化而不进一步脱黏,即此时的复合材料具有最大断裂能和一定的韧性。

## 3.8.3 复合材料的相容性

复合材料界面相容性是指增强体与基体之间在界面处匹配、共存、协调的能力,主要包括物理相容性和化学相容性。

(1) 物理相容性

① 基体应具有足够的韧性和强度,能够将外部载荷均匀地传递到增强剂上,而不会有明显的不连续现象;

② 由于裂纹或位错移动,在基体上产生的局部应力不应在增强剂上形成高的局部应力;

③ 基体与增强相热膨胀系数的差异对复合材料的界面结合及各类性能产生重要的影响。对于韧性基体材料,最好具有较大的热膨胀系数。这是因为热膨胀系数较大的相从较高的加工温度冷却时将受到张应力;对于像钛这类高屈服强度的基体,一般却要求避免高的残余热应力,因此热膨胀系数不应相差太大。

对于脆性材料的增强相,一般都是抗压强度大于抗拉强度,处于压缩状态比较有利。

(2) 化学相容性

化学相容性是一个复杂的问题。对原生复合材料,在制造过程中是热力学平衡的,其两相化学势相等,比表面能效应也最小。对非平衡态复合材料,化学相容性问题要严重得多。纤维和基体间的直接反应则是更重要的相容性问题。

## 3.8.4 界面性能与复合材料性能的关系

界面作为复合材料特有而且极其重要的组成部分,是贯穿复合材料发展始终的基础性和共性研究课题,诸多材料科学问题的解决都依赖于对界面认识的进一步深化。界面相有时是在材料的制造过程中由于化学反应或物质扩散等物理作用产生的,而大多是为了改善复合材料的界面黏结性能而人为设计的,如各类纤维的表面处理;还可以通过设计特殊的界面相来达到降低应力集中,从而改善复合材料性能的目的,例如功能梯度复合材料界面相。

复合材料中各组分相靠界面相连接,因此,界面是影响甚至控制复合材料宏观力学性能的重要因素。具体来说,界面对复合材料力学性能的影响主要体现在以下几个方面:

① 载荷的传递通过界面实现。为了充分发挥增强相(如碳纤维)的作用,只有将施加在复合材料的外载荷有效地传递到碳纤维,复合材料的作用才能很好发挥;如果载荷不能有效传递的话,复合材料中的增强相就失去了其重要作用。

② 界面是复合材料强韧化机制的重要媒介。一方面,复合材料中的界面是能量耗散的重要场所;另一方面,可以通过界面和细观设计实现复合材料的强韧化。

③ 界面往往是复合材料中的薄弱环节,因此常常是微观破坏的起源,来自界面的微观损伤和破坏连接、贯通导致复合材料的宏观破坏。然而,界面又可以起着微损伤/裂纹的阻止作用。

除基本力学性能外,界面对复合材料的韧性和疲劳等关键性能也有重要影响。研究表明,由于碳纤维具有一定的脆性而限制了基体塑性的发挥,界面是破坏功的重要提供者。但界面黏结强度过高,材料的脆性也相应增大,所以不应只一味追求界面黏结强度,而应从复合最优化效果和最佳综合性能考虑。界面最佳状态的衡量是当复合材料受力发生开裂时,界面相能产生能量耗散,减少应力集中。这时,材料表现出良好的断裂韧性。界面对复合材料的疲劳性能起着很重要的作用。复合材料在长期反复受力的情况下,如果材料中发生界面破坏,基体产生裂纹及纤维与基体界面发生分离,则可能发生复合材料的界面破坏。复合材料的破坏形式随作用力的类型、原材料结构组成的不同而不同。破坏可以从基体或增强体引起,也可以从界面引起。力学分析表明,界面性能较差的材料大多受到剪切破坏,从复合材料断口上可以观察到界面脱黏、纤维拔出等现象。

复合材料基本力学性能、韧性及疲劳性能等与其界面特性的紧密关联是国内外研究所一贯认定的,但是对于这种关联的深入分析比较欠缺,特别是针对发展历史比较长的连续纤维增强树脂基复合材料更是如此。其中的原因是多方面的,主要的障碍是宏观力学性能与界面相结构特性之间的尺度差异,这种差异对于试验观测技术、分析模型和计算方法都是严峻的挑战。而对于连续纤维增强树脂基复合材料,材料技术的相对成熟,包括增强纤维、树脂基体和成形工艺,掩盖了对于界面到宏观力学性能关联分析研究的迫切性,同时,树脂基体与碳纤维形成界面的成分与结构的复杂性也使得科学的系统分析面临诸多困难。已有研究成果表明,界面特性与复合材料的刚度、强度、断裂韧性和疲劳性能等都存在显著关联,其中强度和韧性的关联更为敏感,其分析也更为复杂。复合材料强度的分析方法历史悠久,但始终是力学研究的难题与学术研究的前沿。近年来基于渐进损伤模拟的复合材料强度计算预报方法逐渐成为最具潜力和优势的分析方法。从界面特性出发的渐进损伤模拟必须以界面区域裂纹扩展模式观测为基础,形成完备的裂纹成核、裂纹扩展与偏转的判断准则,还必须要解决从微观界面(微纳米级)到宏观试件(米级)的尺度差异所造成的计算难题。

概括地讲,复合材料的主要特点在于它是由纤维和基体通过界面复合而成的,既具有宏观特征,又具有细观特征。复合材料力学是一种具有宏观、细观两个层次的力学理论。常规复合材料力学研究方法有两种,一种是宏观力学方法,另一种是细观力学方法。宏观力学方法包括复合材料层板理论和强度理论判据,这些撇开了复合材料的微结构,撇开了在受力后的微结构的损伤演化,采用了传统的宏观力学的研究方法,所以其应用有很大的局限性。复合材料细观力学考虑纤维和基体的复合,其力学模型力求接近于复合材料的真实微观结构,力求虑及微观结构的变化。对于复合材料宏观力学(层板理论)失去效用的问题,复合材料细观力学就显出它的重要性。复合材料宏-细观统一本构模型及一体化分析方法是一种较新的思路和方法,将复合材料细观场量与宏观场量联系起来,既能充分考虑组分材料、含量、细观几何结构等因素对宏观性能的影响,又能在结构分析中获得宏观应力、应变场的同时获得细观应力、应变场,为复合材料构件的损伤破坏定量分析提供良好的基础。目前该方法仍处于不断发展和完善之中。

## 3.8.5　复合材料的界面设计与改进

复合材料界面改进的技术手段和方法较多,主要目的是改善复合材料层与层之间及纤维与树脂之间的界面强度。除了提高分层阻碍效果的技术外,越来越多的技术研究与发展试图提高脆性纤维－脆性树脂复合材料的横向断裂韧性而不以损伤其他性能为代价。这些技术可以概括地分为两类:一类是通过改进复合材料组元本身性质来实现,如增强纤维相或基体树脂相;另一类是通过界面和/或层间性质控制来实现。第一类方法包括纤维混杂、基体增韧和使用大丝束或大直径纤维;第二类方法包括通过合适的聚合物涂覆纤维表面、填加分层促进物或通过界面性能改进降低树脂基体固化残余应力。基本内容归纳为如下几点:

① 不同纤维混杂形成混杂纤维复合材料。典型的混杂包括玻璃纤维或芳纶纤维和脆性的碳纤维混杂,依靠玻璃纤维或有机纤维的韧性来提高复合材料的韧性,通过碳纤维来保持复合材料的高强度和高模量。这种方法的增韧效果主要取决于纤维混杂的方式和铺层设计等。

② 基体增韧。如采用热塑性树脂或橡胶改性环氧树脂基体,对提高断裂韧性和损伤容限具有明显效果,相关综述文献较多。夹在两层之间增韧黏合剂或增韧复合带/膜的方法可以有效阻碍层间分层提高层间断裂韧性,相关论述也较多。

③ 使用大直径的纤维。早期使用直径大的纤维可以有效提高脆性纤维-韧性金属基复合材料的断裂韧性,如钨纤维-铜基复合材料体系。后来也有研究发现增加纤维直径对脆性纤维和脆性树脂的断裂韧性也有利;在给定的纤维和界面性质下,通过提高临界断裂长度 $L$ 提高了纤维脱黏和纤维拔出的长度;

④ 纤维表面涂覆。通过合适的材料涂覆纤维表面可以在界面区形成强/弱界面黏结,可以提高复合材料的横向断裂韧性而不损伤复合材料强度和刚度。在裂纹尖端的三轴向应力分布易于脱黏,而由于拉伸脱黏机制弱界面区裂纹尖端易于钝化;同时复合材料通过强界面黏结作用而保持高强度。这种过渡黏结层概念后期进一步扩展为在叠层复合材料的层之间引入不同类型的开孔薄膜作为分层促进物质。

⑤ 提高能量吸收能力。复合材料可以通过改进界面脱黏和纤维拔出而有效提高复合材料的能量吸收能力。如果纤维表面涂覆一种合适的材料,这种方法对于聚合物、陶瓷和金属基复合材料吸能都是有效的。关于纤维表面涂覆方法、涂覆材料和相应的层间增韧机制等已有详细的论述。

⑥ 降低残余应力。降低不同热收缩性能的树脂和纤维之间的残余热应力对于提高复合材料抗断裂能力十分有效,这可以通过在纤维表面应用一层软或柔性的物质来实现,也可以通过在基体材料中添加合适的扩链反应单体来实现。降低残余热应力也可以改善纤维屈曲倾向、不必要的界面脱黏、基体微裂纹和含交叉铺层层板的变形翘曲等,而所有这些现象对复合材料的力学性能均有不利影响。

归纳起来,除了工艺过程外,复合材料界面改进的途径无外乎两个:一个是对树脂基体的改性,另一个是对纤维的改性与处理。

1) 树脂基体的设计改性

在复合材料界面技术领域,基体材料改性的目的主要是提高其断裂韧性和提高其与纤维增强体之间的界面黏结,这是由于分层引发容易在基体和界面区域产生。采用橡胶或高性能热塑性树脂来提高树脂基体韧性的相关研究已经很多,采用柔性增韧膜(黏合剂或复合增韧膜体系)的选择性插层技术也是一种有效手段,通过在厚度方向引入增强材料技术被认为是提高层间和层内性质的另一种重要手段。关于树脂改性的研究很多,包括环氧树脂、双马树脂、聚酰亚胺树脂、氰酸酯树脂等航空航天用主要树脂体系,针对每种树脂体系,都有一整套的改性研究方法,但归纳起来,主要包括增韧、提高力学性能、提高耐湿热性能、改善工艺性等,采取的手段各有特色,具体内容本书不做重点论述。但需要说明的是,树脂基体改性往往伴随着界面性质的变化,不改变树脂基体的性能而只是单纯地改进界面的研究很难进行量化。

2）纤维表面处理

国际上对纤维表面改性的研究进行得十分活跃，经表面改性后的碳纤维，可以实现复合材料界面强度显著提高。

自从有机硅烷作为玻璃纤维的偶联剂出现以来，大量的研究试图提高纤维和树脂之间的界面作用，对于聚合物基复合材料，纤维表面处理的主要目的是提高界面黏结和改善耐环境条件，尤其是提高复合材料韧性、提高耐湿热性能和改善工艺性等。国际和国内研究纤维表面处理对复合材料界面及复合材料性能影响的工作很多，限于篇幅，此处不再赘述。

针对碳纤维的表面处理，具体研究工作也很多，碳纤维表面处理应包含两个含义：一是直接在纤维本体表面进行化学改进处理（如氧化法、等离子体法、液态算法、化学接枝法等）；二是直接在纤表面或在纤维表面化学改性基础上再涂覆一层物质（如表面涂层法），如橡胶、热塑性树脂等，有时联合采用两种或多种处理方法。

# 思考题与习题

1. 纤维增强复合材料结构力学性能特点是什么？

2. 纤维增强复合材料结构设计特点及大致流程是什么？

3. 复合材料结构的设计条件有哪些？

4. 复合材料结构设计中的材料设计步骤的作用是什么？主要包含哪些工作？

5. 复合材料单层性能的影响因素有哪些？如何确定单层树脂含量的合理区间？

6. 计算以 T800 - 6K 连续单向碳纤维为增强体，以 5224 环氧树脂为基体，树脂含胶量为 35% 的复合材料单层工程弹性常数分别是多少？

7. 复合材料层合板设计/铺层设计的工作内容及主要原则是什么？

8. 按顺序写出 $[0/45/90/-45]_{2s}$ 及 $[0/45/90/-45]_{s2}$ 的全部铺层信息。

9. 复合材料的设计许用值和许用值的定义是什么？各自的具体确定方法是什么？

10. 选择复合材料结构安全系数时需考虑的主要因素有哪些？

11. 分析复合材料结构设计的发展趋势。

12. 复合材料界面的作用是什么？

13. 为什么说复合材料的断裂能要大于其组分材料的断裂能？

14. 复合材料界面形成机理有哪些？

15. 界面性能与复合材料宏观性能的关系是什么？

16. 请简要概括复合材料界面力学性能的表征方法。

17. 复合材料界面设计与改进的主要方法有哪些？

# 第4章 复合材料结构制造基础

## 4.1 概 述

目前,在飞机上常用的复合材料为纤维增强的树脂基复合材料,其中以环氧树脂最为常用。增强体以设定的方式分布于基体中,通过基体(环氧树脂)的固化,成为具有一定强度、刚度和硬度的结构。

对环氧树脂固化反应的原理的研究目前尚不完善,根据所用固化剂的不同,一般认为它通过四种途径的反应而成为热固性产物:

① 环氧基之间开环连接;

② 环氧基与带有活性氢官能团的固化剂反应而交联;

③ 环氧基与固化剂中芳香的或脂肪的羟基的反应而交联;

④ 环氧基或羟基与固化剂所带基团发生反应而交联。

不同种类的固化剂,在硬化过程中其作用也不同。有的固化剂在硬化过程中,不参加到聚合物分子中去,仅起催化作用,如无机物。具有单反应基团的胺、醇、酚等,这种固化剂,叫催化剂。多数固化剂,在硬化过程中参与大分子之间的反应,构成硬化树脂的一部分,如含多反应基团的多元胺、多元醇、多元酸酐等化合物。

树脂基复合材料构件的制造包括增强体与基体的组合、浸渍、基体的固化。从原材料到形成制品的过程,可用图4.1所示的流程来表示。即首先依据复合材料设计要求,借助模具,将

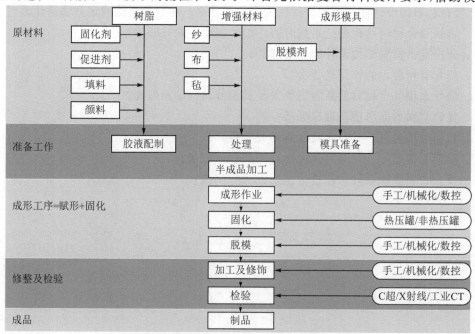

**图4.1 复合材料制品生产流程图**

材料按设计比例、方向和铺层顺序与层数,形成符合目标厚度和形状的预构件(赋形);然后通过一定的方法,使树脂流动浸渍增强材料,也就是图中的"成形作业";再通过一段时间的常温固化,或在封闭的容器内对其按一定规律加压、加温,持续一定的时间,使之由流态变为固态,也就是图中的"固化";之后,脱模,对制品进行必要的辅助工作即制成最终的产品。

图 4.2 所示为树脂基复合材料构件成形作业与固化常用的工艺方法。

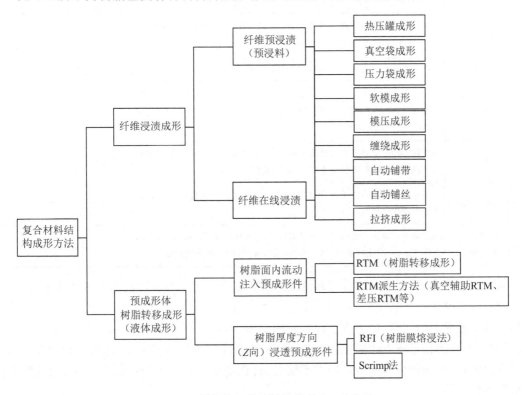

**图 4.2　树脂基复合材料构件成形工艺方法**

从在成形过程中增强材料与基体相互作用分,复合材料结构件成形方法主要可分为两大类,即纤维浸渍成形和预成形体树脂转移成形。前者(纤维浸渍成形)在航空工业的应用历史很长,而后者(树脂传递模塑成形 RTM)早期先是用于诸如小型船只外壳及其他简单低纤维含量的非航空构件制造,直至 20 世纪 80 年代后期,这种工艺还只是用于机械、汽车或消费性产品。

复合材料构件成形工艺方法的特点与适用范围如表 4.1 所列。

**表 4.1　复合材料构件成形工艺方法特点与适用范围**

| 方　法 | 特　点 | 适用范围 |
|---|---|---|
| 热压罐固化成形 | 热压罐提供均匀的高温度、高压力场;构件质量高;但设备昂贵、耗能大 | 大尺寸复杂型面蒙皮壁板高性能构件 |
| 真空袋成形 | 真空压力<0.1 MPa,均匀温度场、设备简单、投资少、易操作 | 1.5 mm 以下板件和蜂窝件 |
| 压力袋成形 | 同真空袋成形,压力袋压力 0.2~0.3 MPa | 低压成形板、蜂窝件 |
| 软模成形 | 借助于橡胶膨胀或橡胶袋充气加压,要求模具刚度足够大,并能加热 | 共固化整体成形件 |
| 模压成形 | 压机加压、模具加热,尺寸有限,模具设计困难,构件强度高、尺寸精确 | 叶片等小板壳件 |

| 方　法 | 特　点 | 适用范围 |
|---|---|---|
| 缠绕成形 | 或用预浸丝束,连续缠绕在模具上,再经固化成形 | 筒壳、板材 |
| 自动铺带 | 纤维带在线浸渍后或用预浸带,利用自动铺带机铺在模具上,并切断、压实,再经固化成形 | 凸模型面构件批量生产 |
| 自动铺丝 | 多轴丝束在线浸渍后或用预浸丝束,利用自动铺丝机铺在模具上,并切断、压实,再经固化成形 | 凹凸模型面构件批量生产 |
| 拉挤成形 | 纤维在线浸渍后直接通过模具快速固化成形;连续、高效、快速 | 型材、规则板条 |
| RTM 成形 | 树脂在面内压力下注射到预成形件内后再固化成形。要求模具强度、刚度足够,并合理安排树脂流向和注入入口与冒口;构件重复性好、尺寸精度高、$Z$ 向性能高 | 复杂高性能构件 |
| RFI 成形 | 树脂膜熔化后沿厚度方向浸透预成形件,再固化成形。可采用单面模具;构件重复性好、尺寸精度高、$Z$ 向性能高 | 复杂高性能构件 |
| 低温固化成形 | 低温低压固化树脂体系复合材料的成形工艺。目前构件性能与普通环氧树脂构件相当 | 小批量生产的构件 |
| 电子束固化成形 | 利用电子加速器产生的高能电子束引发树脂固化;孔隙率低(<1%)、力学性能好,固化时间短,热应力小,减少环境污染,需专用树脂 | 正在走向实用化 |

从另一个角度看,树脂基复合材料的成形技术基本上可分为湿法成形和干法成形。

湿法成形又叫一步法成形,是用一定的方式将液体树脂基体与增强材料相混合,并使其贴合到模具上或模腔内成形,这种方法包括手糊成形、喷射成形、拉挤成形等。成形工艺和设备都较简单,但在固化过程中树脂里的溶剂、水分、低分子挥发物不易完全去除,因而会在制品中形成气泡或空洞。同时,树脂的分布也不均匀,易在制品中形成富胶区或贫胶区,难以保证复合材料构件的质量。

干法成形也叫二步法成形,第一步是将纤维和树脂做成预浸料,预浸料是原材料(树脂基体和纤维增强材料)和最终复合材料制品之间的一种中间材料,简单地说,其制造方法就是将连续整齐平行的增强纤维牵引通过树脂浸胶槽浸上胶,再收卷成卷材。按物理状态分类,预浸料分成预浸丝、单向预浸带、织物预浸料等。预浸料制备要用到一种隔离纸,或称离型纸,与浸过胶的纤维料连续贴合在一起同时收卷,这为后续的预浸料的使用提供了方便。预浸料需在低温下贮存,贮存过程中,预浸料中的树脂基体会固化到一定程度,称之为 B-阶段,B-阶段的预浸料在常温下呈半干态,便于铺层。固化程度与贮存温度和时间有关,固化程度太高将影响其最终使用,甚至不能再用,因此必须考虑贮存寿命。不同的树脂基体有不同的贮存寿命,这对预浸料的使用很重要。

干法成形的第二道工序是热压固化成形,即对叠合好的预浸料坯件进行加热、加压,使树脂固化,最后成形得到所要求的复合材料构件。这种方法被用于制造高性能树脂基复合材料构件,目前还在大量使用。热压成形方法包括热压罐、真空辅助热压、热膨胀加压及模压成形等几种,对于大尺寸、形状复杂、整体化程度高的构件,要用热压罐固化成形;而对于尺寸较小的高精度构件,通常用模压成形。这种采用预浸料的二步法成形,虽然增加了一道工序和专用设备,提高了成本,但却能有效地保证复合材料的性能和质量。

为了提高生产效率,降低制造成本,近些年另一类湿法成形工艺,即液体树脂成形(Liquid

Composite Moulding,LCM),也就是前面所说的预成形体树脂转移成形,有了长足的发展,具有代表性的有树脂传递模塑成形(Resin Transfer Moulding,RTM)、树脂膜浸渗成形(Resin Film Infusion,RFI)和结构反应注射成形(Structure Reaction Injection Moulding,SRIM)。在 RTM 的基础上,还发展出了几种派生技术,如真空辅助 RTM(Vacuum Assisted RTM,VARTM)、热膨胀型 RTM(Thermal Expansion RTM,TERTM)等。这些方法经多年研究,目前已趋成熟,用它们制造的复合材料部件已在飞机上成功应用。

此外,低成本高效成形技术还有自动铺带(Automtic Tape Laying,ATL)和自动纤维铺放(Automatic Fiber Placement,AFP)技术。它们将自动化技术与复合材料铺放技术相结合,在很大的程度上,可以将人们的手从繁杂的手工作业中解放出来,并保证产品质量,提高生产效率。自动铺带是运用数字化、自动化的手段进行预浸带的切割和铺放,是将复合材料预浸带卷安装在铺放头上,预浸带由一组滚轮导出,并由压紧滚轮或随形机构压紧在模具上。自动纤维铺放(自动铺丝)技术是在缠绕技术和自动铺带技术基础上发展起来的。针对缠绕技术必须满足"周期性、稳定性、不架空"的规律,缠绕轨迹受限,以及自动铺带技术必须遵循"自然路径""等带宽铺放"规则,仅适于小曲率曲面等问题进行改进。这种技术具有极强的铺放适应能力,可实现具有开口、加筋、铺层递减、局部加厚等细节结构的复杂构件的精确铺放。

由于热固化,特别是热压罐固化带来大量能量消耗,因此在工业上正在开发应用新的固化技术,包括低温固化、电子束固化、光固化及微波固化技术,其中低温固化与所用的树脂基体有关,因此,对低温固化的高性能树脂的开发也得到了重视。

复合材料构件与金属产品的制造相比,最突出的优点之一就是可以最大限度地追求结构的整体化,即可以采用整体成形的工艺方法。整体成形最大的优点在于能大量减少构件和紧固件的数量,如美国 F-22 的复合材料用量达 28%,包括机翼和尾翼等处。应用整体化技术使金属零部件用量减少了 95%,各种紧固件用量减少了 96%,而复合材料结构件本身也从 600 个零部件减少到 200 个,用量减少了 66%。整体成形代表了航空结构复合材料先进制造技术的发展方向,它充分利用了纤维增强材料可以编织成不同形状及尺寸的二维和三维的立体纤维预成形体的特性,再用液体树脂成形方法将树脂与预成形体复合,最后固化得到由各种结构构件组合的大型整体结构部件。

整体化制造技术的另一个重要方面就是结构整体化,它更能体现复合材料集成复合的特点。整体化复合材料结构包括两方面:一是不同的机身结构整体化,典型的是美国 NASA 验证的机翼和机身结构整体化的技术,这些研究已得到空客公司的认可,如机翼蒙皮可采用非屈曲织物预成形体,而筋、肋、长桁等则可用 2D 或 3D 的纤维编织物预成形体,然后采用缝合或预胶合方法形成整体化的预成形体,进行固化成形。二是结构和功能整体化,即对复合材料结构赋予某种特殊功能,如隐身功能、透电波功能等。进而发展到智能化,即将某种传感元件,如压电晶片、应变片和光纤等,置入结构中,与微计算机和执行单元形成一个自动检测和控制回路,从而使结构本身具有自检测、自监控、自调节、自适应、自修补等智能化的功能。

## 4.2　涉及飞机复合材料构件制造的因素

制造工艺和模具是成功制造飞机复合材料构件并保证其经济性的控制因素,因此,在设计中就必须将设计与制作作为一个整体加以考虑。复合材料制造工艺中的固化(热固性)/固结(热塑性)阶段,须按照一定的控制规律,对由多层单层板黏合在一起组成整体的结构板,即层合板,进行加热、加压处理。图 4.3 所示为复合材料层合板制造的一般流程。

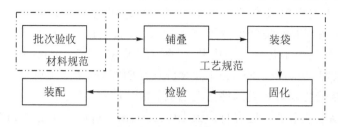

**图 4.3  复合材料层合板制造的一般流程**

在生产复合材料构件时,制造工程师所面临的基本问题是如何在保证质量可靠性的前提下生产出成本可以接受的产品。复合材料构件生产准备过程中,涉及制造人员的因素有:积极参与早期方案设计,审阅和评估初期工程图样;试验板件的制造;制造部门和质量保证部门的协调,确定模具结构;检验、性能测试和无损检验标准的制定;所需计划文档标准的建立;给出成本报价和计划进度表;制造计划的拟定与制造流程和工程试验的规划;模具生产方案的论证;生产准备的鉴定试验;构件制造期间的生产保障,等等。

复合材料的制造特点有利于提高其构件的整体性。因此在通常情况下,采用复合材料的飞机结构,构件的数量比对应的金属构件数量要少,而且绝大多数复合材料结构设计所使用的机械紧固件数量较少,这样就为降低成本提供了基础。当然,在选择制造工艺的时候,构件的尺寸、几何形状、复杂性及质量要求等都必须予以综合考虑。

一般来说,复合材料构件制造过程中,固化前铺层的铺叠需要大量的人力,所占成本比例较大,如图 4.4 所示。随着科学技术的发展,自动化技术与装备可用于预浸料的下料、按预定方向和铺层顺序铺叠铺层,这是降低复合材料制造成本的必要条件。

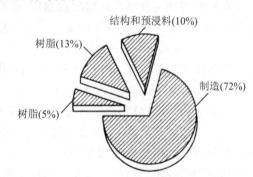

**图 4.4  复合材料构件成本构成**

在复合材料构件设计的同时,也确定了其制造工艺。因此,复合材料构件的设计与制造是密不可分的。在设计时,就要考虑构件的材料、成形模具、热膨胀性、成形工艺、制造成本、安全性等因素。现概述如下:

(1) 材料的选择

在选择复合材料用于构件制造时,应考虑的因素有:成本,易于加工制造和搬运,来源有保证,便于实现自动化制造。

而有关材料形式的选择范围,应考虑基体与增强材料的类型、湿铺层或预浸料的类型、纤维集束或制成一定的形状。

热固性和热塑性复合材料的制造方法基本相同,两种材料都通过加热、加压,使预浸料固化或固结成形,但是它们之间还是存在差别的。与热固性复合材料不同,热塑性复合材料只需要加热至树脂的熔点,复合材料就会发生固结,然后立即冷却,因此复合材料的成形周期短,生产效率高,有可能使构件的成本降低。所以,在制造热塑性复合材料结构时,可以使用自动化设备进行连续生产。

（2）模具的选择

模具对于复合材料结构的成功制造起着决定性作用。在复合材料制造中，模具选择需要考虑多种因素，而且每个因素可能都很重要，但其中通常只有一个最为重要，必须优先加以考虑，以使复合材料构件的制造更加容易。下面介绍影响模具选择的几个重要因素：

① 构件外形和固化或固结是影响模具选择的最重要因素。

② 要考虑影响模具功能的重要因素，如成本、重复使用性和耐久性等。

③ 在选择模具时，要考虑构件材料与尺寸、抽真空系统要求、公差要求、热膨胀效应、胶结配合面、最小体积和热容量下模具的强度和刚度要求。

④ 对于高温固化/固结的复合材料构件，模具选择中主要考虑的因素有加热速率（heat－up rate）、耐久性（durability）和热膨胀系数等。

此外，如果在设计模具时，没有考虑整个固化过程中模具/预浸料系统的工艺要求，则可能出现两类问题，一是预浸料与模具不匹配，因而引起架桥或不平衡的材料集结，使压力不均匀，最终导致构件在固化过程中产生翘曲变形；二是产品内出现孔隙和褶皱。

（3）热膨胀效应

在复合材料制造中，热膨胀是一个非常重要的因素，即便在概念设计阶段也是如此，这是因为复合材料的热膨胀系数具有方向性，会随着纤维方向的改变而变化；许多复合材料纤维方向的热膨胀系数接近于零，因此，在复合材料与金属胶结处可能会产生应力。

对于那些胶接、共固化或共固结的结构，以及那些在高温或低温下使用的结构尤其要注意，如果结构组成材料的热膨胀系数差别很大，则会引起结构内的应力或变形；由两种或两种以上不同类型的铺层材料组成的复合材料混杂层合板，热膨胀可能对其产生有害的影响。

减小热膨胀影响的方法有：为了减少层合板的翘曲和变形，通常采用对称层合板；通过增加 90°铺层百分比，可以增加层合板 0°方向的热膨胀系数，而减小 90°方向的热膨胀系数；通过铺层剪裁，可以得到所需的热膨胀系数；对于金属基复合材料和铝合金，由于它们的热膨胀系数比较大，因此必须特别加以考虑。

（4）工　艺

工艺的选择取决于构件的构型、设计要求和制造能力。在做最终决定之前，应该对整个工艺系统的情况，包括其优点和缺点，都能做到清楚了解。

同时需要考虑以下几方面的因素：工艺规范——总的或试验参考文件；工艺简报——整个项目或子项目；固化或固结周期控制——真空压实，吸胶层的确定（若需要），固化/固结的内容——加热与冷却速度、保持周期、固化/固结温度和时间、压力、真空度等；材料控制；模具；对制造过程进行细节控制，以确保构件符合工程图样要求；试验件——正式生产前制造的首个构件，用来验证整个工艺；手工质量；固化或固结周期控制；记录；真空度，热压罐压力，按规范要求在构件上布置多个热电偶，用于测量构件的温度分布；质量保证要求和程序；破坏试验要求。

固化/固结工艺一般包括：加热，过程中树脂黏度下降；模具热膨胀；通过抽真空排出挥发物；加压，层合板开始固结；抽真空；树脂凝胶，构件几何形状固定；持续加热，直至树脂完全固化；构件和模具冷却；模具收缩——可能损坏构件或将构件卡在模具内。

复合材料的制造工艺有许多种，这些不同的工艺可根据固化周期内所使用的设备及模具的类型进行区分。需要记住的是，一些工艺可能会提高构件的成本，而一些不常用的工艺对于单件设计的结构可能更有优势。此外，需强调的是，对于任何一种特定的树脂基体都有其独特的固化/固结周期。

溶剂和水分等湿气(对于热固性基体,其质量约为预浸料质量的 1%;对于热塑性基体,约占 0.2%)通过蒸发,变成挥发物,并与空气一起滞留在铺层内,必须通过高温和加压过程将其消除。在树脂进入固化之前,通常不施加高压,这样可以让大部分挥发物从铺层内排出。如果在挥发物和空气排出之前使用高压,那么,很高的压力完全可能使局部隆起的区域封闭起来,从而阻止滞留在铺层内的挥发物排到构件的外面。

复合材料中的孔隙是层间微观空隙沿层合板厚度扩展形成的。引起孔隙的原因有:树脂含量低,挥发物没有排出,层板没有压实。若孔隙大于 2%,则会导致静态压缩强度稍有降低,静态层间剪切强度和层间剪切疲劳强度显著降低。

在选择制造工艺时,应考虑以下几个方面:

① 复合材料及材料形式的选择对工艺选择的影响很大。工程实际中通常使用预浸料,这样可以消除增强材料预成形中的问题或者使增强材料在基体浸润过程中发生凌乱,保证树脂的含量和构件的质量,降低废品率。同时,提高生产效率,降低单件成本。用预浸料可以成形不规则形状的构件,设计自由度大。

② 模具选择是工艺选择中的首要因素之一。

③ 配合公差的精度和层合构件表面质量的控制对工艺选择影响很大。小公差会直接导致生产成本的提高,表面质量的控制无论是对阳模还是对阴模都有很大的影响。

④ 在功能相同的前提下,通常要考虑用一个相对复杂的构件取代由多个构件连接而成的构件。这样做除了能够提高结构的效率外,还可以节省计划和模具的费用,因为一个复杂模具的成本通常不会比多个简单模具的成本更高。

⑤ 去除二次胶接和/或机械紧固件可能会降低成本。然而使用这种方法时,必须考虑操作与使用要求,以及日后损伤件的修理或更换情况。

⑥ 使用自动化程度更高的热压罐能够提高产品的一致性,减少由操作人员带来的产量的变化。收集工艺控制数据,以便追踪、分析产品质量,并留作历史记录资料。固化周期数据经过优化后,可传输给热压罐系统。

⑦ 工艺性的试验。许多复合材料制造规范要求进行工艺性试验件的制造,该试验件应能反映产品的设计技术,工艺性试验件的制造将决定设计、材料和工艺是否可用于生产构件。

可能使用的制造工艺包括以下几种:

1) 热压罐固化成形

价格高,需要相应的固化或固结工艺系统(提供温度和压力),模具的热动力学应该协调一致,固化周期长。

2) 烘箱固化成形

比热压罐成本低很多,通常需要内嵌橡胶模具来产生压力,比热压罐的固化周期短,压力低。

3) 模压成形

固化周期非常短,构件的尺寸控制好,常用于纯树脂体系,净形状(net shape)构件(形状不需要再加工的构件)。

(4) 制造成本

除结构减重外,制造成本已成为决定飞机结构设计成败的重要因素,其影响不亚于结构的性能。与成本控制相关的因素包括:

使用精确且实用的成本估算技术;在设计阶段的早期就应该确认并解决潜在的成本问题,避免出现大量超支或延误;制造工艺的选择;材料的选择;构件几何形状的复杂性;装配工艺;铺叠工艺。

(6) 安全性

复合材料制造中使用的许多化学物质可能对人体有害或有毒,因此,使用这些物质要格外小心。对此,必须采用更先进的室内环境监控措施以满足规范要求,并提供复合材料制造工艺的可持续性。使用手套、防护眼镜和防护服,避免皮肤与液态树脂接触。必要时戴氧气面罩。

## 4.3　选定飞机复合材料构件制造方法的因素

复合材料制造是指采用合适的技术和方法将材料转变为产品,对一种材料来说是最恰当的转变(制造)方法,而对另一种材料而言却不一定是有效的选择。例如,木材是非常容易切削的,因此将木料通过切削加工的方法制成最终的形状是最常用的途径。陶瓷很难加工,因此通常利用粉末进行压制成形。对于金属材料,通常是将毛坯利用机床或数控机床进行切削得到所期望的形状,之后再通过焊接或机械连接成最终的产品。复合材料一般不这样做,这是因为,一方面会切断纤维,导致纤维不连续,影响复合材料的机械性能。另一方面,复合材料工艺性好,可以得到近净形构件。与金属材料使用挤压、滚弯或铸造制造构件相比,复合材料不需要如此高的压力和温度。因此,复合材料可通过采用简单的低成本工装获得近净形构件。在一些场合下,可以在室温下加一点压力制成复合材料构件。这就为复合材料构件的制造提供了广阔的应用空间。获得近净形构件有两个主要的好处,一是显著减少了切削需求,从而降低了加工成本;二是减少了废料,节省了材料。

复合材料制造技术使用多种多样的原材料,包括纤维、树脂、织物、预浸料。每种制造技术要求不同的材料体系、工艺条件和工艺装备。就方法本身、构件尺寸、形状、成本来说,每种方法都有其自身的优点和缺点,构件的制造成功与否取决于工艺方法与参数的正确选择。

对设计与制造工程师来说,为构件的生产选择正确的制造工艺的确是一个挑战,因为工程师们有很多选项。在此简要讨论工艺选择的准则,工艺的选择取决于应用需要,选择一种工艺的准则取决于生产率、生产成本、构件强度、尺寸与形状等因素。

(1) 生产率

生产率取决于市场需要,例如,汽车市场需要很高的生产率(1~500 万件/年),航空航天行业,生产需求为 10~100 件/年。同样地,复合材料制造工艺有的可以满足高生产率,有的生产率较低。例如,手糊成形及湿法成形不能用于大批量生产,而片状模塑成形和注射成形可以满足大规模生产的需求。

(2) 生产成本

消费者对产品成本极其敏感,不能承担高的生产成本。影响成本的因素有工艺装备、原材料、生产周期和装配时间。一些复合材料工艺技术生产成本很低,而有一些则高得离谱。确定产品的成本不是一件容易的事情,需对成本核算有全面的理解。产品成本也主要取决于产量大小。

(3) 性　能

不同的制造工艺使用不同的原始材料,因此,产品最终的性能也是有差异的。复合材料构件的强度取决于纤维种类、纤维长度、纤维走向和纤维含量(60%~70% 是最强的)。例如,连续纤维复合材料比短切纤维复合材料构件的强度和刚度高得多。

（4）尺　寸

结构的尺寸同样也是在选择制造工艺中的一个决定性因素。与航空航天和船舶工业相比,汽车市场一般需要较小尺寸的构件。对于中小尺寸的构件,闭式模具模压成形比较合适,而对于大结构件,如船壳,则用开式模具成形。

（5）形　状

在选择制造工艺时,产品的形状也起到决定性作用,例如,缠绕最适合制造压力容器和圆柱形产品,拉挤成形在制造等截面长构件时最为经济。

# 4.4　复合材料构件成形步骤

聚合物成形原理是指基体材料树脂和增强材料纤维在一定的温度、压力和时间的条件下,树脂经过复杂的物理/化学变化过程,在模具的保证下,与增强材料复合成一定形状的整体,并达到一定的稳定状态,即固化。

树脂基复合材料成形的一般过程如图4.5所示。

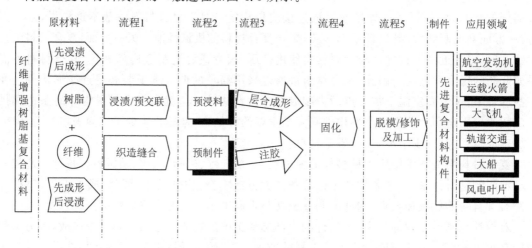

图4.5　树脂基复合材料成形的一般过程

复合材料制品成形步骤如下:

第一步,涂敷。如图4.6所示,增强材料的整个表面必须涂敷基体。它可用许多方法,包括涂刷、浸渍、喷涂或预浸渍,或用纯树脂,或用聚合物溶液。有时可以往隔离剂薄膜上涂聚合物,并通过加热的滚子将聚合物转移到增强材料上。

第二步,铺叠。如图4.7所示,纤维必须以合适的方向按正确的比例铺放,以承受作用在制品上最不利的应力。为了承受应力,纤维的取向必须严格确定。铺层的详细程序由设计者提供给铺叠组合人员。

第三步,赋形。如图4.8所示,完成的铺层强行贴到合适的模具表面加以成形。在需要精确外形的场合,使用阴模;在需要精确内部尺寸的场合,则使用阳模(见图4.9)。

第四步,固化成形。在基体流动一段时间之后,使其变硬或固化,复合材料就获得了最终形状。固化可以靠如图4.10所示的热压罐提供的温度和压力完成,或由引起化学交联的合适的化学媒剂完成。对于热塑性复合材料,一旦热量与压力引起足够的流动,单靠冷却下来就足以使基体变硬。

(a) 手工方式　　　　　　　　(b) 树脂喷射方式

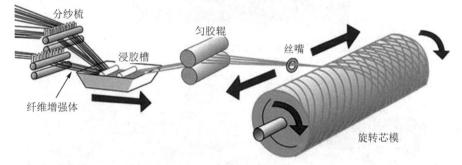

(c) 池浴方式

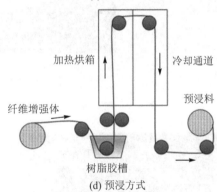

(d) 预浸方式

图 4.6　涂敷方式

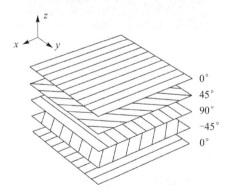

图 4.7　铺叠方式

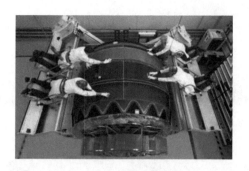

图 4.8　复合材料铺放作业

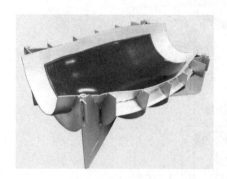

(a) 阴　模

(b) 阳　模

图 4.9　赋　形

图 4.10　热压罐系统

# 4.5　复合材料构件成形过程中的质量控制

　　对复合材料全面的质量控制应贯彻在复合材料成形的整个工艺过程中。如图 4.11 所示，复合材料与结构制造是同时进行的，也就是成形即成性，其质量控制是全过程的质量控制，包括原材料质量控制、成形工艺质量控制和最终产品质量控制等方面。

　　复合材料构件制造全过程质量控制离不开复合材料制品的质量检验。所谓的质量检验，就是对产品的一个或者多个质量特性进行观察、试验、测量，并将结果与规定的质量要求进行比较，以确定每项质量特性合格情况的技术性检查活动。质量检验大致上包括以下几个阶段：熟悉质量要求，选择试验方法，制定检验规程；观察、测量或试验并记录；比较和判定，质量确认。

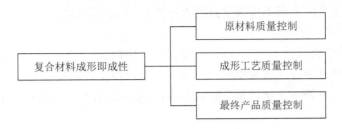

**图 4.11　复合材料结构制造质量控制**

(1) 原材料的采购与贮存过程质量控制

一种新的材料在应用于航空结构生产之前,应对其进行全面的性能评价,具有完善的材料标准,只有通过材料取证程序的材料,才允许在航空结构中应用。材料替换,也需要按照相应的程序。此部分内容,可参考 MIL - HDBK - 17 和 FAA 等有关技术文件。

购入材料后,还需要按照质量管理程序,进行材料的验收、复验,经检验合格后,该批材料才能够投入使用。入厂验收应检查以下内容:

① 检验报告等质量证明文件是否齐全;

② 材料名称、牌号、规格、炉(批)号等是否与质量文件符合;

③ 包装是否完整,运输过程是否对材料质量产生影响;

④ 材料是否在有效期内,根据批量判断,该批材料是否有足够的有效使用期;

⑤ 按照材料标准规定,进行材料入厂抽样验收试验;

⑥ 根据入厂验收试验结果来判定材料是否合格。

热固性预浸料、树脂和胶黏剂等材料的贮存应确保该材料的正常使用性能。冷藏保存有利于延长这类材料的使用周期,供货方应明确规定在特定贮存条件下的保存期。材料应使用密封的塑料袋或其他密封容器封装以避免材料吸水。一般存放环境温度可参照供应商提供的材料标准执行,一般要求低温(-18 ℃)冷藏。由于这类材料在室温环境下会发生反应,这种反应尽管在工艺状态上改变可能不明显,但是其性能随着室温存放时间的延长而改变显著。因此,在使用过程中,应尽量避免不必要的室温放置,必要的室温放置也应该作详细的记录,以利于对材料有效期的重新评估。使用时,应先取出放置于室温环境下直至包装袋表面无冷凝水,才可以打开包装袋。

(2) 制造工艺过程中的质量控制

1) 复合材料工艺的质量控制

生产前,使用的原材料应按照工艺规程备齐,注意检查原材料的标识是否符合工艺规程的规定,材料的质量证书是否齐全,是否在有效期内使用等。为防止混料或者错料,应随材料做好标识,为了产品质量的稳定性,应尽可能使用同一批材料生产同一产品。针对关键材料,每一工序都应该具有针对该材料的质量控制卡。

在复合材料制件铺层过程中,中间的关键步骤或操作需严格控制。这些关键步骤的要求及限制应在用户工艺过程说明书中给出,包括在清洁的模具表面涂上脱模剂,必须严格遵守材料使用说明书,检查铺层方向及数量是否符合工程图样的要求。

具体来说,复合材料工艺的质量控制包括工艺参数的控制、固化过程的控制、材料铺层规范性的控制、设备与设施的控制等。

2) 工艺中的过程检验

质量检验是生产过程中的一项重要任务,每个工序完成后,应对产品进行阶段性质量检验,其主要目的就是及时发现不符合质量要求的隐患,并给予及时的纠正,以避免成批的不合格产品或者半成品流入下一道工序。

质量检验工作全面贯穿于生产过程中,包括各工序内、不同工序之间转换、特定的质量检验点,都需要对生产过程进行质量控制。该部分工作包括生产人员的自检及各级专业检验员的质量检查,是工艺过程中主要的质量控制手段,其根本目的在于全面控制生产过程工艺的稳定性及产品的可靠性。

质量检验主要包含以下阶段:①根据规定的质量要求,制定质量检验规程;②观察、测量或试验并作出详细的记录;③按照要求,比较和判定,对被检对象作出质量结论。

对产品质量有着至关重要的影响的工序(或者制件),为关键过程(或关键件)。关键过程或者关键件由生产单位根据工艺特点确定,针对关键过程,要重点检验,制定专门的工艺规程及质量检验规程,确保:关键过程检验率为100%;详细记录质量检验过程,保证可追溯性;检验后作出明显的标识;严格隔离不合格品,防止其流入下一工序。为此,应制定有效的质量检验措施,及时发现各种类型的缺陷,常见的检验方法包括目视及外观检查、几何测量、工艺参数检测及随炉试样等。

虽然质量管理的目的是防止出现质量问题,但是完全没有质量问题是不可能的,关键在于要及时发现,及时控制,避免其影响程度进一步扩大。一旦发现质量问题,第一步应该查清原因及涉及问题的范围,然后有针对性地落实解决措施。

针对不合格品,检验人员首先应该作出明确的检验结论,然后发出不合格品评审单,根据产品的不合格程度,有关部门可以作出:①原产品让步使用;②返修;③报废。

3)无损检测技术

无损检测技术通常用来找出诸如空隙、分层、夹杂及基体微裂纹等缺陷,包括目视、超声和X射线检测等方法。超声C—扫描方法是当今复合材料构件中应用最广的无损检测方法,X射线被用作层合板或者是夹层结构面板胶接无损检测的主要手段。

4)破坏性检验

破坏性检验可以用来检查结构的工艺及加工过程中的材料状态。破坏性检验通常在无损检测不能充分确认制件质量时发挥作用,而且也可以发现潜在的其他不可检测的制造缺陷。

## 4.6  复合材料成形中常用的工艺材料

工艺材料是指在产品生产加工过程中所使用的具有消耗性、且不参与构成产品的材料,如图4.12所示的除模具和产品之外的材料。为保证复合材料制品的质量,复合材料成形过程中对工艺材料也提出了相应的技术要求。实践表明,复合材料成形中正确选用和使用工艺材料是确保复合材料构件质量的重要环节。复合材料成形过程中要使用到大量的工艺材料,粗略估计其价值占到总材料成本的20%左右。

复合材料的热压罐成形工艺所用的工艺材料品种繁多,可简单地分为可接触工艺材料和不可接触工艺材料。此处的可接触与不可接触指该种工艺材料是否可以接触未固化预浸料的表面。不可接触工艺材料接触未固化的预浸料表面后,有可能产生污染导致固化后的复合材料成品性能下降。表4.2所列的是常见的复合材料成形工艺材料。

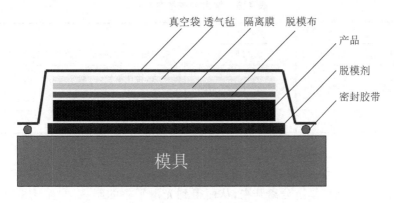

真空袋　透气毡　隔离膜　脱模布

产品

脱模剂

密封胶带

模具

**图 4.12　工艺材料示意**

**表 4.2　常见的复合材料成形工艺材料**

| 可接触材料 | | 不可接触材料 | |
|---|---|---|---|
| 中文名称 | 英文名称 | 中文名称 | 英文名称 |
| 脱模布 | released fabric | 丙酮 | acetone |
| 脱模剂 | parting agents | 甲乙酮 | methyl ethyl ketone |
| 可剥布 | peel ply | 真空袋密封胶条 | vacuum bag sealant tape |
| 无孔隔离膜 | nonperforated parting film/ nonperforated release film | 玻璃布 | glass fabric |
| 有孔隔离膜 | perforated parting film | 真空袋薄膜 | vacuum bag film |
| 压敏胶带 | pressure sensitive tapes | 透气毡 | breather/bleeder |
| 高温压敏胶带 | pressure sensitive tapes for high temperature | 压敏脱模胶带 | pressure sensitive release |
| 乳胶手套 | rubber latex gloves | 揩布 | wiper |
| 标记笔 | marking pen | 压力垫 | pressure pad |

（1）可剥布

可剥布可直接用在复合材料构件上，用于调整、处理胶接或喷漆等二次加工表面。它固结在构件表面，以保护其表面不因切割加工引起损伤或污染。可剥布按材质的不同，可分为聚酯、尼龙和玻璃布等，有低温、中温、高温和超高温四种类型，其使用温度分别为 120 ℃ 以下、120～180 ℃、180～200 ℃ 和 200 ℃ 以上。使用时可被树脂浸润（湿态），或不被浸润（干态）。

（2）脱模剂

脱模剂是一种介于模具和制品之间的功能性物质，其作用是将树脂和模具分离开，便于将固化成形的制品顺利地从模具上分离开来，从而得到光滑平整的制品。脱模剂有耐化学性，在与不同树脂的化学成分（特别是苯乙烯和胺类）接触时不被溶解。脱模剂还具有耐热及应力性能，不易分解或磨损；脱模剂黏合到模具上而不会转移到被加工的构件上，不妨碍喷漆或其他二次加工操作。表 4.3 列出了复合材料制造中几种常用的脱模剂。

表 4.3　常用的脱模剂

| 名　称 | 生产厂家 | 主要原材料 | 主要特性 |
|---|---|---|---|
| Release All® Safelease 30 | AIRTECH | PTFE | 一般只需要喷涂一层,最高使用温度 232 ℃ |
| Frekote 700 - NC | Henkel | Aliphatic hydrocarbon | 低气味,快速挥发,一般需要喷涂四层,最高使用温度 400 ℃ |
| Zyvax® Departure | Zyvax | — | 可喷涂也可擦拭涂抹,热稳定温度 260 ℃ |

（3）脱模布

脱模布一般是编织产品,采用尼龙、聚酯纤维及玻璃纤维等制成,作用与脱模剂类似,可将固化成形的制品顺利地从模具上分离开来,从而得到光滑平整的制品,并保证模具多次使用。脱模布一般用在平面或单曲的复合材料成形模表面。复合材料制造中几种常用的脱模布特性如表 4.4 所列。

表 4.4　几种常用的脱模布特性

| 名　称 | 生产厂家 | 载体/胶黏剂 | 主要特性 |
|---|---|---|---|
| Tooltec A005 | AIRTECH | PTFE or Glass/Silicone | 最高使用温度 316 ℃ |
| Toolcoat 6XS | CYTEC | Glass fiber/Silicone | TFE 涂层,最高使用温度 260 ℃ |
| RF230AP | LEADGO | Glass fiber/Silicone | PTFE 涂层,最高使用温度 200 ℃ |

（4）隔离膜

绝大部分情况下隔离膜与层压制品直接接触,并把层压制品和透气毡(或吸胶材料)隔离开。现有的隔离膜往往是根据固化温度、压力、构件的复杂程度及树脂体系而选择的。隔离膜可根据其上面是否打孔分为有孔隔离膜和无孔隔离膜。有孔隔离膜是用于去除嵌入到层压板里的空气和挥发分及成形过程中析出的多余的树脂基体材料,有时也用于真空吸附构件时隔离吸盘(或吸附平台)与构件。市面上常见的无孔隔离膜都可以根据需要制成有孔隔离膜。表4.5 列出了几种复合材料制造典型的隔离膜。

表 4.5　几种复合材料制造典型的隔离膜

| 名　称 | 生产厂家 | 主要原材料 | 主要特性 |
|---|---|---|---|
| A4000 | AIRTECH | FEP | 多种颜色可选,耐高温,具高延伸率,最高使用温度 260 ℃ |
| Wrightlon 4600 | AIRTECH | PMP | 适用于平板或低曲模具,最高使用温度 193 ℃ |
| Wrightlon 4800 | AIRTECH | PET | 两面带脱模涂层,延伸率低,适用于平板或低曲模具,最高使用温度 196 ℃ |
| A5000 | CYTEC | FEP | 多种颜色可选,常用红色,耐高温,具高延展性,最高使用温度 260 ℃ |
| LRF260 | LEADGO | FEP | 耐高温,最高使用温度 260 ℃ |

（5）压敏胶带

压敏胶带用于将隔离膜固定于成形模具上或用于固定透气毡和吸胶材料,也用于固定热电偶或保护不受污染的区域等,一般采用热性能好、力学性能好的尼龙薄膜、聚酯薄膜、聚四氟乙烯薄膜、聚酰亚胺薄膜等作为压敏胶带的载体材料,其胶黏剂可用耐热性好的橡胶基系、硅酮系及丙烯酸等,有些对硅黏合剂敏感区域可采用橡胶黏合剂的压敏胶带。压敏胶带要求带有很强的黏结力,要求固化后在工装模具表面不留有胶黏剂残渣。表 4.6 所列为常用的压敏胶带。

表 4.6　常用的压敏胶带

| 名　称 | 生产厂家 | 片基/胶黏剂 | 主要特性 |
|---|---|---|---|
| Flashbreaker 1 | AIRTECH | Polyester/Silicone | 最高使用温度 204 ℃ |
| Flashbreaker 1R | AIRTECH | Polyester/Rubber | 最高使用温度 204 ℃ |
| Wrightcast8500PS | AIRTECH | Nylon/Rubber | 最高使用温度 204 ℃ |
| Flashtape 1 | CYTEC | Polyester/Silicone | 最高使用温度 204 ℃ |
| Flashtape 1R | CYTEC | Polyester/Rubber | 最高使用温度 204 ℃ |
| Flashtape200 | LEADGO | Polyester/Silicone | 最高使用温度 204 ℃ |
| Flashtape300 | LEADGO | polymide/Silicone | 最高使用温度 300 ℃ |
| Airhold ICBS | AIRTECH | Polyester/Acrylic | 双面带胶,最高使用温度 204 ℃ |
| Airhold 10CBS | AIRTECH | Cloth/Rubber | 双面带胶,最高使用温度 60 ℃,一般用于蜂窝机加固定 |

（6）真空袋薄膜

真空袋薄膜功能是形成真空体系,提供良好的覆盖性,并在使用温度下不透气。通常采用尼龙、聚酰亚胺等材质制成,一般具有良好的延展性及耐热性。表 4.7 列出了几种具有代表性的真空袋薄膜及其特性。

表 4.7　几种具有代表性的真空袋薄膜及其特性

| 名　称 | 生产厂家 | 主要原材料 | 主要特性 |
|---|---|---|---|
| Wrightlon6400 | AIRTECH | Nylon | 黄色,延伸率 375%,最高使用温度 204 ℃ |
| Wnghtlon®7400 | AIRTECH | Nylon | 绿色,延伸率 400%,最高使用温度 204 ℃ |
| Wrightlon8400 | AIRTECH | Nylon | 蓝色,延伸率 350%,最高使用温度 232 ℃ |
| IpplonDP1000 | AIRTECH | Nylon | 橙红色,延伸率 450%,最高使用温度 212 ℃ |
| Vac-Pak HS8171 | CYTEC | Nylon | 绿色,延伸率 415%,最高使用温度 204 ℃ |
| Vac Pak HS6262 | CYTEC | Nylon | 蓝色,延伸率 350%,最高使用温度 232 ℃ |
| LVF200G | LEADGO | Nylon | 绿色,延伸率 400%,最高使用温度 205 ℃ |
| LVF200Q | LEADGO | Nylon | 蓝色,延伸率 260%,最高使用温度 230 ℃ |

（7）透气毡

透气毡能在固化周期内排出真空袋里的空气和挥发物,同时它也用于吸收某些复合材料层压板存有的多余树脂。不可以直接和复合材料构件接触,通常与隔离膜或可剥布一起使用。透气毡一般采用玻璃纤维或聚酯纤维作为原材料,聚酯纤维的耐热性不如玻璃纤维,通常超高温的透气毡采用玻璃纤维。使用时应根据复合材料构件纤维体积含量确定固化工艺参数,来选择所使用的透气毡的类型和层数。表 4.8 列出了几种具有代表性的透气毡及其特性。

**表 4.8　几种具有代表性的透气毡及其特性**

| 名　称 | 生产厂家 | 主要原材料 | 主要特性 |
|---|---|---|---|
| Airweave N4 | AIRTECH | Polyester | 中等密度,一般用于低压固化,最高使用温度 204 ℃ |
| Airweave N10 | AIRTECH | Polyester | 高密度,一般用于高压固化,最高使用温度 204 ℃ |
| RC – 3000 – 10A | CYTEC | Polyester | 高密度,一般用于高压固化,最高使用温度 204 ℃ |
| RC – 3500HT | CYTEC | Glass fiber | 适宜在高温高压下使用,最高使用温度 538 ℃,使用压力最高可超过 13.8 bar(1.38 MPa) |
| WF150 | LEADGO | Polyester | 中等密度,用于低压固化最高使用温度 205 ℃ |
| WF330 | LEADGO | Polyester | 高密度,一般用于高压固化,最高使用温度 205 ℃ |

（8）真空袋密封胶条

真空袋密封胶条用于真空袋和模具的密封。密封胶条要求具有足够的黏性,与模具表面黏贴得很好,但是又不能太黏以致真空袋薄膜上的密封胶带不能撕下来以备重新定位使用,并且要求密封胶条从室温到高温均具有良好的黏结性。在固化成形后,密封胶带必须从模具表面上能干净地撕下来,不留残余。真空袋密封胶条一般分为三种温度区,即中温固化用（121 ℃）、高温固化用（177 ℃）和特高温固化用（300 ℃以上）,表 4.9 列出了几种具有代表性的真空袋密封胶条及其特性。

**表 4.9　几种具有代表性的真空袋密封胶条及其特性**

| 名　称 | 生产厂家 | 主要原材料 | 主要特性 |
|---|---|---|---|
| GS213 | AIRTECH | Silicone | 灰白色,最高使用温度 204 ℃ |
| GS213 – 3 | AIRTECH | Silicone | 淡绿色,最高使用温度 232 ℃ |
| SM5127 | CYTEC | — | 深灰色,最高使用温度 204 ℃ |
| SM5126 | CYTEC | — | 深灰色,最高使用温度 232 ℃ |
| LG215 | LEADGO | — | 浅蓝色,最高使用温度 200 ℃ |
| LG230 | LEADGO | — | 黄色,最高使用温度 232 ℃ |

（9）压力垫

一般成分是未硫化的橡胶,主要用于固化过程中阻止构件中树脂基体材料的流失或者制作软模。用作软模的特点是随形好,与成形构件易于配合,传递成形压力可靠等,可根据需要在未硫化的压力垫内放入预浸料,同时硫化/固化,提高软模的刚度,并使尺寸稳定。

（10）玻璃布

玻璃布一般是放在复合材料构件的周边起导气的作用,也可以用于夹层结构蜂窝的固定,同时也可以作为吸胶材料使用。玻璃布的材质一般是玻璃纤维。

（11）清洗溶剂

清洗溶剂用于清洗胶接成形构件和成形工装模具。清洗溶剂往往具有良好的挥发性并具有一定的毒性,故作业环境一定要注意通风,注意避免连续长时间使用。常用的清洗溶剂有丙酮、甲乙酮等。

# 思考题与习题

1. 对比分析复合材料结构制造与金属结构制造的区别。
2. 简述复合材料结构制造流程。
3. 请简要分析树脂基复合材料成形工艺方法与适用范围。
4. 选择飞机复合材料结构制造工艺的原则与主要影响因素有哪些?
5. 树脂基复合材料构件的成形原理和一般过程是什么?
6. 复合材料构件的质量控制主要包含哪些方面?
7. 请结合图说明真空袋系统所需的复合材料成形工艺材料及其作用。

# 第5章 基于预浸料的热压罐固化成形技术

## 5.1 概 述

复合材料成形过程是一个典型的增材制造流程,即依据复合材料设计要求,借助模具将材料按设计比例、方向和铺层顺序与层数,形成符合目标厚度和形状的预构件;而后对预构件加温加压,提升树脂流动性,进一步促进树脂对纤维束的浸润,或在压力作用下挤出多余树脂,提升最终复合材料构件内部的纤维体积含量,完成热固性树脂的固化,实现目标构件的成形与成性。

热压罐工艺是纤维复合材料应用较多、最为常见的一种成形方式。在热压罐成形工艺中,将复合材料构件毛坯、蜂窝夹芯结构或胶接结构用真空袋密封在模具上,一起置于热压罐中,经过升温、加压、保温(中温或高温)、降温和泄压过程,使其成为所需要的形状和质量,如图5.1所示。

(a) A350XWB机身壁板固化

(b) 777X机翼蒙皮固化

**图5.1 典型复合材料构件热压罐成形工艺**

如表 5.1 所列,当前热压罐工艺生产的制品占整个复合材料制品产量 50％以上,在航空航天领域的比重更是高达 80％以上。成形的构件多应用于航空航天领域等主承力和次承力结构,以及国防、轨道交通、电子通信、汽车制造和体育运动器材等诸多领域。

表 5.1　热压罐成形工艺特点

| 特　点 | 说　明 |
| --- | --- |
| 罐内压力均匀 | 因为用压缩空气、惰性气体或惰性气体与空气混合气体向热压罐内充气加压。作用在真空带表面各点法线上的压力相同,使真空带内的构件在均匀压力下成形、固化 |
| 罐内空气温度均匀 | 因为热压罐内装有大功率风扇和导风套,加热(或冷却)气体在罐内高速循环,罐内各点气体温度基本一样,在模具结构合理的前提下,可保证密封在模具上的构件升降温过程中各点温差不大,一般迎风面及罐头并降温较快,背风面及罐尾升降温较慢 |
| 适用范围较广 | 模具相对比较简单,效率高,适合大面积复杂型面的蒙皮、壁板和壳体的成形。可以成形或胶接各种飞机构件,若热压罐尺寸大,则一次可放置多层模具同时成形或胶接各种较复杂的结构及不同尺寸的构件,热压罐的温度和压力条件几乎能满足所有聚合物基复合材料的成形工艺要求,无论是低温成形的聚酯基复合材料,还是高温(300～400 ℃)和高压(＞10 MPa)成形的 PMR-15 和 PEEK 复合材料,还可完成缝纫/RFI 等工艺的成形 |
| 成形工艺稳定可靠 | 由于热压罐内的压力和温度均匀,可保证成形或胶接构件的质量稳定。一般热压罐成形工艺制造的构件孔隙率较低,树脂含量均匀,相对其他成形工艺,成形的构件力学性能稳定、可靠,能保证航空航天胶接结构的胶接质量。迄今为止,要求高承载的绝大多数复合材料构件都采用热压罐成形工艺 |
| 投资大成本高 | 与其他成形工艺相比,热压罐系统庞大,结构复杂,属于压力容器,投资建造一套大型热压罐的费用很高 |
| 工艺生产成本高 | 由于每次固化都需要制备真空密封系统,将耗费大量昂贵的辅助材料;同时成形中要耗费大量能源 |

热压罐成形工艺,形成稳定可靠的真空系统至关重要。热压罐真空系统的组成如图 5.2 所示,主要涉及的材料有:预浸料、透气毡、真空薄膜、密封胶带、吸胶材料、脱模材料、压敏胶带和挡块等。预浸料将在接下来的章节介绍,其他工艺(辅助)材料已在前面介绍过,就不在此赘述了。

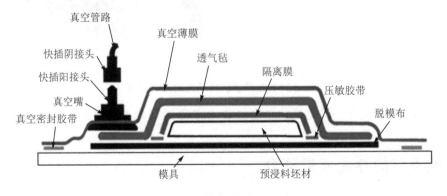

图 5.2　热压罐真空袋系统组成示意图

# 5.2 预浸料

纤维复合材料大多以层压结构的形式制造,传统的手糊铺贴是湿法成形,即铺一层纤维布,刷一次胶,最后固化成形为构件。这种方法由于存在许多因素而导致构件的质量不能很好地控制,例如,纤维和树脂的含量不能精确控制,高性能复合材料的纤维含量要求达到70%,一般的手糊铺贴工艺做不到这一点;纤维的均匀分布也不能很好地控制。因此,传统的手糊铺贴成形难以满足高端应用的需求。

这个问题可以通过"预浸料"的方式得到很好的解决。预浸料(Pre-imPregnated,Prepreg,见图5.3)是以树脂基体预先浸渍连续单向纤维或织物的方式来制备的,它实际上是一种处于原材料(树脂和纤维)和复合材料之间的连续性的中间材料,采用这样的预浸料为后续的层压复合材料结构的制造(包括层片切割、铺叠、固化),提供了极大方便,不仅提高了工效,还能有效地控制复合材料的成形工艺质量。此外,其树脂体系中通常包含了适当的固化剂,放入模具中无须加入任何辅助固化剂/催化剂,在压力和温度作用下便可实现固化。

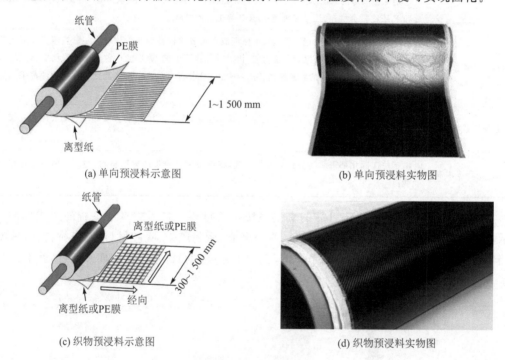

(a) 单向预浸料示意图　　　　　　　　(b) 单向预浸料实物图

(c) 织物预浸料示意图　　　　　　　　(d) 织物预浸料实物图

**图 5.3　两种典型预浸料的示意图与实物图**

现在预浸料已发展成了一种专门的工艺技术,实现了生产的专业化和自动化,是纤维复合材料技术发展的一个重要方面。

## 5.2.1 预浸料的性能质量要求

良好的预浸料应具备良好的力学性能、工艺性能并且能够满足客户的其他要求。具体来说,有如下方面的要求:

（1）力学性能要求

① 树脂和纤维匹配性：预浸料是将纤维预先浸渍在树脂基体内，树脂与纤维的匹配性决定了纤维的性能能否很好地遗传到复合材料上。一款好的预浸料，树脂应该可以和碳纤维有良好的结合性能。由于纤维在出厂时，为了防止纤维起毛，会在纤维表面包覆一层上浆剂。上浆剂主剂多用环氧树脂，它能与纤维表面形成很强的化学键。上浆剂是碳纤维厂商的核心技术之一，其配方是对外保密的。

树脂与纤维的匹配，主要是与纤维表面上浆剂的匹配，树脂活性基团可以与上浆剂形成很强的化学键，同时还可以促进树脂能够很好地浸润纤维。对于预浸料厂商来说，纤维的选择和搭配合适的树脂配方，是其技术的核心，尤其是树脂配方，更是其主要的核心竞争力。对于不同的纤维，配合不同的上浆剂，所使用的树脂配方也应该是不同的。目前常用的基体树脂有环氧树脂、双马酰亚胺树脂、聚酰亚胺树脂等。环氧树脂通常使用温度不超过 177 ℃，双马树脂为 200～250 ℃，聚酰亚胺树脂可达 310～320 ℃。

② 树脂偏差：树脂含量对复合材料制品的力学性能影响很大，树脂含量的波动会造成力学性能分布不均匀，所以树脂含量偏差应尽可能低，至少控制在±3%以内，以保证复合材料纤维体积含量和力学性能的稳定性。

③ 挥发组分：预浸料挥发组分含量影响到复合材料的孔隙含量。挥发分含量高，成形复合材料难免残留部分小分子物质，会造成复合材料孔隙增大，严重降低复合材料的力学性能。挥发分含量应尽可能小，一般在 2% 以下，以降低复合材料中的孔隙含量，提高复合材料的力学性能，对于主要承力构件，预浸料的挥发分含量要求控制在 0.8% 以下。

（2）工艺性要求

① 树脂黏性：预浸料的黏性是指在一定温度下自身互相粘贴的能力，同一片预浸料，温度低可能失去黏性，温度高又有黏性，温度相差大约 5 ℃，黏性就会有明显变化，因此黏性试验温度一般确定为 20～25 ℃，同时湿度定为 40%～70%。黏性失去时间不长的预浸料，稍许提高温度，黏性便得以改善，只要能实现部件的铺贴工艺，试验表明对其力学性能没有太大影响。黏性不宜太大，以便于铺层有误时可以分开重新进行铺贴而预浸料又不至于被损坏；黏性也不能太小，以使得在工作温度下两块预浸料能粘贴在一起不至于分开，遗憾的是，黏性的定量评价还没有找到一个非常适宜的方法。

② 铺敷性：所谓铺敷性是指预浸料铺层时，使其适合于复杂形状模具铺层的能力。对于复合材料设计师来说，预浸料是具有一定力学性能的结构单元，可以通过铺层的方式制造各种复合材料构件。对于结构复杂的部件，要预浸料可以完美贴合复杂曲面。就预浸料而言，铺敷法黏性的要求更高，失去黏性的预浸料铺敷性肯定不合格。

③ 固化温度：对于热固性的预浸料，通过加热使树脂进行固化，一般来讲，固化成形时要求预浸料有较宽的加压带，即在较宽的温度范围内加压，都可以得到满意的复合材料构件而对性能无明显影响。这样可以保证固化工艺有误差时，制品的性能保持均一性。希望树脂的固化温度低、固化时间短。但一般的规律是固化温度随树脂基体耐热性能的提高而提高，固化时间随固化温度的提高而缩短，目前，180 ℃ 左右的固化温度还是可以接受的。

④ 树脂流动性：一般要求预浸料树脂有适当的流动度。流动度表示预浸料在一定温度和压力下成形过程中树脂流动或迁移的能力，它与树脂的黏度和预浸料中树脂含量有关，预浸料中树脂含量越高，黏度越小，树脂流动度越大。层压件的流动度可以大一些，以便于树脂均匀分布并浸透增强材料；夹层结构流动度应比较小，以使得面板和芯材能牢固地结合在一起。

树脂熔融黏度大、流动性差,不利于对纤维的浸润,成形复合材料的拐角处往往有贫树脂现象,这些都会降低复合材料的力学性能。

（3）其他要求

① 质量稳定:预浸料是复合材料设计人员用来组合的基本结构单元,其性能的稳定性和一致性决定了复合材料设计的精确性。一款好的预浸料应该具备非常好的质量稳定性,要求每卷预浸料间或者每批次间,其性能都具有很好的均一性。这就需要制造厂商严格控制生产流程,对影响预浸料性能的生产工序做到精确量化。

② 贮存寿命:对于热固性预浸料,潜伏性固化剂使树脂在常温下会产生交联,虽然这个过程会很慢,但是会影响预浸料的黏性和性能。由于从预浸料到制造复合材料,中间会有一段时间,所以预浸料应该在这段时间保持良好的黏性。一款好的预浸料应具有较长的贮存寿命,通常要求室温下的黏性贮存期长于 1 个月,−18 ℃下长于 12 个月,以满足复合材料铺贴工艺和力学性能要求。

③ 外观:这是一个拼颜值的时代,一款好的产品,应该具有好的卖相,好的预浸料首先一定要满足性能要求,其次它还应该是生产者心目中的艺术品,兼具工业性和美学性。预浸料布面要平整,不能有褶皱,不能有鼓泡和白点。纤维排布要平顺,不能堆叠和弯曲。

## 5.2.2　预浸料的特点

为满足上述要求,预浸料应具备如下特点:

1）最大的强度特性。典型的手工铺层会有过量的树脂,过量的树脂会增加脆性并降低整体性能。而大多数预浸料树脂含量约为 35%,这是实现最大固化性能的理想选择,通常在常规的手工层压中是无法实现的。

2）均匀性和可重复性。预浸料厚度均匀,并且从模具中出来的每个构件在理论上都可能是相同的。真空袋装技术在处理等方面仍有一定的误差,但预浸料可以大大减少这些问题。

3）减少固化时间。经过热固化循环后,无须等待标准的 48 h 即可完全固化。

4）外观较好。虽然预浸料加工仍然需要模具准备和脱模,但是,预浸料加工可消除气泡,更容易获得光滑、有光泽的表面。

鉴于上述突出优点,基于预浸料的热压罐成形工艺至今仍是航空航天领域热固性复合材料结构件的主要成形方法。如表 5.2 所列,以国产大飞机 C919 为例,其所有主承力构件均采用了预浸料热压罐成形工艺。

表 5.2　复合材料在 C919 国产大飞机上的应用

| 序 号 | 部 件 | 材料规范 | 材 料 | 材料供应商 |
|---|---|---|---|---|
| 1 | 水平安定面 | CMS-CP-305 | CYCOM 997-2-35-24KIMS-194-ATL | CYTEC |
| 2 | 平尾前后缘 | CMS-CP-301 | CYCOM 970/OWC T300 3K ST(CCF) | CYTEC |
| 3 | 升降舵 | CMS-CP-301 | CYCOM 970/OWC T300 3K ST(CCF) | CYTEC |
| 4 | 垂直安定面 | CMS-CP-307 | P2352W-19(自动) | TORAY |
| 5 | 垂尾前后缘 | CMS-CP-301 | CYCOM 970/OWC T300 3K ST(CCF) | CYTEC |
| 6 | 方向舵 | CMS-CP-301 | CYCOM 970/OWC T300 3K ST(CCF) | CYTEC |

| 序　号 | 部　件 | 材料规范 | 材　料 | 材料供应商 |
|---|---|---|---|---|
| 7 | 后压力框 | CMS－CP－303 | CYCOM 997－2A－37－3KHTA－5H－280 | CYTEC |
| | | CMS－CP－304 | CYCOM 977－2－35－12KHTS－134 | CYTEC |
| 8 | 后机身后段 | CMS－CP－306 | Locite BZ 9704/UD SM 130/35 | HANKEL |
| | | | Locite BZ 9704/5HS SM 285/40 | HANKEL |
| 9 | 后机身前段 | CMS－CP－307 | P2352－19(手铺) | TORAY |
| | | | FL6673G－37K(手铺) | TORAY |
| 10 | 中央翼 | CMS－CP－308 | CYCOM X850－35－12KIM－190 600 mm | CYTEC |
| | | | CYCOM X850－35－12KIM－190ATL 150 mm | CYTEC |
| 11 | 副翼 | CMS－CP－304 | CYCOM 997－2A－37－3KHTA－5H－280 | CYTEC |
| 12 | 襟翼 | CMS－CP－303 | CYCOM 997－2－35－12KIMS－134 | CYTEC |
| | | CMS－CP－303 | CYCOM 997－2A－37－3KHTA－5H－280 | CYTEC |

　　预浸料按增强体物理状态可以分为单向预浸料和织物预浸料;按宽度分类有窄带、窄宽带(几毫米至几十毫米)预浸料;按增强体种类分为碳纤维增强预浸料、玻璃纤维增强预浸料及芳纶纤维增强预浸料等;按基体种类分为热塑性预浸料和热固性预浸料;按固化温度分为低温(80 ℃左右)、中温(120 ℃左右)和高温(180 ℃左右)固化预浸料。

　　就力学性能来说,单向预浸料没有纬纱,靠树脂基体将纤维粘成片状材料,承载纤维可按受力分析情况设计结构铺层,因此其纱线的力学性能利用率是最高的。织物预浸料由于织物在制造过程中经、纬的交织屈曲,不可避免地造成纤维损伤,从而降低力学性能。但从已进行手工铺层操作和含弯角的复合材料结构来看,织物预浸料又具有其独特的优点,在某些偏轴织物功用方面,其力学性能也较为稳定。

　　其中,热塑性预浸料和热固性预浸料是最为常用的分类方式,热固性预浸料是通过用液体热固性树脂浸透纤维增强材料制成的。多余的树脂从增强材料中去除,树脂经历部分固化,从液态变为柔韧的固态,即 B 阶段的预浸料,需要冷藏,使用时通过加热激活固化过程。热塑性预浸料是通过用热塑性基体涂敷纤维增强材料来生产的。热塑性预浸料的一个优点是能够通过加热到特定热塑性基体的熔点以上来多次重新加热和重整材料。与热固性预浸料不同,热塑性预浸料可以在室温下贮存。热塑性在预浸料受热过程中赋形,并在冷却至室温时变为固体。两者性能对比如表 5.3 所列。

表 5.3　热塑性预浸料和热固性预浸料性能对比

| 热塑性预浸料 | 热固性预浸料 |
|---|---|
| 室温长期贮存 | 低温存储 |
| 无运输限制 | 冷藏运输 |
| 高黏度(浸渍需要高压) | 低黏度(易浸渍) |
| 高的熔融/固结温度(>300 ℃) | 低温到中温固化温度(<200 ℃) |
| 能回收重复使用(熔融) | 限制的回收利用(焚烧、磨碎) |

　　需要注意的是,在使用热固性预浸料时,需要将处于冷冻状态下的预浸料放置在室温状态

下进行解冻处理,整个解冻过程中,不允许打开预浸料的包装,以防预浸料表面形成冷凝水。

## 5.2.3 热固性预浸料的制备工艺

根据树脂的预浸工艺,热固性预浸料的制备方法主要有溶液浸渍法、热熔浸渍法两种方法。

(1)溶液浸渍法

溶液浸渍法是将树脂与溶剂混合配成低沸点溶液,当增强材料通过浸胶槽时被树脂浸渍,然后加热使溶剂挥发制得预浸料。

根据制备工艺不同,溶液浸渍法主要有滚筒法和连续制带法,如图5.4所示。滚筒法是将增强材料平行缠绕在金属圆筒上,再到浸胶槽中浸渍树脂,烘干溶剂后沿母线切开后得到预浸料,其长度一般受圆筒直径限制。连续制带法是使增强材料平行经过浸胶槽,烘干溶剂后收卷,预浸料长度不被限制。溶液浸渍法的优点在于设备简单、操作方便、树脂适用范围广等;缺点是制备的预浸料中树脂含量难以精确控制,挥发分含量高,易造成环境污染,危害人体健康等。目前这种预浸料成形工艺主要用于小批量、实验室级别的预浸料生产。

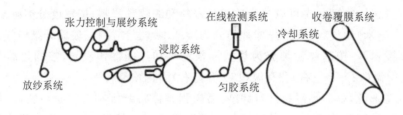

**图5.4 基于滚筒法的溶液浸渍法制备热固性预浸料**

(2)热熔浸渍法

热熔浸渍法是将树脂在加热的条件下熔融至一定黏度,然后通过不同的方式来浸渍纤维或织物制成预浸料。热熔浸渍法可分为熔融浸渍法(一步法)和树脂胶膜法(两步法)。熔融浸渍法是将不含溶剂的树脂体系熔融成液态,当增强材料通过胶槽时浸渍上树脂,该方法制备的预浸料挥发分含量低,可减小孔隙率。熔融浸渍法要求树脂的熔点低,在熔融状态下黏度低、波动小,并具有良好的化学稳定性,且对纤维的浸润性好,其工艺流程如图5.5所示。树脂胶膜法是将树脂加热熔化后均匀地涂覆在离形纸上制成厚度一定的树脂薄膜,然后将纤维束或者织物嵌入其中,经过热压、冷却、覆膜、收卷制成预浸料,其工艺流程如图5.6所示。

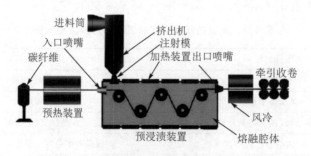

**图5.5 熔融浸渍法制备热固性预浸料**

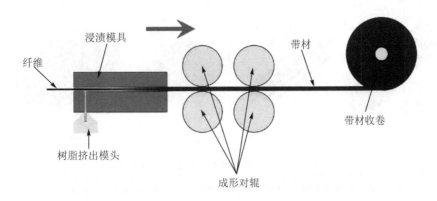

图 5.6　树脂胶膜法制备热固性预浸料

## 5.2.4　热塑性预浸料的制备工艺

　　高性能热塑性复合材料按纤维尺寸可分为短纤维复合材料、长纤维复合材料和连续纤维复合材料。其中,由连续纤维制成的复合材料可以最大限度地发挥增强体高强度和高模量的力学特性,具备材料稳定性、抗冲击性能好,生产过程绿色环保,可实现回收利用等优点,是产品制造轻量化、清洁能源等领域发展的理想材料,目前已广泛应用于交通运输、航空航天、生物医药材料等领域。然而,热塑性树脂熔体的黏度通常在 100 Pa・s 以上,是热固性树脂的 100～1 000 倍。由于热塑性树脂的高黏度,很难将树脂浸渍到紧密交织的纤维束中以填补结构中的空隙,尤其是需要制备较高纤维体积分数的复合材料时。连续纤维增强热塑性复合材料工艺条件复杂,纤维浸渍难度大,制备过程中必须同时施加足够的压力和较高的温度以克服热塑性树脂熔融黏度大的问题,因此通常采用预浸—密实两步法来制得最后的复合材料制品。如何更好地浸润纤维,是热塑性预浸料制作时面临的主要挑战,因此,选择适合的浸渍方法和工艺参数是影响热塑性预浸料性能的关键因素。

　　国内外研究机构开发了多种热塑性预浸料制备工艺,目前主流的制备工艺按树脂基体形态分为预浸渍法和后浸渍法(预混法)两大类。预浸渍法是指基体以溶液或黏流态的形式充分浸润增强纤维,经冷却定型后得到预浸带,可分为溶液浸渍法、熔融浸渍法及反应链增长浸渍法;后浸渍法的树脂基体形态多样,多以粉末、薄膜或者纤维为主,将树脂与增强纤维混合后经高温熔融浸渍得到预浸料,制备工艺可分为纤维混杂法、粉末浸渍法和薄膜叠层法。图 5.7(a)、(b)、(c)分别为纤维混杂浸渍、粉末浸渍和薄膜叠层法制备热塑性预浸带的原理图,图 5.7(d)为单向纤维预浸带示意图。

　　(1) 溶液浸渍法

　　溶液浸渍法是将树脂完全溶解于一种或几种溶剂配成的混合溶剂中制得低黏度的胶液,将纤维用胶液充分浸渍后再加热将有机溶剂除去,即可得到性能优良的预浸料,图 5.8 为溶液浸渍法制备热塑性预浸带的流程图。该方法克服了熔体黏度过高浸润不充分的困难,树脂胶液和纤维可获得良好的浸润性,同时具有设备简单、工艺流程简便的优点。该种方法对溶剂的选择要求较高。溶剂的沸点应高于浸渍温度(浸渍过程中溶剂不易挥发);浸渍过程结束后,在低于聚合物分解温度下,溶剂应可尽快全部去除。热塑性树脂的耐溶剂性使溶液浸渍有一定的局限性,该工艺对于结晶性的热塑性树脂基体溶解性较差,溶剂的挥发和回收成本非常高,主要应用于高黏度树脂对纤维束的浸渍。溶剂脱除不彻底会对预浸带力学性能造成不良影

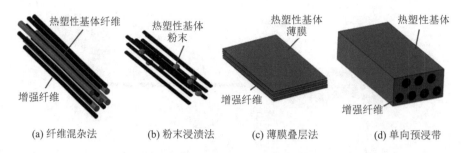

(a) 纤维混杂法    (b) 粉末浸渍法    (c) 薄膜叠层法    (d) 单向预浸带

**图 5.7   热塑性预浸带典型制备方法示意图**

响,并且溶剂脱除过程中产生的气孔和孔隙会影响纤维与基体的界面黏结性能从而降低材料强度。溶液浸渍虽然解决了树脂黏度大的问题,但制得的预浸料孔隙率较高,耐溶剂性和力学性能较差。

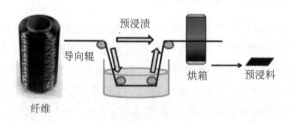

**图 5.8   溶液浸渍法制备热塑性预浸带的流程图**

（2）熔融浸渍法

熔融浸渍装置一般包括纱架、分丝系统、浸渍系统、牵引系统和收卷架,原理为将连续纤维放在纱架后,经过辊轮的调节使其受力均匀地进入分丝系统,在分丝系统中纤维经过展开辊充分展开和预热后进入浸渍系统中,在高温高压作用下熔融树脂浸润纤维,最后冷却牵引收卷得到预浸料。图 5.9 所示为熔融浸渍法制备热塑性预浸带的流程图。

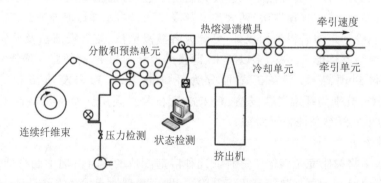

**图 5.9   熔融浸渍法制备热塑性预浸带的流程图**

相较溶液浸渍工艺,熔融浸渍更适用于耐溶剂类树脂,预浸料挥发少,避免了溶剂挥发造成的孔隙率高的内部缺陷,适用于结晶性树脂预浸带的制备。该方法具有设备简单,制备周期短,环境污染少,可连续化生产等优点。熔融浸渍的关键在于解决纤维束的分散性问题以使其在高黏度的熔体下能得到充分、均匀的浸渍。熔融浸渍法要求树脂熔融温度较低,在熔融状态下化学稳定性好,具有较高的表面张力。对于较难分散的纤维束,浸渍效果受纤维分散程度影响很大,若模具结构设计不够理想且树脂黏度较高,则难以收到良好的浸渍效果。熔融浸渍制备的预浸料含胶量稳定,但浸渍效果取决于树脂黏度和纤维的分散程度,对熔融黏度大的树脂浸渍效果欠佳,纤维束内孔隙率高,长时间高温浸渍可能会导致制品力学性能下降。

（3）粉末浸渍法

粉末浸渍工艺将纤维浸胶和熔融浸渍过程分离,首先将树脂基体制成微米级的小颗粒,然后将聚合物粉末均匀包覆在增强纤维的表面,再经过加热过程使两者融合从而实现浸渍。粉末浸渍法可分为湿法粉末浸渍法(粉末悬浮法)和干法粉末浸渍法。

① 湿法粉末浸渍法:粉末悬浮装置一般包括纱架、浸胶系统、加热系统、牵引系统、定型收卷架等。其原理为将树脂粒子悬浮分散于液体介质的在浸胶系统中,纤维经辊轮定向,在牵引系统的作用下通过浸胶系统使树脂粉末附着在纤维表面,树脂在浸胶导辊的压力下进入纤维束内部,纤维经过基体悬浮液充分浸渍后,进入加热炉中熔融、烘干,最后加热定型完成即可制成预浸料。该工艺生产周期短,适用范围广,但是浸渍后的干燥处理较为烦琐。

② 干法粉末浸渍法:浸胶方式为通过粉末流化或者静电吸附的方式,将展开的纤维通过充满粉末的区域使纤维束被树脂粉末包裹,然后加热使粉末熔融从而得到预浸料。图 5.10 所示为粉末流化浸渍法原理图,树脂粉末的吸附量与粉末粒径、静电电压和气流压力、吸附时间、展丝程度等因素有关。粉末浸渍法不依赖熔体的黏度,粉末可以渗入纤维束中,减小树脂热熔后的流动距

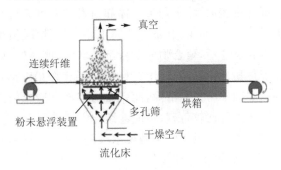

**图 5.10　粉末流化浸渍法原理图**

离,浸渍效果好,具有对纤维损伤小且生产效率高,工艺控制简便,稳定性好等优点。目前,高性能热塑性复合材料基体多采用 PEEK(聚醚醚酮)、PPS(聚苯硫醚)和 PEI(聚醚酰亚胺)等高性能树脂,而这些树脂熔融黏度很高,直接使用熔融浸渍非常困难,而使用粉末浸渍就可避免此类问题,因此粉末浸渍在制备高性能连续纤维增强热塑性复合材料领域应用前景非常广阔,在国外已经完成由实验室向生产的转化。粉末浸渍法对树脂粉末粒径要求很高,由于小粒径且均匀的树脂粉末加工比较困难且易发生团聚现象,所以粉末浸渍成本相对较高。粉末浸渍法制备的预浸料含胶量稳定性好且对树脂黏度没有要求,适合绝大部分树脂的浸渍,对高性能热塑性树脂的浸渍程度要优于其他浸渍方式,制得的复合材料综合性能优异。

（4）纤维混杂浸渍法

纤维混杂法是先将热塑性树脂加工成微细纤维,然后将树脂纤维和增强纤维混合,利用纤维柔软性和悬垂性良好的特征,可以将纤维混编成二维或三维织物。该法的特别之处是混合纤维可取代增强纤维浸渍树脂的过程,将纤维树脂混合后加热熔融,即可将树脂浸润于纤维束间,直接进入复合材料的成形工艺环节。纤维混杂法又可细分为核纺纱、混纤纱、包覆纱及加捻纱等几种常见形式。这种技术由美国 NASA 首先发明,目的是制备碳纤维和多种树脂纤维的混杂纤维束。这种工艺方法的优点是可塑性良好,可用于成形外形较复杂的制品和大型精密制品的生产。但是这种工艺需要预先对树脂进行纺丝,而直径较细(<10 μm)的热塑性树脂纤维制备难度较大。相较其他浸渍工艺,纤维混杂浸渍工艺流程复杂,生产成本高,使得这一技术的运用受到了较大限制。混合纤维织造过程中会对纤维产生损伤,导致复合材料力学

性能下降。浸渍效果较粉末浸渍法差,较其他浸渍方法好。

（5）薄膜叠层浸渍法

薄膜叠层工艺是将挤出或者吹塑制得的热塑性树脂薄膜与纤维通过层层交替铺放制得预混料,经过加热加压将聚合物熔体充分浸渍纤维的方法。薄膜叠层预浸料的生产过程包括三个阶段:① 加热压机以降低基体黏度;② 增加压力迫使热塑性基体材料浸渍织物;③ 冷却压机以固化层合板。该法操作简单,生产效率较高,不受树脂溶解特性的影响,可以较为便捷地生产出高质量复合材料。但该工艺的成形条件较为严格,成形时间长,温度高,压力大,且仅能用于模压制品的加工,对板材尺寸的限制也较大。薄膜叠层工艺制备复合材料的尺寸稳定性佳,热压过程中可能会出现中间层与两侧所受温度不均一,浸渍不均匀等问题,影响最终的材料性能。

（6）反应链增长浸渍法

反应浸渍是将单体或低聚物与引发剂和纤维混合后通过聚合反应快速生成聚合物,并包覆在纤维束表面,除去剩余单体和引发剂即可获得预浸料。反应浸渍的特点是单体或低聚物黏度低,反应时间短,制备工艺简单,克服了熔融树脂黏度高浸渍不充分的缺点。纤维浸渍并引发聚合反应后,聚合物分子量迅速增大,使基体具备足够的韧性。该工艺常用于聚酰胺、聚氨酯等热塑性树脂,只能用在树脂传递模塑（RTM）、反应注塑（RIM）等特定工艺中。由于使用的引发剂不易完全清除,而残留的溶剂会造成制品的力学性能和耐溶剂性下降,并且聚合反应的工艺条件比较苛刻,不能连续化生产等因素,使得该工艺在实际生产应用中受到限制。反应链增长浸渍法对树脂类型要求较高,反应过程不易控制,可能会造成纤维在树脂中的分散不均匀,产品质量稳定性欠佳。

## 5.2.5 预浸料的使用特点

① 预浸料是一种中间材料,保持了连续纤维的连续性,表面呈半干态,便于后续的加工操作。预浸料在生产过程中进行了严格的质量控制,因此复合材料的性能和质量能得到保证。

② 层压板由单一层片逐层叠合,可按不同纤维取向铺叠,能实现复合材料性能的可设计性。

③ 层与层之间有明显的层间效应,给复合材料带来了层间强度问题。

④ 自动化的切割和铺叠设备昂贵,目前以手工操作为主。

大尺寸的复合材料构件,要用到大量的预浸料层片,造价昂贵,因此,层片铺叠是一道精确严谨的工序,不能出差错,以免造成材料浪费。

## 5.2.6 预浸料技术发展趋势

随着航空航天的轻质化、高速化,轨道交通的轻质化、阻燃化,电子电器的高集成化的迅速发展,对复合材料的阻燃性、力学性能、耐热性、尺寸稳定性的要求越来越高,对预浸料的要求也越来越严苛。未来,预浸料将向着以下方向发展。

① 新型热熔预浸料体系。预浸料的制备方法主要有两种,即溶液浸渍法和热熔胶膜法,目前以溶液浸渍法为主。溶液浸渍法是将纤维或织物经过树脂溶液浸渍后,将树脂中的溶剂挥发掉,并使预浸料达到 B 阶段的工艺;该法生产设备投入少,缺点是预浸料树脂含量难以精确控制,大量溶剂挥发,形成环境污染。热熔胶膜法是首先将熔融的树脂制成均匀平整的胶膜,而后将胶膜与纤维或织物在一定温度和压力下进行复合浸渍,得到合格预浸料。此工艺优

点是树脂含量控制精确,挥发分少,无环境污染。为此,开发新型热熔预浸料体系变得越来越迫切。

② 室温长储存期。为了降低先进复合材料的制造成本,除采用各式各样的新技术外,一个重要方面是大力发展低温低压固化的树脂体系。如果在不提高固化温度的情况下延长树脂及其预浸料室温下的使用期,不但不用建立大型的冷藏设备,而且也不用对现有的构件成形设备进行改造。这将大幅降低先进复合材料在制造和使用中的储存及工艺成本。

③ 高性能化。"轻质化、长寿命、高可靠、高效能、高隐身、高突防、低成本"是新一代飞行器的发展目标,对预浸料的轻质高强、耐高温、抗烧蚀性、高力学强度、高介电性能、可设计性等提出了越来越高的要求。同时,电子产品向着高速化、高频化方向不断发展,同时对可靠性的要求也越来越高,对于覆铜板用预浸料,具有高耐热性、优异的介电性能已显得越来越重要。目前,酚醛预浸料虽然耐温性好,阻燃性好,强度高,但是脆性大,韧性差和抗冲击损伤容限低等,制约了酚醛树脂基复合材料的应用,酚醛预浸料的增韧改性成为一大发展趋势。环氧预浸料的韧性相对较好,但其耐热性、阻燃性欠佳,有必要进行耐热、阻燃相关改性研究。双马预浸料的耐热性好,力学强度高,但是其固化温度高,脆性大,为此,需对其进行改性研究。此外,复合材料的轻质化要求预浸料的制备过程中引入改性填料,填料的均匀分散是公认的技术难题,有待深入研究。

# 5.3　基于预浸料的复合材料铺放技术

## 5.3.1　手工铺放作业

手工铺放是树脂基复合材料构件制造中最早使用和最简单的一种铺放方法,利用这种方法将物料铺贴在成形模具上预成形后,再在室温下固化,或在热压罐中固化。

顾名思义,手工铺放主要工作是用手工完成的,不需要专门的设备,所用工具也非常简单,但要求有一个成形模具。当前飞机大尺寸复合材料构件,如飞机蒙皮、机翼壁板、防热底板等大多是用手工铺放,这种传统的成形工艺在飞机复合材料成形中仍占有很大比例。但是随着复合材料工业的不断发展,随着机械化和自动化水平的日益提高,手工铺放面临的挑战也越来越大。

手工铺放的工艺过程是:首先,增强材料或预浸料剪裁下料,在模具上涂脱模剂或铺设脱模布。再涂刷含有固化剂的树脂混合物,接着铺贴一层裁好的单向纤维布或纤维织物,用刷子、压辊或刮刀压挤,使其与树脂均匀浸渍,再涂刷树脂混合物和铺贴第二层增强材料;若为预浸料,则仅需逐层进行铺贴、压实。反复上述铺贴—压实过程,直至达到所需厚度。然后,在其上铺设脱模布、隔离膜、透气毡等工艺材料,制真空袋,抽真空,或施加一定压力使构件固化(冷压成形),有的树脂需要加热才能固化(热压成形)。最后,脱模得到复合材料构件。手工铺放的工艺流程如图 5.11 所示。

手工铺放所用的树脂种类较多,如环氧、酚醛、不饱和聚酯和乙烯基酯树脂等。增强材料可以用玻璃纤维、碳纤维、芳纶纤维等。

手工铺放工艺的主要优势是适用性广,能制造各种类型的产品,除了用来制造飞行器构件外,在其他行业也有着广泛的应用。如风力发电的大型桨叶,目前大多用手工铺放方式。在建筑业的主要产品有波形瓦、冷却塔、装饰制品、座椅、门、窗、风机、风道、浴盆等。在交通行业的

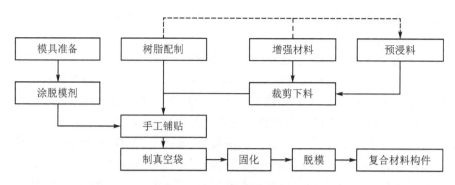

图 5.11    手工铺放工艺示意图

产品包括汽车车壳、机器盖、保险杠、大型旅游车外板、火车箱内板、火车门窗、火车卫生间等。在船舶制造业的应用产品包括各种船体,如游艇、交通艇、巡逻艇、救生艇、气垫船等,以及舷板、水中浮标、灯塔等(见图 5.12)。化工行业包括油罐、酸罐、水泥槽内防腐衬层、钢罐内防腐层、管道等。

手工铺放的优点有:操作简便,操作者容易培训;设备投资少,生产费用低;能生产大型的和复杂的制品;制品的可设计性好,且容易改变设计;模具材料来源广;可以做成夹层结构。

手工铺放的缺点有:属劳动密集型成形方法,生产效率低;制品质量与操作者的技术水平有关;生产周期长;产品强度较其他方法低。

图 5.12    手工铺放

## 5.3.2    热隔膜预成形

热压罐成形工艺是碳纤维增强树脂基复合材料最主要的制造方法,传统的热压罐工艺主要采用手工铺叠的方式得到与构件结构相近的预成形体,这不仅需要耗费大量的时间且成形质量不稳定,在制造大型构件时此问题愈加突出。为了提高构件质量,且进一步提高生产效率,复合材料构件的自动化生产方式得以迅速发展。其中自动铺带技术对平面和曲率半径较大的构件的预浸料层的铺放具有较高的效率,但对于有角度突变的复杂的复合材料构件(如 C 型梁和 L 型桁)采用自动铺带技术直接铺叠预浸料难度较大。对于这种筋条与梁类结构,一般采用自动铺带技术把预浸料制成平板,再通过热隔膜工艺使预浸料平板成形,最后将成形好的预浸料放入热压罐中固化成形。随着热固性树脂基复合材料在航空领域的大量使用,热隔膜成形工艺也从最早期在热塑性树脂基复合材料制造中的应用逐步发展到在热固性树脂基复合材料的制造中的大范围应用。

　　热隔膜工艺的原理为,将预浸料层板放置于热隔膜模具上,通过一种特制膜的辅助作用经过抽真空和加热等方法,将层板压向模具,形成所需形状。根据热隔膜工艺使用的隔膜数量,可分为单隔膜成形工艺和双隔膜成形工艺。其中单隔膜成形工艺较为简单,在成本和效率方面有优势;而双隔膜成形则能更有效地保证形状较为复杂,厚度较厚的构件的成形质量。

　　单隔膜工艺依靠单隔膜设备或去除部分功能的双隔膜设备实现。单隔膜设备一般有2个工位,其中主加热灯库工位用于预成形,真空床工位用于工装转移(见图5.13)。构件预成形的工艺流程如下:①先将工装在真空床上定位后,再将料层转移至工装上表面并定位,参见图5.13(a);②真空床缓缓移入主加热灯库下,并使隔膜缓缓下降至最低点贴合预浸料上表面,参见图5.13(b);③在加热状态下,开启真空床的真空系统,隔膜缓缓对预浸料进行赋形成形,参见图5.13(c)。

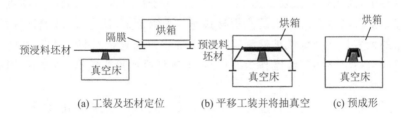

(a) 工装及坯材定位　　　(b) 平移工装并将抽真空　　　(c) 预成形

**图5.13　单隔膜成形工艺过程**

　　双隔膜成形设备一般采用四工位设计,分别是预浸料预热床工位、工装预热库工位及用于预成形的主加热灯库工位和用于工装转移的真空床工位(见图5.14)。构件预成形的工艺流程如下:①工装转移至真空床并定位,通过工装预热库预热工装;另一方面,将下隔膜铺敷于预浸料预热床并将预浸料层板转移并定位到下隔膜上方,预热床移至主加热库下并将上下隔膜密封,再通过主加热灯库的加热灯及预热床底部电阻板预热预浸料层板,参见图5.14(a);②预热结束后,将真空床带工装移入主加热库,并将带料层的双隔膜缓缓下降至最低点使料层及隔膜贴合工装上表面,参见图5.14(b);③控制隔膜间真空与真空床真空,隔膜缓缓对预浸料进行赋形成形,参见图5.14(c)和图5.14(d)。

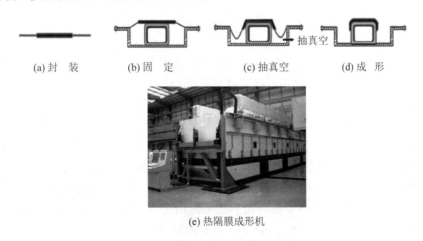

(a) 封　装　　　(b) 固　定　　　(c) 抽真空　　　(d) 成　形

(e) 热隔膜成形机

**图5.14　双隔膜成形工艺流程及装备**

### 5.3.3　蜂窝夹芯结构制造

蜂窝夹芯结构主要由上、下一对金属或者复合材料面板、蜂窝及胶粘剂组成。通过胶粘剂
将面板和夹芯组合在一起,一般情况下面板主要承
受的是面内拉伸、压缩和面内剪切载荷,面板类似工
字梁中的翼板,承受面内拉压应力和面内剪应力。
芯子主要支撑面板承受垂直于面板的压缩应力和横
向力产生的剪应力,通过设计上下面板的距离可提
高截面惯性矩,进而提高结构的弯曲刚度及材料的
利用率。蜂窝夹芯结构如图 5.15 所示。

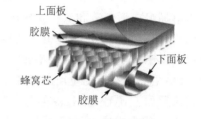

图 5.15　蜂窝夹芯结构示意图

（1）蜂窝夹芯结构材料与组成

1）面　板

在夹芯结构中,面板作为主要承力部分,相对于芯子材料,面板材料具有密度大、模量高和
强度高等特点。复合材料夹芯结构的面板材料通常为铝合金、钛合金、玻璃钢等材料。目前航
空结构中采用的大多是碳纤维或玻璃纤维的单向带或织物复合材料。为了提高力学性能,应
该选择比强度和比模量高的碳纤维作为原材料,但碳纤维的价格较高,玻璃纤维仍然是最常用
的增强材料。

应针对不同的结构和工艺进行选择。美国赫氏（Hexcel）、氰特公司（Cytec）等均研发出各
种用途的材料体系,近年来国内的中航复合材料有限责任公司也开发了中高温树脂体系,比如
BA9913、BA9916、SY—24C—300 等。不同功能性需求的型号,则需要不同种类的面板,比如
天线罩的产品作为功能件,如果需要满足高透波的需求,则需选用介电性能好的纤维和树脂,
在各类纤维中,石英纤维的介电性能最好。氰酸酯树脂的介电性能比环氧树脂要低,所以采用
石英纤维织物/氰酸酯树脂制造的预浸料,介电常数更低。

2）蜂窝芯材

蜂窝夹层结构的性能和蜂窝的几何形状与蜂窝的材质有关。一般根据材质可用铝蜂窝
芯、芳纶纸蜂窝芯、玻璃钢蜂窝芯等。按照几何形状可以分为六边形、矩形可膨胀型、方格型、
增强波纹型、特殊型。其中六边形的蜂窝制造简单,用途最广。下面按照材质对蜂窝芯进行
介绍。

① 铝蜂窝芯（见图 5.16）:铝蜂窝芯的比强度和比模量好,价格低廉。铝蜂窝芯材分为三
种:第一种采用 LF21 或 LF2 铝箔制作,使用条件－55～80 ℃;第二种由 LF2 铝箔材料制作,
使用条件－55～175 ℃;第三种,由 LY12 铝箔制作,使用条件－55～220 ℃。蜂窝的选材可以
参照 HB5443—90《夹层结构用耐久铝蜂窝材料规范》。

② 芳纶纸蜂窝芯（见图 5.17）:按照种类分为间位芳纶纸蜂窝和对位芳纶纸蜂窝。前者是
间苯二甲酰氯和间苯二胺进行界面缩聚或低温溶液缩聚得到的间位芳纶,市场上最常见的是
美国杜邦公司在 20 世纪 60 年代首先发明并投入使用的间位芳纶;后者是对苯二胺和对苯二
甲酰氯缩聚得到对位芳纶,商品名称为 Kevlar。现有的芳纶纸蜂窝芯主要是间位芳纶,对位
芳纶研究得非常少,以下介绍主要以间位芳纶纸蜂窝为主。芳纶纸蜂窝又称 Nomex 蜂窝,采
用芳纶纸浸润酚醛树脂制成。芳纶纸蜂窝和铝蜂窝相比,抗局部失稳的能力强得多,因为芳纶
纸蜂窝的蜂窝壁比铝蜂窝的相对厚。Nomex 蜂窝的制备是通过将芳纶纸涂胶、叠合、压制、切
割、拉伸、定型、浸胶、固化、片切这九个工序组成。中航复合材料有限责任公司通过对芳纶纸

蜂窝的浸胶工艺进行改善,总结了孔格、纸厚等工艺参数,推导出了密度控制经验公式。苏州芳磊蜂窝复合材料有限公司使用国产芳纶纸制备的蜂窝,抗压及抗剪性能已经能够达到 HB5435—89 和 BMS8-124 的要求,介电性和阻燃性也满足指标要求。

图 5.16　铝蜂窝芯

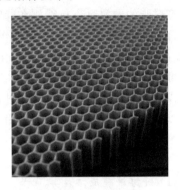

图 5.17　芳纶纸蜂窝

③ 玻璃布蜂窝芯:玻璃布蜂窝的制备工艺与芳纶纸蜂窝类似,也是通过玻璃布浸渍胶液固化而成。玻璃布蜂窝的成本比芳纶纸蜂窝要低,其介电性和透波性能优异,在微波通信领域获得了广泛的应用。目前在某型号的教练机上已经有所应用。

3)胶黏剂

蜂窝夹层结构用的胶黏剂通常是结构胶黏剂,结构胶黏剂是指在预定时间内,在使用环境中能承受相当的力,并具有与被粘物相匹配的强度和耐久性。根据树脂基体一般分为三大类,第一类是环氧类,环氧树脂具有工艺性优异,使用期长的优点,最高耐温可达232 ℃;第二类是双马来酰亚胺类,温度可以达到 232 ℃以上,主要用于温度更高的军用飞机上;第三类是氰酸酯类,氰酸酯的耐温性、介电性和耐湿热性能都很优异,所以主要用于有电气性能要求的元件中。

(2)蜂窝芯材制造工艺

目前蜂窝芯材制备方法有滚压成形胶接法、胶接拉伸法、管材拼接法、注塑成形法、模头挤出法等,其中胶接拉伸法应用最为广泛。其生产流程为涂胶、叠合、压制、拉伸、定型、浸胶、固化和片切 8 道工序。芳纶纸蜂窝胶接拉伸法制备工艺如图 5.18 所示。

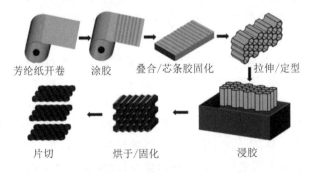

芳纶纸开卷　涂胶　叠合/芯条胶固化　拉伸/定型

片切　烘干/固化　浸胶

图 5.18　基于胶接拉伸法的芳纶纸蜂窝制造工艺

(3)蜂窝夹芯结构板的成形制造工艺

① 模压成形工艺:模压工艺具有成形压力大,成形效率高的特点,能够保证蜂窝板上下面的平面度,并且产品两个面都具有优异的光洁表面。由于受到压机尺寸和模具成本的限制,一

般尺寸小、需求多的产品考虑用模压工艺,采用模压工艺的有旋翼、飞机控制部件等。

② 热压罐成形工艺:通过热压罐成形蜂窝夹层结构时,固化的温度、时间及成形压力尤其重要。蜂窝板的成形分为共固化一次成形、分步固化二次成形、分步固化三次成形。第一种是将带有树脂的预浸料直接铺放在蜂窝上,直接进炉固化。特点是胶接强度高,制造周期短,成本低,由于受到蜂窝芯的抗压强度影响,成形的蒙皮力学性能偏低,蜂窝内部的情况不容易发现,废品率较高。第二种是预先固化蒙皮,然后再黏结蜂窝。此种工艺周期比较长,但是中间过程可以检查,可降低废品率。第三种,一面蒙皮先固化成形,然后在上面铺贴胶膜和蜂窝芯胶接成形,再与另一蒙皮组合后,进行第三次固化成形。这样工艺固化次数多,但每次成形后都可以检查,有问题可以处理,多用于生产大型复杂的产品。

## 5.3.4　纤维缠绕工艺

（1）纤维缠绕成形及其工艺特点

纤维缠绕工艺是将浸过树脂胶液的纤维(或布带、预浸纱)按照一定规律缠绕到芯模上,然后经过固化、脱模而获得制品的成形方法。根据缠绕状态的不同,缠绕成形工艺可以分为湿法缠绕成形和干法缠绕成形。湿法缠绕成形工艺是将纤维集束(纱式带)浸胶后,在张力控制下直接缠绕到芯模上,如图 5.19 所示。该方法成本低,产品气密性好等;但树脂浪费大,操作环境差,且湿法缠绕的制品含胶量及制品质量不易控制。

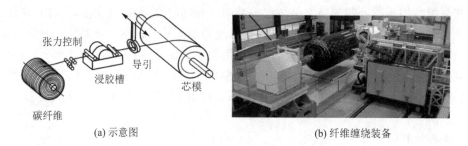

(a) 示意图　　　　　　　　　　　(b) 纤维缠绕装备

**图 5.19　纤维缠绕成形工艺示意图及装备**

干法缠绕成形采用经过预浸胶处理的预浸纱或带,在缠绕机上经加热软化至黏流态后缠绕到芯模上。干法缠绕成形能够准确地控制产品质量且劳动条件好,但设备投资大。

与其他成形技术相比,缠绕成形技术的主要优点是:①能够按照产品的受力状况设计缠绕规律,能充分发挥纤维的强度优势;②比强度高,一般来讲,纤维缠绕压力容器与同体积、同压力的钢质容器相比,质量可减轻 40%～60%;③可靠性高,纤维缠绕制品易实现机械化和自动化生产,工艺条件确定后,缠出来的产品质量稳定,精确;④生产效率高,采用机械化或自动化生产,需要操作工人少,缠绕速度快(240 m/min),劳动生产率高;⑤成本低,在同一产品上,可合理选配若干种材料(包括树脂、纤维和内衬),使其再复合,实现最佳的技术经济效益。

缠绕成形技术的缺点是:①适应性较弱,不能缠绕任意结构形式的制品,特别是表面有凹的制品,因为缠绕时,纤维不能紧贴芯模表面而架空;②需要有缠绕机、芯模、固化加热炉、脱模机及熟练的技术工人,需要的投资较大,技术要求较高,因此,只有大批量生产时才能降低成本,获得较高的经济效益。

在缠绕成形中,根据纤维(或带)缠绕的方式可分为环形缠绕、螺旋缠绕和极向缠绕。环形缠绕的工作原理如图 5.20 所示。缠绕过程中芯模绕自身轴线匀速旋转,绕丝嘴沿芯模筒体轴线平行方向移动,芯模每转一周,绕丝嘴移动一个纱片宽度的距离,如此循环下去,直到纱片均匀地布满芯模筒体段表面为止。环形缠绕只能在筒身段进行,只提供环向强度。环形缠绕的缠绕角(纤维方向与芯模轴夹角)通常在 85°～90°之间,主要由带宽决定。环形缠绕最适合于制造环向压力较大的管道的罐体。

螺旋或交叉缠绕是用得较多的缠绕模式,用来制造圆柱构件,通常其缠绕角大于 45°。螺旋缠绕的特点是芯模绕自身轴线均匀转动,绕丝嘴沿芯模轴线方向按缠绕角所需要的速度往复运动。螺旋缠绕的基本线型由封头上的空间曲线和圆筒段的螺旋线所组成(见图 5.21)。螺旋缠绕纤维在封头上提供经纬两个方向的强度,在筒身段提供环向和纵向两个方向的强度。

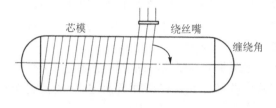

图 5.20　环形缠绕

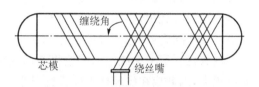

图 5.21　螺旋缠绕工作示意图

极向缠绕有时也叫纵向缠绕或平面缠绕。缠绕时,缠绕机的绕丝嘴在固定的平面内做匀速圆周运动,芯模绕自身轴线慢速旋转,绕丝嘴每转一周,芯模旋转一个微小角度,相当于芯模表面上一个纱片宽度。纱片与芯模轴的夹角称为缠绕角,其值小于 25°。纱片依次连续缠绕到芯模上,各纱片均与两极孔相切,各纱片依次紧挨而不相交。纤维缠绕轨道近似为一个平面单圆封闭曲线。极向缠绕基本线型如图 5.22 所示。

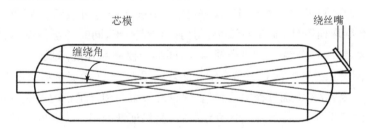

图 5.22　极向缠绕工作示意图

上述 3 种缠绕方式,都是通过芯模与绕丝嘴做相对运动完成的。如果纤维是无规则地乱缠,势必出现纤维在芯模表面离缝或重叠,以及纤维滑线不稳定的现象。显然,这是不能满足产品设计要求和使用要求的,因此,要求芯模与绕丝嘴按一定的规律运动,能使纤维既不重叠又不离缝,均匀连续缠满芯模表面,同时纤维在芯模表面位置稳定不打滑。

(2) 缠绕成形关键工艺参数

由于缠绕成形工艺通常分为干法、湿法和半干法三种,选择成形方法时,要根据制品设计要求、设备条件、原材料性能及制品批量大小等因素综合考虑后确定。

缠绕成形工艺设计内容包括:根据设计要求、技术质量指标,进行缠绕线型和芯模设计,选择原材料;根据产品强度要求、原材料性能及缠绕线型进行层数计算;根据选定的工艺方法,制定工艺流程及工艺参数;根据缠绕线型选择缠绕设备。

缠绕成形中的主要工艺参数是:纤维烘干处理温度及时间、浸胶方式及含胶量、胶纱烘干温度及时间、缠绕张力、缠绕规律、固化制度、脱模方法及脱模力等。

1）纤维处理

对于玻璃纤维来说，缠绕成形用的玻璃纤维一般都选用 Tex1200、Tex2400 和 Tex4800 缠绕专用纱，这种缠绕用玻璃纤维粗纱都是采用增强型浸润剂，但使用前应进行烘干，除去存放中纤维表面吸附的水分。芳纶纤维的烘干处理时间应更长些。

纤维烘干处理温度视其含水量和纱筒大小而定，一般用的玻璃纤维无捻粗纱是在 60～80 ℃温度下烘干 24 h，用烘干纱缠绕的制品强度比未经烘干纱的强度高 4％。

2）浸胶和含胶量

含胶量对制品的性能影响很大，表现在：影响制品的质量和厚度；含胶量过高能使制品强度降低，气密性提高；含胶量过低会使制品中孔隙率增高，气密性、耐老化性及剪切强度下降。

在浸胶过程中，必须严格控制纤维纱的含胶量，保证整个缠绕过程前后含胶量均匀。缠绕制品的结构层含胶量，一般控制在 17％～25％，而以 20％为最佳。

浸胶过程影响含胶量的因素很多，如胶液黏度、缠绕张力和浸渍时间等。温度对胶液黏度影响很大，因此应在浸胶槽上装设恒温水浴，水浴温度的高低要视树脂种类而定，一般控制在 20～40 ℃范围。

为了保证纤维纱被树脂浸透、含胶量均匀及纱片中尽量不含气泡，胶液的黏度应控制在 0.35～1.0 Pa·s 范围之内。加热或加入稀释剂，都可以达到降低黏度的目的，但同时也会带来一定的副作用，必须选择得当。

3）缠绕张力

缠绕张力是指在缠绕过程中，纤维所受的张紧力。张力大小、各束纤维中的张力均匀性以及各缠绕层之间纤维的张力均匀性，对制品质量影响很大。

缠绕张力的大小，可通过计算确定，根据经验，一般初张力可按纤维强度的 5％～10％选取。张力过小，纤维取向不佳，制品不致密，与内衬黏结不牢，同时还会使制品强度和耐疲劳性能降低；张力过大，纤维在缠绕过程中磨损增大，同样会使制品强度降低。

各纤维束之间的张力均匀性对制品力学性能影响很大，各纤维束受到的张力越不均匀，制品的强度降低越大。因此，在缠绕过程中，要尽量保持纤维束间和纤维束内各股纱的张力均匀。选用无捻或低捻缠绕纤维纱，保持纱片内各纤维平行，是保证纤维张力均匀的有效方法之一。

各纤维层间张力对制品的力学性能亦有影响。如果缠绕张力始终保持一致，则会使制品各缠绕层之间出现内松外紧现象，使内层纤维张力降低，甚至松弛，造成纤维皱褶。固化后，纤维初始应力不均匀状态会大大降低制品强度和疲劳性能。

为了避免出现内松外紧的现象，可以采用逐层纤维张力递减的方法，尽可能使各层纤维在缠绕完成后所受的张力相等。纤维缠绕时的张力递减值可以通过计算确定，根据经验，一般取每层递减 5～10 N。每层递减比较麻烦，可简化为每 2～3 层递减一次。递减值等于逐层递减之和。实践证明，采用缠绕张力递减法制成的容器爆破强度比未采用张力递减法容器高 10％以上。施加张力，对干法缠绕是通过纱团转动的摩擦阻力实现；对于湿法缠绕，则是通过纤维浸胶的张力辊施加，张力辊的直径应大于 50 mm。

4）缠绕速度

纱带缠绕到芯模上的线速度称为缠绕速度，它反映缠绕过程的生产率。缠绕速度由芯模旋转和绕丝嘴运动线速度决定。在湿法缠绕中，缠绕速度受到浸胶时间和设备能力限制，缠绕速度过快，纤维浸胶时间短，不易浸透；缠绕速度慢，则生产率低。在湿法生产过程中，缠绕速度最大不能超过 0.9 m/s。

5）固　化

缠绕成形的固化工艺分加热固化和常温固化两种。不论是采用哪一种固化方法,制品在固化过程中均需缓慢转动,以保证制品受热均匀和防止流胶。缠绕成形聚酯玻璃钢用大型容器(如直径为 2~4 m),建议采用常温固化。酚醛环氧树脂缠绕制品,或大批量生产的制品,则需要选用加热固化,这是因为加热固化能保证产品质量,提高模具周转率和降低成本。

对于厚壁缠绕制品,应采用分层缠绕固化方法。此法是在模具上缠绕一定厚度后,使其固化,冷却至室温,打磨再缠绕第二层,依次循环,直至达到设计厚度。分层缠绕固化的优点是:纤维位置及时得到固定,不致发生皱褶和松散;树脂不易在层间渗透,提高容器内外层质量均匀性。分层固化的缺点是:工艺复杂,能耗较大。

(3) 纤维缠绕工艺的应用

应用于军工和空间技术方面的复合材料缠绕制品,要求精密、可靠、质量轻及经济性好等。纤维缠绕制品在航空、航天及军工方面的应用实例有:固体火箭发动机壳体、固体火箭发动机烧蚀衬套、火箭发射筒、鱼雷仪器舱、飞机机头雷达罩、氧气瓶(机载)、直升机的旋翼、高速分离器转筒、天线杆、点火器、波导管、导弹连接裙及航天飞机的机械臂等。

在这些产品中,最具代表性的是火箭发动机壳体,例如我国的长征火箭发动机壳体,均用纤维缠绕玻璃钢取代合金钢,质量减轻 45%,射程由 1 600 km 增加到 4 000 km,生产周期缩短了 1/3,成本大幅降低,仅为钛合金的 1/10。

在民品方面,纤维缠绕制品的优点主要表现在轻质高强、防腐、耐久、实用、经济等方面,已开发应用的产品有高压气瓶、输水工程防腐管道及配件、各种尺寸和性能的贮罐、电机绑环及护环、风机叶片、跳高运动员用的撑竿、船桅杆、电线杆、储能飞轮、汽车板簧及传动轴、纺织机剑杆、绕丝筒、羽毛球及网球球拍、磁选机筒等。

最具代表性的民用缠绕制品是玻璃钢管、罐。其具有一系列优点,如:耐化学腐蚀;摩擦阻力小,可降低能耗 30% 左右;质量轻,为同口径钢管质量的 1/3~1/5;能生产直径 2~4 m 的大口径管(而球墨铸铁管的最大口径为 1 m);施工安装费用比钢管低 15%~50%;中国生产的直径在 15~20 m,容积在 1 000 m³ 以上的大型立式贮罐,已在工程上得到实际应用,性能良好。图 5.23 所示为若干自动缠绕的复合材料制品。

(4) 纤维缠绕工艺的发展方向

纤维缠绕成形的发展方向是构件尺寸大型化或超大型化、构件款式多样化、成形工艺自动化和数字化、产品性能和质量高精度化及制造低成本化。其中缠绕机是缠绕技术的核心和主体,近年来发展很快,纤维缠绕机的发展方向主要有以下几点。

① 多轴缠绕机得到应用。多轴缠绕机既能提高生产率,又使得缠绕形状更为复杂的产品成为可能,如一种缠绕透平叶片的计算机控制缠绕机有 11 个轴。美国华盛顿州塔科马市建立的复合材料研究开发中心的多轴数控缠绕机可生产长度达 4 m 的缠绕件,可实现多筒纤维缠绕、树脂自动分配、质量自动控制等,该中心正在研发飞轮组件,包括飞轮转子、飞轮外壳等。

② 纤维缠绕机各种工艺参数的控制更加精密准确。例如缠绕过程中纤维的张力是一个重要工艺参数,与制品的强度、疲劳性有着密切的关系,可以通过 CAD/CAM 技术和 CNC 数控形成精密的缠绕张力控制系统。

③ 与工艺复合化发展方向相适应,缠绕机上也增加了一些辅助装置,如铺放头、加热和压辊装置、切断装置等,目前已有许多公司出售热固性和热塑性树脂浸渍纤维铺放机,并已成功用于自行车架、机翼梁、小型船身、锥壳及飞机进气口通道等部件的制造。

(a) 压力容器

(b) 保温管

**图 5.23　自动缠绕的复合材料制品实例**

④ 机器人与缠绕机相结合。将机器人用于纤维缠绕具有自由度多、运动灵活、工艺范围宽等优点，尤其适合缠绕小型复杂构件，包括轴不对称和双凹面部件，如已用机器人成功缠绕了 T 形管、机床主轴、飞机机身等构件。

另外，CAD/CAM 和仿真技术在纤维缠绕工艺和纤维缠绕设备中的应用日益增多，CAD/CAM 技术与传统缠绕工艺的结合，有助于缩短产品设计周期，降低废品率，提高制品的质量，并能提高自动化水平及生产适应性。

⑤ 采用新型固化技术及在线固化监测技术。如红外加热、微波加热、火焰加热、电子束固化等技术可缩短固化周期，减小残余应力，提高复合材料的力学、物理性能，降低成本。

⑥ 热固性树脂缠绕向热塑性树脂缠绕方向发展。热塑性复合材料具有优异的力学性能和耐温性、良好的介电常数和良好的可循环性，尤其是可回收再利用，能满足可持续发展的要求。欧美一些国家已有一些产品用于航空航天和民用，如美国用 CF/PEEK 缠绕制作飞机水平安定面。国外已有杜邦公司、帝国化学公司、巴斯夫公司等多家大公司和科研机构对热塑性树脂缠绕工艺进行了系统的研究和生产实践，并取得不少重要进展。

## 5.3.5　自动铺放技术

在航空领域，先进复合材料以其自身的综合性能获得了广泛应用。近年来，大型复合材料整体组件尺寸及数量在飞机机体结构方面的运用不断增加，在一定程度上是受复合材料自动铺放技术快速发展的影响，例如 B787 复合材料用量达到 50%，其中 80% 为自动铺放。

复合材料自动铺放技术其实质是一种低成本的先进复合材料构件制造技术，其能有效发挥出复合材料本身所具有的组件质量稳定、可设计性好和易整体成形的优点。利用铺放机器采用计算机自动控制技术取代手工铺叠，由机器的压实系统把预浸带(丝)铺放在模具表面，通过达到纤维分布和方向的按需布局,能够给出精确的自动铺放控制参数,这些参数对于产品的性能和质量具有重要影响,并能大幅降低制造成本。

复合材料自动铺放技术包括自动铺带(Automated Tape Laying,ATL)及自动铺丝(Automated Fiber Placement,AFP)等,下面介绍自动铺带和自动铺丝技术的特点及其在大型飞机结构上的应用。

(1) 自动铺带技术

自动铺带技术是 20 世纪 60 年代出现的一种复合材料自动化加工技术,主要针对机翼、壁板构件等大尺寸、中小曲率的部件的制造。自动铺带技术以带有隔离衬纸单向复合材料带为原料,在铺带头中完成预定形状的切割,加热后在压辊的作用下直接铺叠到模具表面。当复合材料带铺放到模具表面上时,由设备将衬纸去除。当铺放完毕后,带放设备可以根据需要从不同的角度切断复合材料带,如图 5.24 所示。

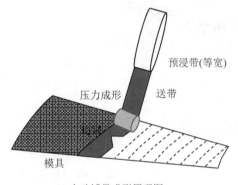
（a）自动铺带成形原理图

（b）自动铺带成形A350XWB飞机蒙皮

图 5.24　自动铺带成形原理及其典型应用

早期的铺带机起源于美国航空制造商,如 Vought 公司。第一台计算机全自动控制(CNC)铺带机由 General Dynamics 和 Conrac 公司合作完成,用于铺放 F‑16 战斗机的复合材料机翼部件。随着在大型运输机、轰炸机和商用飞机上复合材料用量的增加,自动铺带技术应用越来越广泛,铺带机技术日益完备。带有双超声切割刀和缝隙光学探测器的 10 轴铺带机已经成为标准配置,其铺带宽度最大达到 300 mm,生产效率达到 1 000 kg/周,是手工铺叠的数十倍。世人瞩目的 A380 和波音 777 商用机上大量应用复合材料,在很大程度上得益于自动铺带技术的应用。

与缠绕工艺不同,自动铺带工艺中靠压辊提供成形压力,而且采用非连续成形,自动铺带的轨迹规划较缠绕容易得多,不再存在“周期性”、“稳定性”和“不架空性”的约束,铺设方向更加灵活。但由于带纤维方向可变形量很小,为保证铺放过程中带不起皱,铺放轨迹必须沿“自然路径”(natural path)进行,以保证等宽带边缘轨迹的弧长是相等的,从而保证复合材料带自然舒展、不起皱。

(2) 自动铺丝技术

自动铺丝技术是将数根复合材料丝用多轴铺放头(机械手)按照设计要求所确定的铺层材料、方向和厚度在压辊下集为一条丝带(带宽由程序控制)后铺放在芯模表面、压实定型,整个过程由计算机测控、协调系统完成。典型的自动铺丝机如图 5.25(a)所示,该系统包括 7 个运动轴,并通过计算机进行控制。这台机器包括三个定位轴(机架、倾斜、横向)、三个方位轴(偏转、俯仰、摆动)和一个芯模的转轴。与缠绕机类似,铺丝机具有多个可收丝的电子张力器,提供独立的丝束铺放并维持正确的张力。自动铺丝机的核心是铺丝头,如图 5.25(b)所示,铺丝头将缠绕工艺中独立输送纤维纱和自动铺带工艺的压实、切割重启功能结合在一起。在铺放过程中,每根丝从纱筒上抽下来并通过一个传输系统到达铺放头,在铺放头复合材料丝被集束成一根丝带并被铺放到芯模表面。

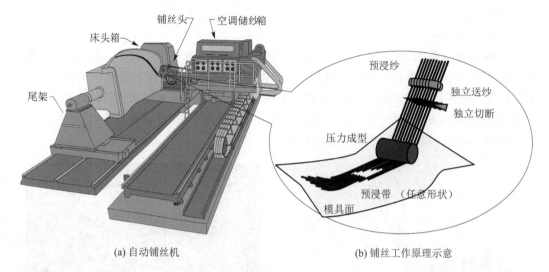

(a) 自动铺丝机

(b) 铺丝工作原理示意

**图 5.25  典型的自动铺丝机及原理**

在铺放过程中,铺丝头可以切断或输送任何一根复合材料丝以改变丝带的宽度。通过调整丝带的宽度可以消除相邻带之间的重叠和漏铺。在每次铺放的最后,多余的丝带将被切断以使丝带宽度与构件的边界相匹配。自动铺丝技术继承了纤维缠绕和自动铺带技术的优点,同时在缠绕技术的基础上添加了切断、再次铺放、压实功能。利用该技术进行加工时,可以根据构件形体表面形状的变化,随时切断丝束,需要时继续输送丝束,因而为加工复杂形体的构件提供可能。与纤维缠绕技术和自动铺带技术相比,自动铺丝技术具有更广泛的应用。

自动铺丝技术有如下优点:

① 采用多组预浸纱,具有增减纱束根数的功能;根据构件形状自动切纱以适应边界,几乎没有废料且不需要隔离纸;可以完成局部加厚/混杂、加筋、铺层递减和开口铺层补强等操作来满足多种设计要求。

② 由于各预浸纱独立输送,不受自动铺带中"Natural path"轨迹限制,铺放轨迹自由度更大,可以实现连续变角度铺放(Fiber steer 技术),适合大曲率复杂构件成形。

③ 对制品的适应性极强,通过铺放压实可以精确控制外形面且表面光洁。

④ 高度自动化,落纱铺层方向准确,可实现复合材料构件敏捷制造,迅速形成批量生产;生产速度快,产品质量稳定性、可靠性高,真正实现"低成本、高性能"。

⑤ 采用 CAD/CAM 及仿真技术,提供了最大的设计空间,可以实现复合材料设计成形一体化和数字化。

⑥ 可以采用机器人绝对坐标定位系统,实现制品在线形位测量、原位重复成形与二次加工,降低产品报废率和辅助材料消耗。

最早开始研制自动铺丝技术的有波音公司、Cincinnati Milacron 公司、Hercules 公司(Alliant Techsystems 的前身)。波音公司的机械工程师 Quentin Wood 提出了"AVSD 铺放头"(Automated Variable Strained Dispensing Head)设想,解决了纤维束压实、切断和重送的问

题。1985 年 Hercules 公司研制出了第一台原理样机;1989 年 Cincinnati Milacron 公司设计出其第一台纤维铺放系统并于 1990 年投入使用;1995 年 Ingersoll 公司研制出第一台铺放机。经过 20 余年的发展,自动铺丝技术装备已经基本成熟,成形设备总自由度达到 7 个,丝束数目最多可达 32 根,既可以用于热固性树脂体系,也可以用于热塑性树脂体系,最大成形构件长达 15 m、最大横向尺寸达 4 m;还可以实现加筋、局部混杂等特殊功能,由计算机程序自动控制。目前,成形设备和技术(如控制与设计软件)已经实现商品化。如图 5.26 所示为自动铺丝成形工艺在航空航天领域的一些典型应用实例。

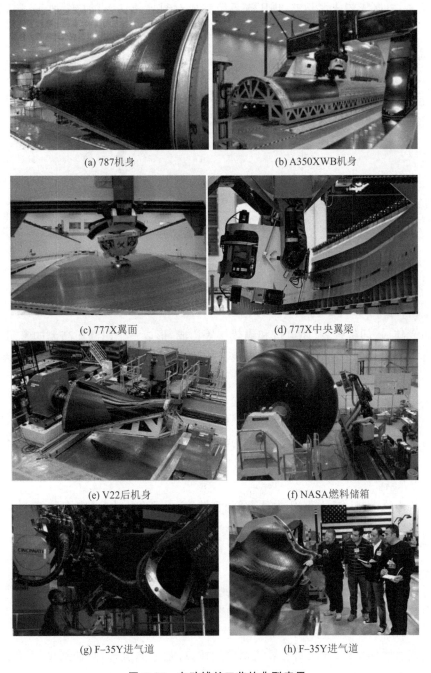

(a) 787机身　　　　　　　　　　(b) A350XWB机身

(c) 777X翼面　　　　　　　　　　(d) 777X中央翼梁

(e) V22后机身　　　　　　　　　　(f) NASA燃料储箱

(g) F-35Y进气道　　　　　　　　　(h) F-35Y进气道

**图 5.26　自动铺丝工艺的典型应用**

# 5.4 热压罐固化工艺

## 5.4.1 热压罐系统

热压罐主要由罐门和罐体、加热系统、鼓风系统、冷却系统、压力系统、真空系统、控制系统、安全系统及其他机械辅助设施等部分构成,其系统构成如图 5.27 所示。在复合材料制品的固化工序中,根据工艺技术要求,热压罐系统完成对制品的真空、加热、加压,达到使制品固化的目的。

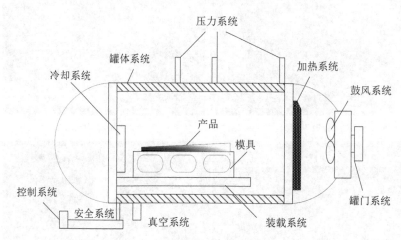

**图 5.27 典型热压罐系统组成**

(1) 罐体和罐门

罐体由壳体、罐门机构、密闭电机和隔热层等构成,形成一个耐高压高温的密闭容器腔体。按最大复合材料构件的大小设计时应考虑模具的尺寸,在最高使用温度下罐体外表温度不高于 60 ℃。

(2) 加热系统

加热系统的主要组件有加热管、热电偶、控制仪、记录仪等。电热管分布在罐体尾部,加热功率满足腔体的最高温度要求和升温速率的要求,可达构件的最高温度,一般罐内各点气体的温度差≤5 ℃,在装入固化模具环境下,升温速率为 0.5~8 ℃/min,可调。

(3) 压力系统

压力系统由压缩机、储气罐、压力调节阀、管路、变送器和压力表、安全阀等组成,用于调控罐体内部的气体压力。采用充气加压,一般采用空气,高温高压罐为惰性气体加压,设有安全防爆盒放气装置。

(4) 真空系统

真空系统由真空泵、管路、真空表和真空阀组成,用于给封装的复合材料预构件提供真空条件。真空管道及接头可以满足复合材料成形工艺要求,可重复使用。

(5) 鼓风系统

鼓风系统由搅拌风机、导风筒和导流罩等组成,可加速热流传导,使罐体内部形成均匀温度场。罐内风速为 1~3 m/s,噪声<60 dB。

（6）冷却系统

包括冷却器、进水及加水截止阀、电磁阀、预冷装置，该系统用于控制固化完成后的复合材料构件降温。采用循环水冷却，冷却速度为 0.5~6 ℃/min。

（7）控制系统

控制系统由温度记录仪、压力记录仪、真空显示仪及记录仪、各种按钮、指示灯、超温报警器、超压报警器、计算机系统等构成。该系统实现对压力、温度的全程高精度与实时记录，具有自动控制系统、显示系统、真空渗漏检查系统，温度、压力报警系统，罐门自锁系统。

（8）装载系统

装载系统由架车、滑轨组成，用于构件的输送。如图 5.28 所示的装载系统配备托架、牵引设备和 AGV(Automated Guided Vehicle)转运系统。

**图 5.28　热压罐装载系统**

目前，国内外知名的复合材料热压罐生产商如表 5.4 所列。

**表 5.4　国内外知名热压罐制造商(部分)**

| 序　号 | 公司名称 | 国　别 | 相关产品 |
|---|---|---|---|
| 1 | 山东鑫正达机械 | 中国 | 热压罐、固化炉等 |
| 2 | 山东中航泰达复合材料 | 中国 | 热压罐、复材生产线等 |
| 3 | 诸城市安泰机械 | 中国 | 热压罐、硫化罐等 |
| 4 | 陕西神鹰 | 中国 | 热压罐、预浸料设备、缠绕机等 |
| 5 | 大连羽生田设备 | 中国 | 实验用热压罐等 |
| 6 | 中航工程集成设备 | 中国 | 热压罐、液压釜、复材生产线等 |
| 7 | 浙江美洲豹特种设备 | 中国 | 热压罐、固化炉等 |
| 8 | 大连樱田机械 | 中国 | 复材热压罐成形设备等 |
| 9 | 泰安强盛设备 | 中国 | 高压釜、硫化罐等 |
| 10 | Terruzzi Fercalx Group | 意大利 | 复材热压罐、硫化罐等 |
| 11 | ASC Process System | 美国 | 热压罐、固化炉、控制系统等 |
| 12 | Didion's Mechanical | 美国 | 热压罐、换热室、真空室等 |

## 5.4.2　热压罐固化工艺参数

热固性树脂的固化过程是分子质量较低的树脂经化学反应交联成为三向网状结构的

过程。

从流变学的角度来看,它是一种松弛过程,即分子的运动单元从整个分子链变为链段,最后冻结的过程。由于这种松弛过程是化学作用引起的,故称为化学松弛。在此过程中,热固性树脂的热性能、电性能及力学性能都产生相应的变化。

从力学性能看,热固性树脂在固化过程中可能会经历四种状态:未凝胶的玻璃态、黏流态、高弹态及收后的玻璃态。相应地可将固化反应分为下列四个阶段。

阶段一:从未凝胶的玻璃态(glass state)到黏流态(viscous state);

阶段二:从黏流态到树脂凝胶点;

阶段三:从凝胶点经高弹态到玻璃态;

阶段四:玻璃态内的固相反应。

在上述四个阶段中,第二和第三两个阶段是决定固化产物性能的主要阶段。其间,会出现两种转变:一种是由黏流态到凝胶点的转变,此时体系开始成为一个支化的巨大网状分子,但未完全交联,根据分子运动理论,这是体系从整个链可以互相滑移到只有链段可以运动的转变。另一种是由高弹态到玻璃态的转变,此时体系已形成体型结构,链段被冻结,交联反应很难继续进行。

研究热固性树脂在固化过程中的结构变化、状态转变及固化过程,可分别用红外光谱法(IR)、差动扫描量热法(DSC)、动态介电分析法(DDA)、动态力学分析法(DMA)来检测。

温度、压力和时间是热固性复合材料成形工艺固化规范的三大要素。热压罐成形工艺固化规范是指固化过程中对构件施加温度、压力、真空度的大小及加压点温度和加压时机的规定,并与时间坐标的关系,以上参数主要取决于树脂的黏温曲线、构件厚度和温度场、辅助材料耐温性及设备能力等,典型热压罐成形工艺的固化规范"$T-P-t$"(温度–压力–时间)见图 5.29。

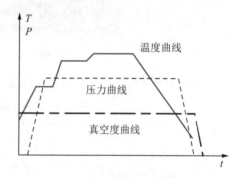

图 5.29　固化工艺"温度–压力–时间"图

固化温度或后处理温度及在固化温度或后处理温度下的保温时间的确定一般是首先分析 DSC 曲线、DMA 曲线、DDA 曲线及 TBA 曲线,进行相应预浸料固化过程的实验,并测定复合材料单向板的基本力学性能;成形过程中固化压力的大小一般主要根据树脂的热失重试验分析、树脂的黏温曲线、成形板件的孔隙率及板件力学性能来确定。

加压时机是热压罐成形工艺的重要参数,直接影响到构件的内部质量及胶接面的胶接质量。加压过早,会使复合材料毛坯中的树脂流失造成贫胶;加压过迟,树脂凝胶过深,树脂流动性太差,所施加的压力无法压实叠层块,叠层块层和层之间无法完全贴合,造成大面积分层,甚至呈疏松状态。无论加压过早或过迟,都严重影响构件的内部质量及胶接质量。因此,选择合适的加压时机十分重要。加压时机包括加压点温度和在此温度下的保温时间。确定加压时机需要考虑的因素是树脂的黏温曲线、预浸料树脂的流动度、凝胶时间,以及复合材料毛坯或胶黏剂的升温速率、热履历和温度场。值得注意的是,随着材料技术的不断发展,现阶段绝大多数预浸料不再对加压时机有所限定,一般均为升温即加压。

除此之外,还应考虑辅助材料的使用温度、设备允许的工作温度、叠层板可能产生的热应力的大小及构件可能产生的变形的程度;热压罐成形工艺的加压过程是压力将毛坯一层一层地逐渐压实,直至最后一层被压实为止,加压的同时毛坯中的挥发分被从层间挤出,压力越大,各层之间越容易压实。因此,固化压力的大小既与树脂流动度有关,也与构件的厚度有关。

对于常用高温固化环氧预浸料而言,其固化压力一般为 0.6 MPa,保温温度为 180±5 ℃,升温速率≤2 ℃/min,以保证构件、模具及构件和模具之间温度场分布的均匀性;降温速率≤3 ℃/min,以减小固化残余应力,抑制固化变形。

## 5.4.3　热压罐固化成形工艺过程

典型的热压罐成形工艺过程如图 5.30 所示。

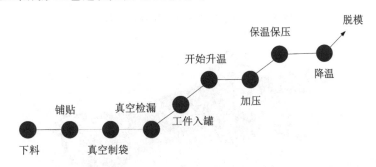

**图 5.30　典型热压罐成形工艺过程**

（1）下　料

可展开成平面或可近似展开成平面的铺层和插层按样板或用自动下料机下料。常用的下料方法有手工下料或自动下料,手工下料灵活,投资少,但效率低,适于单件和少量构件的生产;自动下料精度高,速度快,但投资大,适于工程化批量生产。

自动切裁机由计算机系统、预浸料吸附平台及切割系统组成。其工作原理是:利用复合材料设计制造软件,将复合材料构件铺层生成下料文件进行排版,然后将数据传输给切割系统,进行自动切裁。

传送带方式单片预浸料切裁机(见图 5.31)可在每层标记构件编号,减少物料搬运,构件按切割顺序从表中取出,可以在更少的产品组合下符合更高的产量要求。如为提高效率而套料,则可能需要一个单独的套料站,这意味着额外的劳动成本。如果层是按套件顺序嵌套的,部件可以在拆卸时进行套件,但是材料效率将会下降。

**图 5.31　传送带式单片预浸料切裁机**

对于多层切裁,如多达 20 层预浸料或碳纤编织物,或高达 75 mm 的蜂窝芯材,应选用传送带方式多片预浸料切裁机,如图 5.32 所示。

大量使用预浸料的用户使用自动设备来切割材料,目前绝大多数切裁机均具备了标记功能,用于从 CAD 数据中识别构件的条形码或号码。英国超声波预浸料自动切裁机使用振动刀,可以不切断下表面的膜,减少了层合过程中的铺层时间。图 5.33 所示为深圳市锦德智能高新科技有限公司研发的 7 轴切裁机,备有振动刀、铣刀、V 刀、半刀、笔等。

（2）毛坯件铺贴

铺贴过程要特别注意:

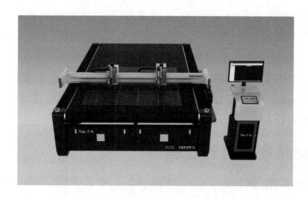

图 5.32　传送带方式多片预浸料切裁机

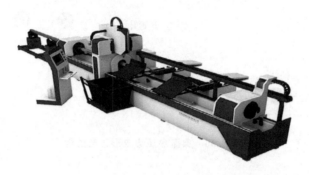

图 5.33　七轴切裁机

① 可展开成平面或近似展开成平面的蒙皮类构件,可在平面铺叠,或在模具上铺叠。不能展开成平面或近似展开成平面的蒙皮类构件只能在模具上铺叠。

② 梁、肋、框、筋条等类构件只能在模具上铺叠。

③ 按铺叠样板或模具定位线铺叠。

④ 每铺一层要用橡胶棒或刮板将预浸料展开刮平,尽量除去层间的空气,必要时可用电吹风或电熨斗辅助铺叠。

⑤ 铺叠时要经常拼接预浸料,必须顺着纤维方向拼接;在拼接处要做到搭接而少重叠,并将各层的拼接缝错开;编织物预浸料只允许搭接,不允许拼接,搭接宽度为 10~15 mm,各层搭接错开。

⑥ 在凹陷区和拐角或有曲率的区域应展平压实;在凹陷处应注意不架桥。

当手工叠层制造复合材料构件时,必须定位纤维织物或预浸料。为了精确定位,通常采用模板或专用的定位工装。对每层的精确定位也是铺层顺序和铺层方向正确的保证。而铺层顺序和铺层方向正确是制造高性能复合材料构件的重要前提之一。

一般复合材料构件其铺层通常从几层到几百层不等,且为了实现局部的增厚或刚度的调整,导致不同铺层的形状和尺寸均会发生改变。为了保证材料定位和外形的准确性,需要借助激光铺层定位系统。

激光铺层定位系统是复合材料产业化中最为先进且成熟的技术之一,能够提高产品的品质和生产效率、节约原材料并降低成本。

激光投影定位系统(见图 5.34)是通过激光数字技术以 1:1 的比例产生并显示构件铺层的三维轮廓、形状和位置的图像,并以激光束的形式投影到铺工装的表面,帮助操作工人准确地在工装表面上放置复合材料预浸料裁片(或蜂窝芯、预构件)等。激光投影定位系统以直观的图示方式显示并引导操作工人进行复合材料预浸料裁片的铺贴操作,它的作用相当于复合材料制造的铺层中使用的铺层样板。激光投影定位系统不但能投影出预浸料裁片的层贴区域,还能投影出该铺层的预浸料方向等信息,代替了传统复合材料制造中使用的铺层样板和在工装表面标记的铺层位置线,特别适合于外形复杂、铺层层数较多且大小不一的复合材料构件的预浸料的铺贴。

(a) 激光铺层投影系统组成　　　　　　　　　(b) 激光投影铺层边界

**图 5.34　激光铺层定位系统**

其余步骤已在前文详细阐述,这里不再赘述。

## 5.4.4　热压罐固化成形技术在航空中的应用

热压罐固化成形仅用一个阴模或阳模,就可得到形状复杂、尺寸较大、高质量的构件。热压罐固化成形技术主要用来制造高端的航空、航天复合材料结构件,如直升机旋翼、飞机机身、机翼、垂直尾翼、方向舵、升降副翼、卫星壳体、导弹头锥和壳体等。

美国雷神公司于 2001 年初获 FAA 适航认证的"首相"1 号(Premier I)飞机的全复合材料机身段的制造过程中,机身段采用了预浸带自动铺放技术,四个工人仅用一周就完成了制造全过程。"首相"1 号飞机是目前最先进的轻型喷气式商务飞机,现在全球订货已超过 400 架。

热压罐固化成形现在仍然被大量用来制造高端航空航天复合材料,但设备投资大,成本较高。为了降低制造成本,提高生产效率,开发了一种新的成形技术,即热压罐的共固化整体成形技术。

共固化是实现复合材料构件整体化成形的一种重要方法。对飞机结构而言,尤其是薄壁件,如承力机身蒙皮、机翼和操纵面蒙皮等,对稳定性的要求很严格。虽然先进复合材料有较高的弹性模量,但是在很多情况下,还需要额外加强。加强的方式无非是选用夹芯结构,或选用具有不同横截面形状的桁条或加强筋直接加强(见图 5.35),而后者就属于一种复合材料整体结构的成形。实际上夹芯结构也是一种典型的整体化成形结构,已有几十年的发展历史,属于复合材料整体成形结构的一个方面。

用热压罐实现这种整体结构的成形称作共固化(co-Curing)或共胶接(co-Bonding)。共固化是将两个或两个以上的预成形件采用同一工艺规范一次固化成形为一个整体构件的工艺方法。这种方法一般要用相同的复合材料预成形件。

**图 5.35　复合材料整体结构**

共固化最大的优点在于,与共胶接或二次胶接相比,不需要装配组件间的协调,只需要一次固化过程就能得到结构整体性好的复合材料构件。

共胶接,也称胶接共固化,是将一个或多个已经固化成形的部件与另一个或多个尚未固化的预成形件通过胶黏剂固化胶接成一个整体构件的工艺方法。

胶接共固化工艺在航空结构制造中应用比较普遍,其主要不足是与共固化相比,固化次数多了一次。

# 5.5 热压罐固化成形模具

## 5.5.1 模具设计需考虑的因素

固化模具是复合材料构件成形的基础,直接影响复合材料构件的成形精度(外形与尺寸)及成形质量(表面质量及内部质量)。在进行热压罐固化用复合材料模具设计时,应综合考虑设计要求、使用要求和成本要求等因素,具体如下:

① 强度与刚度:应按工艺使用要求设计模具的强度、刚度,除真空和正压力外,还应考虑翘曲热变形等,并在使用过程中防止模具超负荷使用;

② 成形面:其表面光洁度和硬度应满足成形、脱模要求,设计有定位标记和刻线,并在使用中需保护模具成形面表面状态和刻线标记;

③ 配合与定位:对于组合模具,应设计装配定位机构,并保证组装精度满足制品精度要求;

④ 温度场:模具应设计得使其满足热压罐温度场要求,使空气流通顺畅,耐温性足够且热容量小;

⑤ 脱模:模具设计时应考虑制品能够顺利脱模,必要时应设计有辅助脱模机构;

⑥ 随炉件:在需要时,应在模具设计的同时考虑随炉试件的成形;

⑦ 容差分配:模具设计过程中,应根据产品的公差要求和成形收缩率、模具材料热膨胀系数进行容差分配;

⑧ 维护与保养:除了功能设计外,还应考虑模具维护保养的操作性;

⑨ 成本:热压罐成形复合材料构件模具应具备尽可能低的成本(包括材料成本、加工成本与维护成本)。

因此,理想的复合材料构件成形模具应具有如下优点:刚性好;质量轻;导热快;热容低;热膨胀系数小;使用寿命长;制造容易;使用和修理方便;造价低廉等。

## 5.5.2 模具材料

目前复合材料成形模具主要有金属模具和非金属模具两种。具体包括:

(1)铝制模具

铝合金是复合材料构件固化模具用得最早、最多的材料。它有良好的导热性,成形和加工工艺性也很好,比钢轻,具有一定的使用寿命。但是,铝的热胀系数大,因此其使用受到了一定的限制,普遍用于尺寸精度要求不高和无协调尺寸要求的平板构件或单曲度构件。

(2)钢制模具

钢作为固化模具的材料应用比较普遍,与铝合金相比,它的导热性差、比重大、造价高。但是钢的热胀系数比铝合金小,使用寿命长,因此常常用作细长模具的材料,以及一些对尺寸精度要求较高的材料。

（3）Invar 钢制模具

Invar 钢也叫不胀钢，其平均膨胀系数一般为 $1.5 \times 10^{-6}$ ℃，具有膨胀系数小、塑性和韧性好等突出优点，特别适合于对制造精度有严格要求的复合材料构件精准成形。但 Invar 钢有成本高、可焊接性差等缺点。Invar 钢的密度约为 $8.1\ \mathrm{g/cm^3}$，是铝合金密度（$2.7\ \mathrm{g/cm^3}$）的 3 倍，高密度 Invar 钢模具自重挠度大且热效率低，增加了构件制造成本。对于大型类回转体构件如整体机身、进气道等，过重的 Invar 钢模具极大地增大了自动化设备承载能力要求，此外更大的转动惯量也将增大其定位偏差。

图 5.36 所示是复合材料构件在三种典型金属模具上固化成形后的变形情况。铝、钢模具成形的构件变形要显著高于 Invar 钢，与 Invar 钢模具相比，构件在普通钢模具上产生的变形要高 21%，对于高精度的复合材料构件，采用铝、钢材料制造的模具难以满足要求。

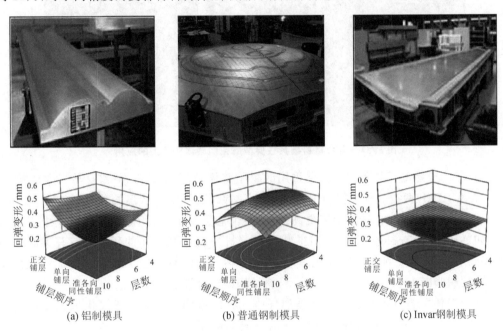

图 5.36　模具材料对复合材料构件变形的影响

（4）先进非金属材料制模具

随着高精度复合材料航空件大型化、整体化发展趋势，为满足构件成形要求，降低大型模具质量及成本，采用轻质非金属新材料如碳泡沫、形状记忆聚合物（Shape memory polymer，SMP）和纤维增强树脂基复合材料等来替代高密度 Invar 钢模具，成为新的研究热点与发展趋势。碳泡沫主要通过碳化、发泡工艺成形，根据是否形成晶体，又分为碳基碳泡沫和石墨碳泡沫。碳泡沫密度低，耐温性好、尺寸稳定性高，是理想的模具材料。然而，由于碳泡沫具有多孔疏松结构，模具气密性差，力学性能弱，难以直接用于模具制造。SMP 是一种自身形状能随外界刺激（如温度、光、电）变化而变化的一种智能材料，可在低温下保持临时形状，在高温时恢复材料特性，非常适用于复杂类回转体模具制造。但是 SMP 模具耐温能力和力学性能不太明确，目前还处于实验室探索阶段，应用有限。

先进树脂基复合材料模具与构件材料具备相同的热膨胀系数（Coefficient of Thermal Expansion，CTE），且只有同体积 Invar 钢模具质量的 25% 左右，在大型模具方面具备极大的应用潜力。由于不同纤维体积分数及不同铺层取向的层合板 CTE 不同，复合材料模具可以针对不同方向的 CTE 进行设计，以满足构件特殊铺层设计引起的 CTE 各向异性要求。此外，复合材料导热能力虽弱于金属材料，但是其热容小，减少了模具消耗的能量，升温速率和温度均匀性更优异。

不同于一般复合材料结构，复合材料模具的精度和结构稳定性要求更高，但是早期复合材料模具由于材料工艺薄弱，制造水平较低，成本过高等因素，大大限制了其发展。目前，随着低温固化、高温使用模具预浸料的开发应用，复合材料模具受到越来越广泛的关注，尤其是在国外获得了较多的应用，如图 5.37 所示。

**图 5.37　复合材料模具在典型航空回转体构件上的应用**

目前，较为成熟的模具预浸料主要采用的树脂基体是环氧（Epoxy）和双马来酰亚胺（Bis-malei－mide,BMI）两类。环氧树脂强度高、收缩率低，适用于中低温固化构件。而双马树脂由于内部含有苯环，玻璃化转变温度更高，材料热性能更稳定，因此被广泛应用于中高温固化工艺。如赫氏 Hex Tool® M81 和 M61 模具预浸料分别采用 38% 的环氧和双马树脂作为基体，并用于 120~150 ℃ 和 180 ℃ 固化工艺。然而，树脂基体不但会引起固化收缩，而且固化后高度交联的树脂断裂韧性弱，降低了复合材料结构的综合性能。

模具预浸料中的增强纤维主要是玻璃纤维和碳纤维两类。热压罐固化工艺模具主要在70~200 ℃、0.1~1 MPa 环境下用于保证构件成形精度和稳定性。玻璃模具预浸料原料易得、价格便宜，是最早应用于制造模具的复合材料。但是玻璃纤维力学性能较差，与基体结合能力弱，容易发生界面破坏，影响模具气密性。与玻璃纤维相比，玻璃纤维不仅具有更好的层间结合力，而且导热速率更高，可显著缩短构件固化成形时间。此外，碳纤维材料性能（如比模量、热膨胀系数 CTE 等）都优于玻璃纤维，使得碳纤维模具更能满足目前先进复合材料构件制造需求。

模具预浸料按内部纤维连续性分为短切纤维毡和连续纤维织物两种形式，如图 5.38 所示。短切纤维毡内部纤维随机排列，CTE、导热系数及刚度、强度等材料特性表现出面内宏观各向同性。单独使用短切纤维毡制造模具，虽然难以发挥复合材料模具 CTE 可设计的优势，但是由于其表现出的宏观均质性，使得这类模具在固化后，机械加工性能好，模具表面精度高。连续纤维织物有平纹、斜纹、缎纹和无褶皱布等多种形式，模具预浸料主要采用可铺敷性优异的斜纹及缎纹织物，尤其是斜纹织物兼顾铺敷性和成本优势，被广泛应用于制造具有复杂外形的模具结构。采用连续纤维预浸料制造的复合材料模具虽然力学性能更好，但是加工余量小，对变形部位的过量加工会切断纤维，破坏长纤维连续性，进而削弱模具整体刚度。目前对于该问题有两种解决方法:一种是表面采用机加性能好的短切毡作为牺牲层,内部铺敷力学性能优异的连续织物来增强结构强度;另一种是在模具工作面铺敷高树脂体积分数预浸料,增加固化后模具表面树脂层厚度,表面富树脂既保证了光洁度,又增加了机械加工余量。

(a) 短切纤维毡　　　　　　　　　(b) 连续纤维织物

**图 5.38　两种典型模具用预浸料材料形式**

尽管复合材料模具在航空航天领域获得了广泛研究和应用,但目前还存在以下几个缺点:

① 模具制造成本高:由于模具的制造特点,相比于金属模具,复合材料模具在制造过程中需要母模,增加了模具制造成本。

② 使用温度限制:采用复合材料模具进行固化时,若构件固化峰值温度超过树脂基体玻璃化转变温度,基体软化会导致模具失去基本力学性能。

③ 模具使用寿命短:复合材料模具在多次固化热循环后,树脂基体内部微裂纹快速扩展、连通,形成内部漏气通路,导致模具气密性下降。此外,高温服役环境产生的热应力极易导致模具出现层间分层,降低模具力学性能。

表 5.5 总结了固化模具用传统材料、金属材料、先进非金属材料关键特性。综合考虑材料 CTE、性能及密度,模具材料已逐步从传统石膏、金属板材转变到高性能、轻质先进非金属材料。其中,模具 CTE 大小作为决定构件精度的关键参数,是选择模具材料主要考虑的因素。

**表 5.5　不同模具用材料关键特性**

| 材　　料 | 热膨胀系数 CTE/$10^{-6}$℃$^{-1}$ | 使用温度/℃ | 密度/g·cm$^{-3}$ | 模量/GPa |
|---|---|---|---|---|
| 石膏 | — | <80 | 2.3 | 0.5~1 |
| 木材 | 30 | <80 | 1.4 | 1.42 |
| 铝 | 24 | <220 | 2.7 | 70 |
| 钢 | 12 | <220 | 7.85 | 210 |
| Invar 钢 | 1.1 | >25 | 8.1 | 150 |
| 碳纤维-环氧 | 6.5 | <160 | 1.57 | 60 |
| 碳纤维-双马 | 3.8 | <220 | 1.55 | 60 |
| 石墨 | 2.5 | >25 | 1.3~2.0 | 8~15 |
| 碳-泡沫 | 4.5 | >25 | 0.56 | 3.5 |

（5）组合材料制模具

为克服上述单一材料制造模具所面临的精度、效率、寿命及成本难题，由两种或多种材料构成的组合式模具逐步应用于成形复合材料构件。根据模具实际要求不同，材料组合式模具形式多样。图5.39(a)为 Remmele Engineering 公司开发的 Invalite™ 模具专利技术，采用复合材料支撑结构与 Invar 钢面板组合的模具结构，能够有效实现模具减重、提高表面耐磨性；图5.39（b）是 Ascent Aerospace 公司开发的 HyVarC™ 模具，采用 Invar 钢支撑结构和复合材料模具型面组合，能够满足具有特殊 CTE 的铺层设计要求，比 Invar 钢模具减重50%。此外，通过气相沉积技术在复材模具表面涂覆镍薄层，能够提高模具表面温度场均匀性并避免形成漏气通路，如图5.40（c）所示；图5.40（d）展示的复合材料和碳泡沫的组合模具，避免了碳泡沫疏松结构导致的气密性问题，进一步减轻模具质量。综上所述，几种材料的组合能够互相弥补单一材料的缺陷，可更好地适应复合材料成形模具需求，是未来固化模具的发展方向之一。

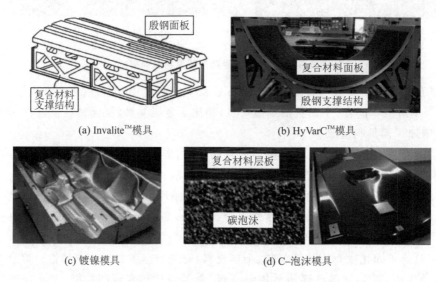

（a）Invalite™模具        （b）HyVarC™模具

（c）镀镍模具        （d）C-泡沫模具

**图5.39　典型材料组合式模具结构**

## 5.5.3　模具类型

热压罐-真空袋工艺主要采用单面成形模具，按模具成形面形式分为阴模和阳模；按模具结构形式则可分为框架式模具和类回转体式模具。

（1）阴模与阳模

作为模具主要结构形式，阴模或阳模（见图5.40）成形各自具有不同的特点。

1）阴　模

阴模的工作面为外表面，其优点是适用于常规形状复材构件成形；缺点是成本高，铺贴难度大，生产效率低。

2）阳　模

阳模的工作面为内表面，其优点为铺贴难度低，生产效率高；缺点是外表面质量差，回弹变形大。

对于内表面为工作面的构件，主要采用阳模模具；而对于外表面作为工作面的构件，多采用阴模模具。对于长桁和帽型梁这类具有尖锐过渡角的构件，阳模模具拐角处容易贫胶，而阴

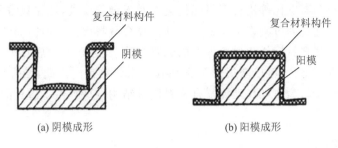

(a) 阴模成形　　　　　　　(b) 阳模成形

**图 5.40　阴模和阳模成形示意图**

模在拐角处易形成富树脂区,如图 5.41 所示。然而,阴模能够抑制曲率件回弹变形,提高构件成形精度。对于尺寸精度要求高的构件,更适合阴模成形。

（2）框架式模具

采用栅格结构和模具型面组合而成的框架式模具主要用于成形壁板、整流罩等开敞构件,如图 5.42（a）所示。其中栅格结构又叫"Eggcrate",是增强模具刚强度、提高热效率和温度场均匀性的重要部分。

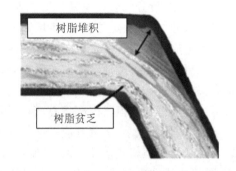

**图 5.41　不同模具形式在拐角处的制造缺陷**

（3）类回转体式模具

类回转体式模具一般为壁板加筋的封闭腔体或分块实体芯模结构,多用于缠绕或自动铺放工艺的一体化阳模成形构件,如筒段机身和 S 形进气道模具等,如图 5.42(b)所示。有关复合材料类回转体结构的研究相对较少,且大多局限于筒体和锥体这类规则回转体结构。目前对于复合材料类回转体式模具结构设计主要问题集中于如何实现轻量化和功能性目标的结构均衡设计。

(a) 框架式模具　　　　　　　　　　(b) 类回转体式模具

**图 5.42　不同模具类型示意图**

为便于回转体构件脱模,通常解决措施是在模具上设置 2°～5°的拔模角,如复合材料飞机尾椎、火箭筒体等。然而对于复杂异形回转体构件,仅仅采用单一拔模角设计难以满足构件脱模要求,如图 5.42（b）所示的分块 S 形进气道模具,需要采用分块装配芯模结构。然而类回转体式模具仅靠壁厚和加强筋保证刚度,壁板分块进一步削弱了模具刚度。为满足刚度要求,需要增大模具尺寸,如增加壁厚、加强筋数量和截面尺寸等,造成模具质量增加。因此,满足脱模功能性和轻量化要求的结构均衡设计是目前复杂类回转体式模具面临的关键问题。

为满足精度、质量、温度场及热效率等要求,无论框架模具还是类回转体式模具都需要对壁板厚度、筋条数量和高宽比等进行多目标优化。对于金属模具,往往只需要考虑结构参数的优化,通过单级(层)优化即可实现结构最优设计。复合材料模具不但需要考虑结构设计因素,还需兼顾制造工艺,其多目标优化过程考虑的因素更多。多级(层)优化技术针对不同层级参数,通过分级(层)嵌套优化,可以获得所需的 Pareto 最优结果。因此,结合结构参数和工艺参数的多级嵌套优化技术,为实现高性能复合材料模具结构设计提供了潜在的解决途径,值得后续开展相关研究。

## 5.5.4 模具制造

如前所述,所有的固化模具其工作表面应光滑、平整、致密、无龟裂和渗漏,模具上应标有构件轮廓尺寸、叠层块定位基准、各层铺叠区间、纤维取向、测温点位置、蜂窝夹芯位置。在非工作表面上应合理布置一定数量的真空接头和随炉件安放的位置,模具厚度应均匀,构件各部分在热压罐中应尽可能使其处于迎风方向,尽量避免存在热风吹不到的死角。模具应有吊装机构和安放基准。

薄加筋板框架式模具内部空心,因而热容量小,热空气可以在模板内外表面畅通流动,温度易于均匀,且自重小,运输方便。这种结构常用于热压罐成形和真空袋、压力袋成形。

对于金属制框架式模具来说,其制造过程主要包括底部结构组装、底座焊接、模板和型面焊接、外形轮廓和表面特征加工、手工修正及装配、模具终检等流程,如图 5.43 所示。

**图 5.43 金属制复合材料成形模具制造流程**

目前,对于复合材料制模具来说,主要有两种成形工艺,即树脂板材机加成形和预制体固化成形工艺。前者通过对已固化短切纤维毡或热塑性树脂板材进行铣削加工来保证模具型面精度,对于大尺寸模具,需要进行多块板材胶接,然而胶黏会降低模具整体刚强度,对于胶合部位易发生胶层损坏、脱黏等情况。此外,由于胶接部位在高温下性能不稳定,机加模具多用于常温/低温下辅助成形工装。由预浸料固化成形的模具避免了胶接导致的性能下降,模具结构力学和热性能优异,因而大部分复合材料模具都是采用预制体固化成形工艺。热压罐模具的制造流程可以分为预制体铺放、加热固化和机械修补三步。

首先在母模上铺贴模具预浸料形成预制体,然后在热压罐内进行固化成形,最后机加切边。由于复合材料结构加工余量极少,难以通过机械加工来去除变形,因此对其精度要求极高。而在复合材料模具制造过程中,铺贴和固化工艺是影响模具精度的重要因素。目前,复合材料模具广泛采用织物预浸料手工铺贴,原因在于自动铺放工艺虽然效率和工艺稳定性高,但是主要采用单向带预浸料,模具结构复杂、铺贴困难,导致诸如铺放间隙、压实不均等各类缺陷大量存在,难以保证模具工艺要求。织物预浸料具有良好的铺敷性,可以适应复杂曲面铺贴要求。此外,采用机器人进行织物预浸料的自动铺放,可以显著提高生产效率,同时避免人为不确定因素的干扰,是未来替代人工铺贴的重要研究方向。

## 5.6　固化变形与成形精度预测

国内在复合材料结构热压罐成形工艺方面,还落后于发达工业国家,对复合材料构件变形的控制主要通过反复试模和经验积累,缺乏系统性认识,目前还不能依赖仿真技术进行有效预测。建立一套基于仿真计算的复合材料固化过程和变形预测方法,对弥补我国航空复合材料构件制造的关键环节的缺失,并推进国内复合材料结构虚拟制造的发展,全面掌握热压罐成形复合材料结构的技术,充分提高我国先进复合材料结构的制造能力,具有重要意义。

将仿真模拟技术与复合材料结构工艺验证试验相结合,着重研究复合材料结构在热压罐工艺过程中的温度分布和固化变形问题。通过对热压罐内的流场进行研究,建立空气流动-对流传热-固化放热之间的耦合关系模型,建立复合材料内部温度、固化度的预测方法;同时,结合影响复合材料变形的诸多因素,建立构件固化变形仿真方法。在积累了大量的虚拟仿真实验数据之后,则可利用仿真方法,建立热压罐工艺的知识库和数据系统,从而指导热分布测试、构件摆放、工装设计及诸多热压罐工艺参数的优化,这是改进大型复合材料结构件制造水平的必然选择。

### 5.6.1　温度场仿真

虽然热压罐工艺存在诸多优势,如加热均匀、高压能够保证构件的致密性等,但热压罐工艺在使用过程中仍面临如下问题:

首先,与其他成形工艺相比,热压罐系统庞大,结构复杂,属于压力容器,投资建造一套大型热压罐的费用很高;由于每次固化都需要制备真空密封系统,将耗费大量昂贵的辅助材料,同时成形中要消耗大量能源。对于工艺未定型或者在研发阶段的构件制造,往往需要进行大量的前期研究和经验积累,在此过程中如果使用实验方法进行,必然浪费大量的人力物力。

其次,热压罐作为一种压力容器,是一个完全密闭的环境,一般只能使用热电偶对罐内特殊点及工装、构件上事先布置的位置进行温度检测,难以对其他物理量或者构件的固化状态进行实时监测。对于尺寸较大的构件,由于构件本身尺寸和工装导热的原因,构件内部往往会形成较大的温差,为了使构件内所有区域温度均满足工艺规范要求,需要进行热分布测试来确定领先和滞后热电偶的布放位置。进行热分布测试时,有时需要进行多次试验,不仅浪费,也难以确定满足工艺规范的热分布结果。

根据这一现状,完全依赖热分布测试方法进行热压罐工艺参数确定的成本太高,对工艺研发和构件质量精确控制也带来不利影响,因此采用仿真方法对热压罐内部的流场、温度分布、构件的固化过程进行模拟,以减少试验次数、降低成本和缩短研发周期,是复合材料结构现代化生产的必然趋势。目前在气体流动(流场)、热传递(温度场)方面的数值模拟已经比较成熟,因此可以实现对热压罐环境、内部工装及复合材料构件的流场和温度场的模拟。

热压罐成形工艺的传热规律,是建立复合材料构件温度场模拟模型和变形预测模型的基础。当前关于复合材料构件热压罐成形过程温度场分布模拟的研究,大部分都是将固化温度作为载荷直接加载到复合材料构件表面,仅针对复合材料构件本身的热传导进行分析。然而在实际的热压罐成形过程中,由于热压罐、模具、真空袋等辅助成形装置的影响和相互作用,复合材料构件上表面、下表面和侧表面的传热情况是不一致的,其内部传热系统如图 5.44 所示。

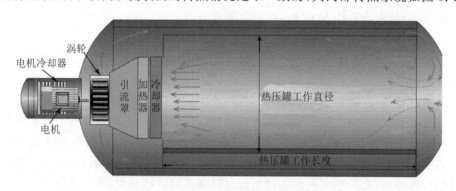

图 5.44　热压罐成形装置结构及热压罐工艺传热过程

针对热压罐成形工艺特点,可将热压罐内的区域分为三类:流体区域(罐内气体)、无放热源的固体区域(辅助材料、模具)、有放热源的固体区域(复合材料)。此处仿真采用了精化模拟,即在分析大型框架式模具在热压罐成形工艺过程中的温度和热变形响应时,综合考虑流体、复合材料、辅料、模具之间耦合作用和复合材料固化放热等影响因素,采用流固耦合的方法来实现大型框架式模具温度和热变形响应的预报。因此,在模拟热压罐成形工艺过程中需要对有放热源固体区域和无放热源固体区域加以区别对待。

由于模具在罐内的升温方式是通过强制对流换热实现,则与之相关的流体区域的流动状态在模拟过程中也必须加以考虑。流体的流动通常分为层流和湍流两种状态。根据热压罐的工作空间,应将罐内的流体当作管内流动的流体加以判断。管内判断层流还是湍流,通常以雷诺数 $Re$ 的值作为判断标准:当 $Re \leqslant 2\,300$ 时,管流一定为层流;当 $8\,000 < Re < 12\,000$ 时,管流一定为湍流;当 $2\,300 < Re < 8\,000$ 时,流动处于层流与湍流的过渡区。雷诺数是判别黏性流体流动状态的无因次数(即量纲为 1)群,其表达式为

$$Re = Lu\rho/\mu \tag{5.1}$$

式中,$L$——流场几何特征尺寸;$u$——流体流动速度;$\rho$——流体密度;$\mu$——流体黏度。

(1)热传导方程

复合材料构件热压罐成形温度分布是一个含非线性内热源的复杂传热问题。将树脂基固化放热作为内热源,结合 Fourier 导热定律和能量守恒定律,建立复合材料构件三维瞬态热传导控制方程为:

$$\frac{\partial}{\partial x}\left[k_x\,\frac{\partial T}{\partial x}\right] + \frac{\partial}{\partial y}\left[k_y\,\frac{\partial T}{\partial y}\right] + \frac{\partial}{\partial z}\left[k_z\,\frac{\partial T}{\partial z}\right] + \dot{Q} = \rho C\,\frac{\partial T}{\partial t} \tag{5.2}$$

式中,$k_x$、$k_y$、$k_z$ 分别为全坐标系下 $x$、$y$、$z$ 三方向上的导热系数,$\dot{Q}$ 为固化反应过程中放热速

率，$\rho$ 为复合材料密度，$C$ 为复合材料比热容，$T$ 为某时刻下的瞬态温度，$t$ 为固化所用时间。

（2）固化动力学方程

固化动力学方程用于描述树脂反应速率与固化度之间的关系，

$$\frac{\mathrm{d}\alpha}{\mathrm{d}t}=f(T,\alpha)=K(T)w(\alpha) \tag{5.3}$$

式中，$f(T,\alpha)$ 为固化度函数表达式，主要影响因素为温度和固化度；$K(T)$ 代表树脂固化反应常数，一般是以温度 $T$ 为变量的函数；$w(\alpha)$ 为树脂固化反应的机理函数，可通过差示扫描量热（DSC）试验确定。

利用上述方程，结合能量守恒定律，配合相应的离散方法和模型处理，即可以对热压罐内的流场进行模拟计算，计算完成后可以使用专用的后处理软件对结果进行显示和输出，如图 5.45 所示。目前市面上有多款通用的流场模拟和仿真软件，利用这些软件能够建立热压罐模型和结果输出，例如 fluent、CFX 及法国 ESI 公司专门为复合材料成形开发的流体模拟软件 CFD-ACE+ 等。

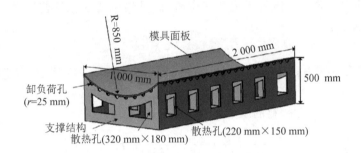

(a) 工装数模

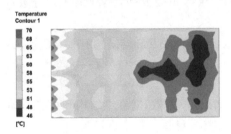

(b) 型面温度分布仿真结果（加热30分钟）

**图 5.45　典型复合材料工装型面热压罐固化温度仿真**

## 5.6.2　固化变形预测

固化变形预测是指导材料结构设计、模具设计、工艺设计等环节的重要基础。一般情况下，按照顺序继承耦合分析原则，采用热化学分析模块与热力分析模块相结合的方法对固化全过程进行模拟。首先，根据树脂放热与热压罐加热规律，结合树脂的流动等，分析固化工艺历程温度场和固化度场；然后，根据继承的温度场和固化度场，进行热力模拟计算。热力模拟时采用两步法进行：第一步结合固化本构方程，计算得到残余应力；第二步模拟构件脱模后的回弹变形量，脱模瞬间释放构件内残余应变和残余应力引起构件变形。顺序继承耦合法相对于直接耦合法不仅可以大大降低计算难度，还可以保证计算精度。

5.6.1 小节中已经对热传导、固化动力学模型进行了简单的阐述,本小节重点解决树脂流动-压实模型及固化变形数学模型。

(1) 树脂流动-压实模型

通常情况下,可以将预浸料纤维床视为一种弹性多孔介质,假设纤维不可压缩和伸展,树脂可以在纤维之间的空隙中流动且处于饱和状态,纤维质量在固化过程中不发生变化。图 5.46 所示为热压罐工艺过程中树脂流动和压实现象示意图。

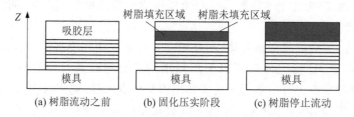

**图 5.46　热压罐工艺过程中树脂流动-压实现象示意图**

当多孔介质中的单相流体处于饱和状态时,假设热压罐固化工艺压力为常量,则总应力 $\sigma_{ij}$ 可分解成两部分:

$$\sigma_{ij} = \sigma_{ij}^f - \delta_{ij} P_r \tag{5.4}$$

式中,$\sigma_{ij}^f$ 为纤维有效应力;$\delta_{ij}$ 为克罗内克函数(当 $i=j$ 时,$\delta_{ij}=1$;当 $i \neq j$ 时,$\delta_{ij}=0$);$P_r$ 是树脂压力。

根据 Dracy 定律,复合材料的压实方程表示为

$$\frac{K_{xx}}{V_f} \cdot \frac{\partial^2 P_r}{\partial x^2} + \frac{K_{yy}}{V_f} \cdot \frac{\partial^2 P_r}{\partial y^2} + \frac{1}{V_0^2} \cdot \frac{\partial}{\partial z}\left(V_f K_{zz} \frac{\partial P_r}{\partial z}\right) = u \frac{\partial}{\partial t}\left(\frac{1-V_f}{V_f}\right) \tag{5.5}$$

式中,$V_0$ 表示载荷为零时的纤维体积分数;$V_f$ 是纤维体积分数;$\mu$ 是树脂黏度;$K_{ij}$ 为复合材料渗透率。

渗透率与纤维体积分数、纤维直径及纤维结构有关,经验公式为:

$$K_{ij} = \frac{r_f^2}{4K_0} \cdot \frac{(1-V_f)^3}{V_f^2} \tag{5.6}$$

式中,$r_f$ 为纤维半径;$K_0$ 是 Kozeny 常数,随纤维结构和树脂流动方向而变化。

根据 Kozeny - Garman 理论,材料孔隙率表示为

$$e = \frac{V - V_f}{V_f} = \frac{1}{V_f} - 1 \tag{5.7}$$

式中,$V$ 和 $V_f$ 分别为复合材料总体积和纤维所占体积。

树脂的黏度与树脂固化温度和固化度有关,可以通过一些经验公式计算得到。

(2) 固化变形模型

现阶段用于描述固化变形的模型主要有线弹性本构模型、黏弹性本构模型和 Path - Dependent 本构方程三种。

1) 线弹性本构模型

线弹性本构方程表达为

$$\{\sigma\} = [E](\{\varepsilon_{tot}\} - \{\varepsilon_{tc}\}) + \{\sigma_0\} \tag{5.8}$$

式中,$\varepsilon_{tot}$ 和 $\varepsilon_{tc}$ 分别为复合材料的总应变和热-化学应变,热-化学应变由下式确定:

$$\{\varepsilon_{tc}\} = \{\varepsilon_{th}\} + \{\varepsilon_{ch}\} \tag{5.9}$$

式中，$\sigma$ 和 $\sigma_0$ 分别为内应力和初始应力；$E$ 为弹性模量；$\varepsilon_{th}$ 和 $\varepsilon_{ch}$ 分别为热应变和化学收缩应变。热–化学应变由热应变和化学收缩应变叠加而成。

复合材料的热应变为

$$\{\varepsilon_{tc}\} = \{\varepsilon_{th}\} + \{\varepsilon_{ch}\} \tag{5.10}$$

$$\varepsilon_{th} = \phi_i \Delta T, (i=1,2,3) \tag{5.11}$$

式中，$\phi_i$ 为复合材料三个主轴方向的等效热膨胀系数，根据细观力学理论，其计算表达式分别为

$$\phi_1 = \frac{V_f \phi_1^f E_1^f + V_m \phi_m E_1^m}{V_f E_1^f + V_m E_1^m} \tag{5.12}$$

$$\phi_2 = \phi_3 = V_f(\phi_2^f + v_{12}^f \phi_1^f) + V_m(1+v_m)\phi_m - (v_{12}^f V_f + v_m V_m)\frac{\phi_1^f E_1^f V_f + \phi_1^m E_1^m V_m}{E_1^f V_f + E_1^m V_m} \tag{5.13}$$

其中，$\phi_1^f$ 和 $\phi_2^f$ 分别为纤维平行于和垂直于纤维方向的热膨胀系数；$E_1^f$ 为纤维平行于纤维方向的弹性模量；$E_1^m$ 为树脂的弹性模量；$v_m$ 和 $v_{12}^f$ 分别为树脂和纤维 12 平面的泊松比；$V_f$ 和 $V_m$ 分别为纤维和树脂的体积分数。

纤维在固化过程中不发生化学反应，因此不产生化学应变。树脂是各向同性材料，在三个主轴方向的化学收缩应变相等，表示为

$$\varepsilon_{ch} = \varepsilon_{ch}^m = \sqrt[3]{1+\Delta v} - 1 \tag{5.14}$$

式中，$\Delta v$ 是树脂的体积变化率，与固化度和完全固化后总的体积变化率 $v_{sh}$ 相关，即：

$$\Delta v = \Delta \alpha \cdot v_{sh} \tag{5.15}$$

树脂的弹性模量可以表示为

$$E_m = \left(1 - \frac{\alpha - \alpha_{gel}}{1-\alpha_{gel}}\right)E_m^0 + \frac{\alpha - \alpha_{gel}}{1-\alpha_{gel}}E_m^\infty \tag{5.16}$$

式中，$E_m^0$ 和 $E_m^\infty$ 分别为树脂固化前和固化完成时的弹性模量；$\alpha_{gel}$ 为树脂凝胶点处的固化度。

本构方程主要作用于热–力分析中，根据本构方程分析固化过程的应力、应变和变形情况。

2）黏弹性本构模型

假设复合材料为热流变简单材料（Thermorheological Simple Materials，TSMs），则其各向异性材料的黏弹性本构方程的增量形式为

$$\Delta \sigma_i^{t+\Delta t} = Q_{ij}\Delta \varepsilon_j^{t+\Delta t} + \Delta \sigma_i^r \tag{5.17}$$

式中，$Q_{ij}$ 是复合材料的松弛刚度，利用广义 Maxwell 模型结合 Prony 级数表示为

$$Q_{ij}(\xi) = Q_{ij}^\infty + (Q_{ij}^0 - Q_{ij}^\infty)W_m \exp\left(-\frac{\xi}{\tau_m}\right) \tag{5.18}$$

式中，$W_m$ 为第 $m$ 个 Maxwell 单元的权重因子；$\tau_m$ 为第 $m$ 个 Maxwell 单元的松弛时间；$Q_{ij}^\infty$ 和 $Q_{ij}^0$ 分别为平衡刚度和初始刚度；$\xi$ 为缩减时间。$\Delta \sigma_i^r$ 表示为

$$\Delta \sigma_i^r = \sum_m^N S_{i,m}^t \left[\exp\left(-\frac{\Delta \xi^{t+\Delta t}}{\tau_m}\right) - 1\right] \tag{5.19}$$

式中，$S_{i,m}^t$ 为历史状态变量，初始值等于零。

3）Path – Dependent 本构方程

Path – Dependent 本构方程中树脂和复合材料在橡胶态和玻璃态的材料性能如模量、热膨胀系数等均为常数，在温度达到玻璃态转变温度 $T_g$ 时材料性能发生阶跃变化，如图 5.47 所示。

树脂的弹性模量在 Path – dependent 模型中的变化：

$$E_{r} = \begin{cases} E_{r}^{\infty} & T \geqslant T_{g}(\alpha) \\ E_{r}^{0} & T < T_{g}(\alpha) \end{cases} \quad (5.20)$$

玻璃化转变温度 $T_g$ 与 $\alpha$ 的关系可以用 Di Benedetto 方程描述：

$$\frac{T_{g} - T_{g}^{0}}{T_{g\infty} - T_{g}^{0}} = \frac{\lambda\alpha}{1 - (1 - \lambda\alpha)} \quad (5.21)$$

式中，$T_{g}^{0}$ 和 $T_{g\infty}$ 分别是未固化（$\alpha = 0$）和完全固化（$\alpha = 1$）的树脂的玻璃化转变温度，$\lambda$ 是与材料有关的常数。

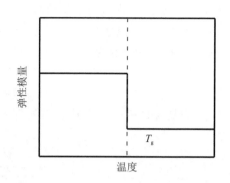

图 5.47　Path – dependent 模型中材料变化

Path – dependent 本构方程为

$$\sigma_{ij} = \begin{cases} C_{ijkl}^{\infty}(\varepsilon_{kl} - \varepsilon_{kl}^{E}) & T \geqslant T_{g}(\alpha) \\ C_{ijkl}^{0}(\varepsilon_{kl} - \varepsilon_{kl}^{E}) - (C_{ijkl}^{\infty} - C_{ijkl}^{0}) \times (\varepsilon_{kl} - \varepsilon_{kl}^{E})t = t_{vit} & T < T_{g}(\alpha) \end{cases} \quad (5.22)$$

式中，$C_{ijkl}^{\infty}$ 和 $C_{ijkl}^{0}$ 分别是完全松弛时和未松弛时的四阶松弛模量张量，$\varepsilon_{kl}$ 是应变张量，$\varepsilon_{kl}^{E}$ 是膨胀应变张量，$t_{vit}$ 是在玻璃化点的时间。

应力增量方程为

$$S_{ij}^{t+\Delta t} = \begin{cases} 0 & T \geqslant T_{g}(\alpha) \\ S_{ij}^{t} + (C_{ijkl}^{0} - C_{ijkl}^{\infty}) \times \Delta(\varepsilon_{kl} - \varepsilon_{kl}^{E}) & T < T_{g}(\alpha) \end{cases} \quad (5.23)$$

黏弹性本构方程和 Path – Dependent 本构方程与试验值偏差值最为接近，但对比计算效率，利用黏弹性本构方程计算时间约是路径本构方程的 10 倍以上，这是因为黏弹性本构方程在进行仿真计算时，需要大量的状态变量和更新迭代，需要大量的计算时间。另一方面，从用户子程序编写的难易程度对比可知，黏弹性本构方程的编写难度相对比较大。

利用上述理论，以 L 型构件为验证对象，对其固化温度场分布、参与应力分布及固化变形分布进行仿真分析，结果如图 5.48 所示。

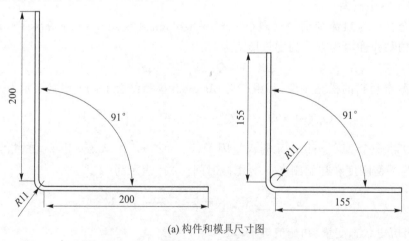

(a) 构件和模具尺寸图

图 5.48　典型构件峰值温度、残余应力和固化变形云图

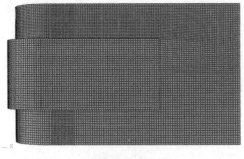

(b) 三维有限元模型

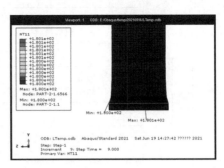

(c) 峰值温度云图

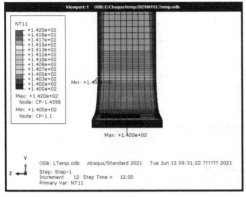

(d) 最大温差云图

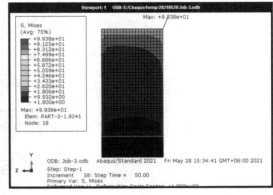

(e) 残余应力云图

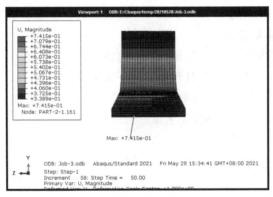

(f) 固化变形云图

**图 5.48　典型构件峰值温度、残余应力和固化变形云图(续)**

## 5.6.3　变形补偿

　　值得注意的是,复合材料构件热压罐固化变形受铺层、厚度、几何尺寸与形状等结构因素,模具热膨胀系数、模具-构件截面状态等模具因素,以及固化压力和固化温度等工艺因素的综合影响。

　　因此,针对复合材料固化变形问题,主要通过改变固化工艺参数或补偿模具两种方式来实现降低或抵消构件的变形。其中,调整固化工艺参数虽然具有一定的通用性,但往往受限于材料特性和工艺条件,存在一定的局限性。因此,工程上往往通过模具型面修正/补偿与固化工艺参数优化相结合的方式实现复合材料固化变形的补偿。其主要工艺流程如图 5.49 所示。

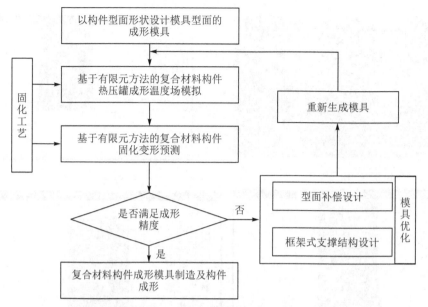

图 5.49　复合材料变形补偿流程图

# 思考题与习题

1. 什么是预浸料？预浸料具有哪些特点？

2. 简述热固性预浸料和热塑性预浸料的特点及其各自典型制备工艺。

3. 简述预浸料的质量要求。

4. 什么是手工铺放成形？简述手工铺放成形的特点。

5. 简述基于手工铺放成形的复合材料制品的一般工序。

6. 列举 3～5 类适合于手工铺放成形的复合材料制品，并分析理由。

7. 简述热隔膜成形工艺原理、具体工艺流程及应用。

8. 简述蜂窝芯材的制造工艺。

9. 简述缠绕成形工艺原理、分类、各自特点及应用对象。

10. 简述缠绕成形工艺的缠绕线型有哪几种？缠绕线型的基本要求是什么？

11. 湿法缠绕过程中，树脂黏度的合理区间是什么？树脂黏度过低或过高会产生怎样的影响？

12. 简述纤维缠绕张力对复合材料制件性能的影响。

13. 自动铺放成形的基本原理是什么？

14. 简述自动铺丝与自动铺带技术各自的特点及其区别。

15. 简述热压罐的主要组成部分及其作用。

16. 与手工铺贴相比，使用自动下料机、激光投影系统和自动铺带机等自动化设备具有哪些优势？

17. 热压罐成形工艺的核心工艺参数有哪些？简述各工艺参数的确定方法。

18. 简述热压罐固化成形模具的组成结构、材料选择和设计要素。

19. 简述复合材料热压罐成形固化变形机理及其预测方法。

20. 针对成形固化阶段，提升复合材料成形精度的方法有哪些？

# 第6章 复合材料非热压罐固化成形技术

## 6.1 概　述

用热压罐固化成形工艺来制造先进树脂基复合材料,由于设备投资大,能耗高,成本一直居高不下,成为制约复合材料进一步推广应用的主要因素。据统计,2017 年全球需求 20 120 架飞机,其中 10% 以上的成本花费在热压罐成形方面。在复合材料构件快速发展应用及低成本、超大型的制造需求下,低成本的非热压罐成形技术已经成为世界复合材料研究领域的热点和核心问题。

非热压罐固化成形(Out of Autoclave,OOA)工艺,又称热压罐外工艺,具体是指在没有热压罐的情况下,可制造出等同于热压罐质量(低缺陷、高性能)复合材料构件的工艺。与传统的热压罐固化成形工艺相比,OOA 工艺具有潜在的优势,如资金投入和运营成本较低,可使用的固化设备、工装、材料范围更广,并能够制造超过现有大型热压罐尺寸的超大型结构件,包括液体成形、拉挤成形、模压成形在内的许多复合材料制造工艺均可归类为热压罐外工艺。

统计数据显示,目前 OOA 技术已占航空复合材料出货量的 14% 左右,约 1 158 吨。使用 OOA 技术制造的飞机部件包括空客 A340 和 A380 机翼固定前缘(热塑性复材-玻纤/聚苯硫醚焊接),空客 A340 和 A380 龙骨梁肋,波音 787 压力舱壁,波音 787 和空客 A350 XWB 后缘组件包,湾流航空公司的 G650 舱(热塑性复材)、升降舵和地板梁,三菱飞机公司的 MRJ 支线飞机的垂直稳定器,诺斯罗普·格鲁曼公司 RQ-4B"全球鹰"的翼尖延伸,庞巴迪航空航天公司 Learjet 85 的加压客舱部分,钻石飞机机身,涡轮螺旋桨飞机的 RTM 螺旋桨叶片,涡轮风扇发动机风扇叶片和垫片、安全壳和定子叶片,可折叠机翼,控制面和发射管,以及导弹和弹药的容器,等等。

广义上来说,凡是不使用热压罐设备的复合材料制件的成形方法,都可以称之为非热压罐成形技术,目前国内外在非热压罐成形工艺方面开展了大量的研究,主要研究领域包括以下方向。

(1) 复合材料液体成形技术(Liquid Composite Molding,LCM)

液体成形技术的基本原理是将纤维增强材料直接与树脂液体完全浸渍,再固化成复合材料构件。尽管湿法纤维缠绕也符合其定义,但与新型的液体树脂成形还有概念上的差别。实际上,液体成形所用纤维增强材料是以预成形件的形式提供的,也就是纤维预先通过编织或缝合等方式制成预成形体,放入模具的型腔内,再将液体树脂注入与之复合,在模腔内固化成形,得到所需要的复合材料构件。这与纤维缠绕直接采用纤维丝束或纤维带缠绕到芯模上是不相同的,纤维缠绕大多用来制造对称的旋转体,而液体成形几乎可以用来制造任何形状的复合材料构件。

在液体成形这一类技术中,最有代表性的和应用最多的是树脂传递成形(Resin Transfer Moulding,RTM)及在此基础上发展起来的派生技术,如下所列的为其中的一部分:

① 传统 RTM。成形时闭合模具,向预成形体中注入树脂,注射压力为 0.7~1.4 MPa,所

得产品的纤维体积含量为 20%～45%。

② 真空辅助 RTM(Vacuum Assisted RTM,VARTM)。在注入树脂时采用真空将树脂导入模腔,树脂分布较均匀,制品孔隙较少,纤维体积含量可提高到 50%～60%。

③ 橡胶辅助 RTM(Rubber Assisted RTM,RARTM)。采用热膨胀系数较大的高温型橡胶制成模具,在加温过程中对预成形体施加压力并抽真空,使树脂在真空作用下被吸入预成形体中,产品的纤维体积含量可达 60% 以上。在成形整体化构件或具有内部型腔的构件时,要使用橡胶模具从构件内部进行加压。

④ 树脂真空浸渗(Vacuum Infusion Process,VIP)。利用真空将树脂吸入预成形体中进行纤维浸润,产品的纤维体积含量可达 60% 左右。

⑤ 西曼树脂浸渗模塑成形(Seeman Composite Resin Infusion Molding Process,SCRIMP)。下模用刚性模,而上模则采用真空袋,利用真空袋使树脂加压浸渍,浸渍速度快,面积广。树脂在预成形体的厚度方向也能充分浸渍,但必须使用真空袋和软面模具。这种工艺方法降低了模具成本,适合于大尺寸构件如船体的成形。

⑥ 树脂膜浸渗(Resin Film Infusion,RFI)。将干态树脂膜或树脂块置入纤维增强材料下面,再一起放入模腔中,通过加热使树脂熔融由下至上浸渍纤维,最后在模腔中固化成形,这种方法也适于热塑性复合材料的成形制造。

⑦ 轻质 RTM(L-RTM)。主要是在真空袋基础上的改进,上模采用厚度小的半刚性的复合材料模代替真空袋。加压过程中,柔性模能很好地铺敷在构件上,均匀加压。特点是模具可以多次使用,适合制造批量生产的构件。

与其他传统复合材料成形技术相比,液体成形的优点在于能够制造高质量、高精度、低孔隙率、高纤维含量的复杂复合材料构件,一般能获得光滑的双表面;产品从设计到投产时间短,生产效率高;模具制造较为容易,材料选择范围广,可多次使用;成形的构件易于实现局部增强及局部加厚,带芯材的复合材料能一次成形;成形过程中挥发分少,有利于安全生产和环境保护。

(2) 拉挤成形工艺(Pultrusion)

拉挤成形工艺是将浸渍树脂胶液的连续碳纤维或玻璃纤维束、带或布等,在牵引力的作用下,通过挤压模具成形、固化,连续不断地生产长度不限的复合材料型材。这种工艺最适于生产各种断面形状的复合材料型材,如棒、管、实体型材(工字形、槽形、方形型材)和空腹型材(门窗型材、叶片等)等。拉挤成形是复合材料成形工艺中的一种特殊工艺,其优点是:①生产过程完全实现自动化控制,生产效率高;②制品中纤维含量可高达 80%,浸胶在张力下进行,能充分发挥增强材料的作用,产品强度高;③制品纵、横向强度可任意调整,可以满足不同力学性能制品的使用要求;④生产过程中无边角废料,产品不需后加工,故较其他工艺省工,省原料,省能耗;⑤制品质量稳定,重复性好,长度可任意切断。拉挤成形工艺的缺点是产品形状单调,只能生产线形型材,而且横向强度不高。

(3) 模压成形工艺(Pressure Molding)

模压成形工艺是指将一定量的模压料放入金属对模中,在一定的温度和压力下,固化成为复合材料制品的工艺过程。与其他成形工艺相比,模压成形工艺的主要优点是:①空间、面积占有量小,生产效率高,便于实现专业化和自动化生产;②产品尺寸精度高,重复性好;③制品致密,质量高,收缩率低,精度高,表面光洁,无需二次修饰;④能一次成形结构较复杂的制品;⑤因为批量生产,价格相对低廉;⑥工艺技术十分成熟且积累了丰富的实践经验。然而,模压成形的不足之处在于:难以成形厚壁制品、装有细小而薄嵌件的制品、具有深孔的制品,以及结构和形状复杂的制品;加上受压机限制,仅适合于大批量生产中小型复合材料制品。

(4) 罐外固化工艺

当前所应用的先进树脂复合材料基本上都是采用加热固化成形的,如热压罐、热压机等。由于热固化成形的工艺周期长,从数小时到数十小时,造成复合材料制件制造成本高昂。鉴于热固化方法的不足,顺应复合材料低成本化和无公害化的发展趋势,国内外研究人员不断研究改进热固化成形复合材料的途径,探索新的固化成形方法。近年来,出现了诸如电子束固化、光固化、微波等多种新型固化工艺。

电子束固化成形是指利用高能电子束引发预浸料中的树脂基体发生交联反应,制造高密度交联的热固性树脂基复合材料的方法。电子束固化是辐射固化的一种,辐射固化还包括利用光、射线等粒子的能量引发反应,使树脂单体聚合、交联,达到固化的目的。

光固化是指由液态的单体或预聚物受紫外或可见光的照射经聚合反应转化为固体聚合物的过程。光聚合反应是指化合物吸收光而引起分子质量增加的化学过程。

微波固化的机理是极性物质在外加电磁场的作用下,内部介质极化产生的极化强度矢量落后于电场一个角度,导致与电场相同的电流产生,构成物质内部功率耗散,从而将微波能转化为热能,致使固化体系快速均匀升温而加速反应。微波加热属于"分子内"加热,不像热固化存在温度梯度,微波能以快速、独特的加热方式对固化树脂结构和性能产生较大影响。

本章就复合材料液体成形技术、拉挤成形工艺、模压成形工艺展开详细讨论。最后,还将介绍电子束固化、光固化、微波固化等新的固化成形工艺。

# 6.2  复合材料液体成形技术

## 6.2.1  RTM 成形技术

### 1. RTM 的工作原理及特点

RTM 是用低黏度树脂在闭合模具中流动浸润增强材料并固化成形的一种技术。其工作原理和工艺流程如图 6.1 所示,由树脂和催化剂计量泵按配比输出的带压液体在静态混合器中混合均匀,并注入已合理铺放好预成形增强材料的闭合模中,模具需有周边密封和紧固,并保证树脂流动顺畅,然后依靠模腔的压力和温度进行固化。

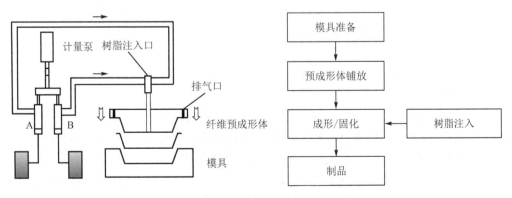

**图 6.1  RTM 工作原理图及工艺流程**

RTM 成形工艺具有以下主要特点：

① RTM 是一种闭模成形工艺，增强材料与树脂的浸润是由带压树脂在密闭的模腔中快速流动而完成的，而非手糊和喷射工艺中的手工浸润，也非预浸料工艺和 SMC（片状模塑料成形）工艺中的昂贵机械化浸润，是一种低成本、高质量的半机械化纤维/树脂浸润方法。

② RTM 成形工艺采用了与制品形状相近的增强材料预成形体，纤维/树脂的浸润一经完成后即可进行固化，因而可采用低黏度快速固化树脂体系，并可对 RTM 模具加热，进一步提高生产效率和产品质量。

③ RTM 成形工艺中的增强材料预成形体，可由短切毡、纤维布、无皱褶织物、三维针织物及三维编织物等制备。并可根据性能要求进行择向增强、局部增强、混杂增强及采用预埋和夹芯结构，可充分发挥复合材料的性能可设计性。

④ 预成形体可为多维的纤维编织或缝合体，因此可改善由预浸料层压导致的复合材料的层间强度低的问题。

⑤ RTM 成形工艺的闭模树脂注入方法可极大减少树脂的挥发成分和溶剂的排出量，有利于安全生产和环境保护。

⑥ 一般采用低压注射工艺（注射压力低于 4 kg/m²），有利于制备大尺寸、复杂外形、两面光的复杂整体结构。

⑦ RTM 模具具有可选择性，可选择复合材料模具，如聚酯、环氧复合材料模具，表面镀镍材料模具，合金模具，铝模模具及钢模等不同档次模具，以最大限度地降低成本。

**2. RTM 成形使用的材料**

RTM 成形使用的材料主要是树脂基体和纤维增强材料。由于 RTM 工艺的特点，对原材料特别是对树脂基体有不同于其他成形工艺的要求。而对于纤维增强材料，一般都要采用预成形体，预成形体的制备主要有二维和三维编织、缝合、针织等。编织预成形体需要专门的自动化程度高的编织设备，可以编织出不同形状和大小的预成形体，作为 RTM 工艺的重要组成部分。

（1）树脂体系

大多数热固性树脂都可用于成形，如环氧树脂、酚醛树脂、聚酰亚胺树脂、氰酸酯树脂、聚氨酯树脂、不饱和聚酯树脂或聚氨酯/不饱和聚酯混合物和热固性丙烯酸酯树脂等热固性树脂等。对树脂的要求主要有：

① 要有高的胶接强度，制品具有良好的力学性能，具有高强、高模和高韧性。

② 工艺性能好，在室温或工作温度下具有低的黏度及一定长的适用期。低黏度意味着树脂在纤维介质中易于流动，特别是在高纤维含量时仍能渗透并浸润纤维，而不需要太大的压力，从而可以避免模具的变形和纤维的滑移。

③ 与增强材料有良好的浸润性、匹配性、黏附性，能顺利、均匀地通过模腔和浸透纤维，并快速充满整个模具型腔。

④ 在固化温度下具有良好的反应性且后处理温度不能太高，固化中和固化后不易发生裂纹，固化放热低，以避免损伤模具；固化时间短，凝胶时间一般为 5～30 min，固化时间不超过 60 min；固化收缩率低，固化时无低分子物析出，气泡能自身消除。

对于航空航天高端复合材料结构，大多采用环氧树脂，为了提高构件使用温度，也正研发和应用新型双马树脂（BMI）和聚酰亚胺树脂（PI），以满足复合材料的耐高温的要求。

用于 RTM 成形的环氧或 BMI 树脂一般都要经过改性，主要是为了提高树脂的工艺性能,降低黏度,改善对纤维的浸润性,提高力学性能等。改性可以是化学改性,采用不同分子结构的聚合物进行共聚、接枝、嵌段、互穿网络等。而物理改性主要是共混,在树脂中加入其他成分,如现今用高性能热塑性树脂对环氧树脂进行增韧改性等。

(2)纤维增强预成形体

RTM 的纤维增强材料是以各种形状的预成形体的形式提供,预成形体是将纤维预先制成一定的结构形状和尺寸,放置于模具形腔中,用树脂注入成形。预成形体的纤维材料、构形和编织方式对复合材料的力学性能影响很大。

制备纤维预成形体的主要方法如下:

1)编织(Braiding)

编织是一种基本的纺织工艺,能够使两条以上的纱线在斜向或纵向互相交织形成形状复杂的整体结构预成形体,但其尺寸受设备和纱线尺寸的限制。在航空工业中,目前该技术主要集中在编织的设备、生产和几何分析上,最终的目的是实现完全自动化生产,并将设备和工艺与 CAD/CAM 进行集成。该工艺技术一般分为两类:一类是二维编织工艺,另一类是三维编织工艺。

二维编织(2D Braiding)工艺能用于制造复杂的管状、下陷或平面构件的预成形体,工程上对其的研究主要集中在研发自动化编织机,以降低生产成本和扩大应用范围。关键技术包括质量控制、纤维方向和分布、芯轴设计等。在航空工业的应用包括制造飞机的进气道和机身隔框,洛克希德·马丁公司生产的 F-35 战斗机进气道最具典型性,加强筋与进气道壳体为整体结构,减少了 95% 的紧固件,简化了装配工艺,提高了气动性能和信号特征。

三维编织(3D Braiding)是一种新型的复合材料制造技术,在航空结构上得到了越来越多的应用,已发展成为先进树脂基复合材料的主要制造技术之一。三维编织复合材料首先利用三维编织技术,将纤维束编织成所需要的结构形状,形成预成形体,然后以此作为增强骨架进行浸胶固化,直接制成三维编织树脂基复合材料,也可利用预成形体制成三维编织碳基、陶瓷基、金属基复合材料等。多年来,三维编织技术、三维编织复合材料制造及其应用研究一直是国内外整体化复合材料结构的研究热点,图 6.2 所示为三维编织技术及一些典型的碳纤维预成形体。

**图 6.2　三维编织及部分碳纤维编织预成形体**

三维编织需要专门的自动化编织机,通过 CAD/CAM 软件进行纤维束排列布局的设计和编织工艺过程的动态模拟,可实现三维异形整体机织的自动化,提高三维编织复合材料的质量和生产率,加速复杂形体整体编织复合材料的发展和推广应用。目前三维编织技术在飞机和发动机结构上得到了应用,如飞机的 T 形框、带加强筋的壁板、发动机安装架等;在超声速冲压喷射发动机上应用三维编织蜂窝夹芯制造的复合材料燃烧室,基体材料为陶瓷,该整体结构燃烧室避免了由一般制造方法带来的连接和泄漏问题。

由三维编织制造的复合材料具有以下优点:

① 三维编织复合材料中的纤维束沿空间多个方向延伸并相互交叉,因而制品整体性好,克服了层合复合材料层间强度低、易分层的缺陷。

② 三维编织预成形体可以实现净形状设计和制造,不需要缝合和机械加工。

③ 可以直接编织成任意形状截面的整体件。除矩形截面的预成形体以外,还可以编织工字形、T形、十字形、口字形等各种矩形组合截面,也可编织圆形、环形及其部分形状截面,甚至由上述各种形状任意组合而成的截面也均可以一次编织成形。

④ 三维编织复合材料的性能具有非常强的可设计性。通过选用不同材料、不同细度(支数)的编织纱线和改变三维预成形体中的编织纱线编织角(花节长度)来改变三维编织预成形体中纱线的走向和复合材料的纤维体积含量,在特定方向上加入增强纤维束等便可得到各个方向不同性能的复合材料。

⑤ 可以对各种高性能纤维进行编织,如用玻璃纤维、碳纤维、芳纶、超高分子量聚乙烯、碳化硅、氮化硅、石英纤维等进行编织,以满足当前高科技领域不同的需要。

⑥ 具有比传统复合材料更优良的力学性能。三维编织复合材料在特定方向的拉、压、弯曲刚度和强度性能等均比传统复合材料提高了许多;此外还具有良好的抗冲击、损伤、疲劳性能,以及耐磨损、耐烧蚀的性能,并对缺口及孔等不敏感。

目前,三维编织复合材料在航空航天领域已得到越来越多的应用,如:

① 高性能轻质结构复合材料,用于火箭、卫星、飞机、船艇、汽车、风力发电机叶片等结构中的梁、框、桁、筋、轴、杆等部件中。

② 高温功能结构材料,包括陶瓷基、金属基、碳基等复合材料,用于发动机热端部件、火箭(导弹)头锥、喷管、喉衬、飞机刹车片等中。

③ 可作为防护材料,如防弹材料、装甲等。

此外,通过 RTM 或其他液体树脂成形工艺,三维编织可方便地与其他结构件实现共固化的整体成形,不仅可以提高产品整体性能和质量,还能简化成形工艺,有效地降低生产成本。

三维纺织技术从 20 世纪 60 年代开始发展,经历了四步编织、二步编织到多层互锁编织技术的历程。随着三维编织机的发展,其在未来的飞机制造等领域仍具有很大应用潜力。三维编织的 C、J、T 板材和工形梁、连杆、机体大梁、F 形机身隔框、机身筒形件等都已得到验证。可以说,三维编织结合 RTM 成形,是复合材料制造技术发展到了一个新阶段的标志,对推动高性能复合材料整体化成形和低成本化及扩大应用起了重大的作用(见图 6.3)。

2) 缝合(Stitching)

缝合技术成形复合材料是采用高性能纤维将多层二维纤维织物缝合在一起,放置于模具型腔中,注入树脂再经固化后而得到复合材料构件。它通过引用贯穿厚度方向的纤维来提高抗分层能力,增强层间强度、模量、抗剪切能力、抗冲击能力、抗疲劳能力等力学性能,从而满足结构件的性能需求。图 6.4 所示为利用缝合技术制备的增强纤维预成形体。

波音公司开发了 28 m 长的缝合设备,制造出飞机机翼蒙皮复合材料预成形体。该设备能够缝合超过 25 mm 厚的碳纤维层,缝合速度达 3 000 针/分。除了缝合蒙皮预成形体外,还可缝合加强筋。缝合预成形体采用树脂膜浸渗成形工艺进行热压固化。这样生产出的结构件相对于同样的铝合金构件质量减少 25%,降低了成本。

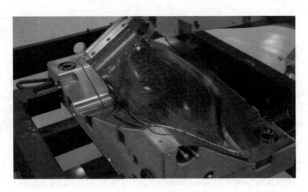

**图 6.3　用三维编织预成形体与 RTM 成形的复合材料航空涡扇发动机叶片**

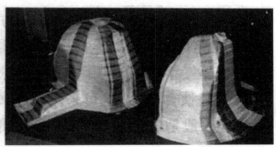

**图 6.4　利用缝合技术制备的增强纤维预成形体**

　　在欧洲,欧洲航空防务及航天公司(EADS)也开发了该技术,首先制造的构件是 A380 后机身压力隔框,该材料为干态碳纤维预成形体,比黏性大的预浸料更易处理。每片复合材料使用自动缝合机连接在一起,可靠性和可重复性好。采用的缝合机将几种长度的碳纤维织物并排铺放在长和宽均为 8 m 的台面上,缝合头由一个金属横梁带着前后移动,曲形针缝合材料的速度达到 100 针/分。这种特殊的曲形针能够实现单边缝合,因而不限制材料的长度。连接后的后压力隔框板成为一块"毯子"。接着,"毯子"放在一个模具上被卷起来再铺开,看起来像一个倒扣的大碗,为了获得必要的强度,6 块这样的"毯子"按不同方向交替铺叠,再缝合在一起形成预成形体的叠层结构,然后将这种纤维预成形体和树脂膜在真空状态下加热加压熔化树脂膜,浸渗到纤维预成形体中,最后固化成复合材料构件。

　　缝合复合材料具有良好的层间性能,成本低,效率高,且可设计。缝合还可代替复合材料传统的机械连接方法,从而提高整体性能,因此有望用于大型整体复杂结构件的制造,特别是可用于大型军用运输机的机体结构制造,以减轻质量和降低成本。该技术的关键技术包括专用设备的研制及缝合工艺。如图 6.5 所示为用缝合预成形体/RFI 技术制备的机翼蒙皮。

　　3) $Z$ 向植针增强($Z$-pin)

　　$Z$ 向植针增强是结构三维加强的一种简单方法,它比三维编织或三维缝合简单,但是它不能用于制造三维纤维预成形体。这个工艺是将细的指针从 $Z$ 向在固化前或固化时插入二维的碳纤维环氧复合材料层板中,从而获得三维增强复合材料结构。$Z$ 向指针可以是金属材料(一般是钛合金),也可采用非金属材料(一般采用碳纤维环氧复合材料)。复合材料指针直径一般是 0.25 mm 和 0.5 mm。将指针插入的方式有两种,一是采用真空袋热压的方法(见图 6.6),二是采用超声技术(见图 6.7)。真空袋热压法更适合于对相对大或无障碍部位进行 $Z$ 向结构加强,而超声法则对难到达部位或局部需要 $Z$ 向加强的结构部位更为有效。另

(a) 大型纤维预型件缝合机　　　　　　(b) 用缝合预型件和RFI制造的机翼蒙皮

**图 6.5　用缝合预成形体/RFI 技术制备的机翼蒙皮**

外,超声法还可利用金属指针插入已固化的复合材料中实现分层复合材料的修理。

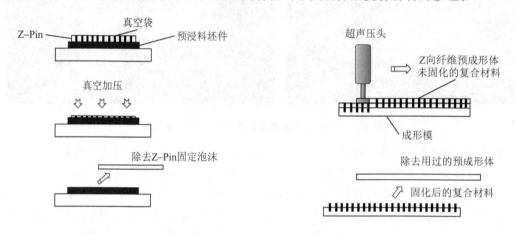

**图 6.6　真空热压法压入 Z-pin 示意图**　　　　　**图 6.7　超声法压入 Z-pin 示意图**

　　穿刺技术与缝合技术的出现和应用极大改进了复合材料的断裂韧性,意味着复合材料能够承受更高冲击强度和更大剥离应力。例如,Z 向增强技术已用于 GE90 发动机风扇叶片的制造,可对强度要求高的部位进行加强。在飞机上,该技术用于泡沫夹芯蒙皮结构的制造,其挤压强度是传统上采用的铝蜂窝结构的 3 倍。该技术比缝合技术更具发展潜力,主要是因为其节省了昂贵的缝合设备,尺寸不受限制,特别是能够进行局部结构的加强,因此是未来飞机机体应用的关键技术。

　　4) 针织(Knitting)

　　针织用于复合材料的增强结构始于 20 世纪 90 年代。针织复合材料的方向强度、冲击抗力较机织复合材料好,且针织物的线圈结构有很好的可伸长性,易于制造非承力的复杂形状构件。目前国外已生产了先进的工业针织机,能够快速生产复杂的近无余量结构,而且材料浪费少。用这种方法制造的预成形体可以加入定向纤维,有选择地用于增强某些部位结构的力学性能。另外,这种线圈的针织结构在受到外力时很容易变形,因此适于在复合材料上成形孔,比钻孔具有更大优势;但是它较低的力学性能也影响了它的广泛应用。

　　5) 经编(Warp Knitting)

　　针织在航空航天工业的应用很有潜力。而采用经向针织技术,并与纤维铺放相结合制造的多轴多层经向针织织物一般称为经编织物。由于这种材料不弯曲，因此纤维能以最佳形式排列。经编技术可以获得厚的多层织物且按照期望确定纤维方向，由于不需要铺放更多的层数，可以极大地提高经济效益。国外目前已经能够在市场上获得各种宽幅的玻璃纤维和碳纤维经编织物。这种预成形体有两个优点：一是与其他纺织复合材料预成形体相比成本低；二是它有潜力超过传统的二维预浸带层压板，因为其纤维是直的，所以能够在厚度方向增强材料从而提高材料的层间性能；但是目前限制其应用的主要原因是原材料成本高及市场化程度不够。国外航空航天工业部门正在研究将这种技术用于次承力和主承力构件的制造，已经在飞机机翼桁条和机翼壁板上进行了验证，预计未来将在飞机制造中广泛应用。

针对以上预成形体制造技术，国外近年还开展了多种研究，如美国空军实施的复合材料结构斜织预成形体的研发计划，取消了铺层工序，以降低整体复合材料结构加工的复杂程度及成本。

**3. RTM 工艺过程**

RTM 的工艺过程大致可分为模具准备、预成形体铺放、注入树脂、固化/成形和构件后处理等几道工序。

① 模具准备。根据实施工艺不同的要求，应选用不同的模具。对大型飞机零部件，像翼盒、尾翼，甚至机翼等，大都采用真空树脂导入工艺，使用单片模具和真空袋膜。而形状复杂的零部件采用闭模注射模具。根据不同制品的成形温度和成形压力，模具材料可以选用钢、铝、复合材料等。不同的模具应进行不同的准备，首先要检查模具的外观，检查模具辅助零部件是否齐全完好；然后进行表面清理；复合材料模具还要检查在存放期间是否出现变形；最后要施加脱模剂。

② 预成形体铺放。用于 RTM 工艺的纤维预成形体大多是已经编织好的二维、三维及多维预成形体，也可直接用纤维布或纤维织物。对于后者，在铺放时要保证纤维的取向及用量符合构件的设计要求。

③ 注入树脂。这是最关键的一道工序，它关系到最后构件的性能和质量，在这道工序中，要着重控制几个重要的工艺参数，包括树脂黏度、注射压力、成形温度及真空度等，同时这些参数在成形过程中是相互关联和相互影响的。

除了上述的工艺参数之外，还有其他一些因素影响构件的性能，例如纤维类型、表面处理状况、排列方向、树脂和固化剂的种类及用量、固化和后固化工艺、环境温度和湿度等。对于具体的设备和工艺要求，要综合考虑多种因素，使得成形的复合材料性能实现最优化或者满足所需要的要求。

最后固化成形的构件从模具中取出后，还须进行一些必要的后续加工处理，如外观质量检查、修边、打磨和机械加工等。

## 6.2.2　西曼树脂浸渗模塑成形技术

西曼树脂浸渗模塑（SCRIMP）成形技术是由美国西曼复合材料公司研发成功的一种真空树脂注入技术。这种方法实际上是 RTM 技术的延伸和发展，它改变了采用双边闭合模的办法，而只采用单边硬模，用来铺放纤维增强材料，另一面则采用真空袋覆盖，由电脑控制的树脂分配系统先使树脂胶液迅速在长度方向充分流动渗透。然后在真空压力下向厚度方向缓慢浸润，从而大大改善了浸渍效果，减少了缺陷的发生，产品性能的均匀性和重复性及质量都能得到保证（见图 6.8）。

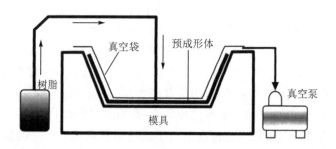

**图 6.8　SCRIMP 工作原理**

SCRIMP 工艺使大尺寸、几何形状复杂、整体性要求高的构件的制造成为可能。有关资料表明，目前它可成形面积达 185 $m^2$、厚度为 3～150 mm、纤维含量达 70%～80% 且孔隙率低于 1% 的制品。在船艇制造、风机叶片、桥梁、汽车部件及其他民用和海洋基础工程等方面得到了广泛应用。如英国的沃斯珀·桑尼克罗夫特（VOSPER THORNYCROFT，VT）公司自 1970 年以来为英国皇家海军制造了 270 艘复合材料雷艇，最大的扫雷艇体总长达 52.5 m，总重达 470 吨。起初，该系列艇 FRP（纤维增强树脂基复合材料）部件约占总质量的 30%，由于 SCRIMP 工艺的引入，FRP 制品的比例可提高 35%～40%。VT 公司应用 SCRIMP 工艺开展的项目还涉及制造运输船、作业艇、救生艇船体和海洋港口工程结构，如桥梁甲板、大型冷冻舱等。VT 公司还为 Compton Marine 及 Westerly 等公司提供技术支持，用经济的 SCRIMP 替代原有的开模方法，制造长度为 14 m 的游艇，以及开发新一代游艇系列。

瑞典海军的轻型护卫舰 Visby 艇长达 73 m（舰上有 10.4 m 的梁），这是目前建造的最大的 FRP 夹芯结构。舰上的部件如船体、甲板和上层建筑都是用 SCRIMP 法制造的。该工艺确保了制品的高纤维含量、优异的性能、质量稳定性和快速成形。Peichell Pugh 公司开发了 Corum 快速游艇（OD48 系列）。游艇使用 SPX7309 环氧室温固化注射树脂，制造周期仅为 30 min。Ciba－Gejgy 公司采用 Injectex 织物/树脂渗透介质/低黏度环氧体系制造了舰船部件。

SCRIMP 工艺的另一个主要应用领域是风电叶片的制造。目前，国外采用闭模的真空辅助成形工艺生产大型叶片（叶片长度在 40 m 以上），并进行大批量的生产。这种工艺适合一次成形整体的风力发电机叶片（纤维、夹芯和接头等可一次在模腔中成形），而无需二次黏结。世界著名的叶片生产企业 LM 公司（艾尔姆玻璃纤维制品有限公司）开发出的 56 m 长的全玻璃纤维叶片就是采用这种工艺生产的。

SCRIMP 工艺的技术优势之一是能制造性能优良的复合材料构件，纤维含量高，力学性能优良，而且尺寸不受限制，尤其适合制作大型制品。并且可以进行芯材、加筋结构件的一次成形及厚的、具有复杂几何形状大型产品的制造，提高了产品的整体性。采用 SCRIMP 制作的构件，不论是同一构件还是构件与构件间，制品都保持着良好的重复性。SCRIMP 成形时可以对树脂的消耗量进行严格控制，纤维体积含量可高达 60%，制品孔隙率低于 1%。

另一个优势就是可大大降低制造成本，在原材料相同的情况下，与手糊成形相比，SCRIMP 工艺的成本节约可达 50%，树脂浪费率低于 5%，而构件的强度、刚度及其他的物理特性比手糊成形提高 30%～50%。由于采用封闭成形，挥发性有机物和有毒空气污染物均得到很好的控制。

## 6.2.3　树脂膜浸渗成形技术

树脂膜浸渗成形(Resin Film Infusion,RFI)实际上可以看成是真空辅助 RTM 的一种技术延伸,归类于复合材料的干法成形。这种方法将带有固化剂的干态树脂膜或树脂块放入模腔内;然后在其上覆以纤维织物或以三维编织等方法制成的纤维预成形体;再用真空袋封闭模腔,抽真空并加热模具,使模腔内的树脂膜或树脂块融化,并在真空状态下渗透到纤维层(一般是由下至上);最后进行固化制得制品(见图 6.9)。RFI 是目前能得到综合性能最佳的构件的复合材料成形工艺之一,与传统 RTM 相比,其优点为:

① 树脂基体为固体,存储、运输方便;

② 操作简单,加工周期短,废品率低,可经济快速地成形大尺寸结构构件;

③ RFI 的内外模具只需要单面加工,大大降低了模具的加工设计费用;

④ RFI 成形压力低,模具的选材机动性强;

⑤ 成形不需要大型复杂的树脂计量注射设备,大大降低了设备成本;

⑥ 制品纤维含量高(接近 70%),孔隙率低(0%~0.1%);工艺不采用预浸料,树脂挥发少,VOC(挥发有机化合物)含量符合国际有机质量标准,更有利于工作安全和环境保护。

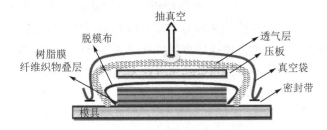

**图 6.9　RFI 成形工艺示意图**

RFI 工艺对干态树脂膜有较高的要求,理想的树脂膜要求所用的树脂基体在室温下具有良好的成膜性,所成薄膜能任意弯曲而不破碎,且不粘手;在工作温度下能够持续一段时间的低黏度,然后随着温度的升高,黏度增长较快;固化温度高于熔融温度,熔融时对纤维预成形体具有良好的浸润性、黏附性;固化收缩率低;作为高性能基体材料,还要具有高耐热性、高强度、高模量和高韧性;在一些特殊条件下,还应有低介电损耗、高电导率及优良的阻燃性等性能。

RFI 工艺技术始于 20 世纪 80 年代,最初是为成形飞机结构件而发展起来的。近年来这种技术已进入到复合材料成形技术的主流之中,适宜多品种、中批量、高质量先进复合材料制品的生产成形,已在汽车、船舶、航空航天等领域获得一定的应用。在美国,RFI 技术被用来制造大型构件和高性能复合材料,现已发展成为重要的飞机用复合材料低成本制造技术,广泛应用于 F-22、F-35 及 A380 的研制和生产中。

## 6.2.4　轻质 RTM 技术

轻质 RTM 工艺(RTM-Light)是对传统的 RTM 工艺在模具上的改进,上模采用厚度小的半刚性的复合材料模代替真空袋。利用真空辅助,使低黏度树脂在闭合模具中流动浸润增强材料并固化成形,这样模具可以多次使用,适用于较大批量的产品制造(见图 6.10)。树脂和固化剂通过注射机计量泵按配比输出带压液体并在静态混合器中混合均匀,然后在真空辅助下注入已铺放好纤维增强材料的闭合模中,模具利用真空对周边进行密封和合模,并保证树脂在模腔内沿流道流动顺畅,然后进行固化。

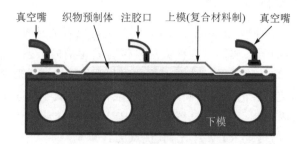

图 6.10 轻质 RTM 成形工艺示意图

传统的 RTM 工艺,特别是对于大尺寸构件的成形,需要大型的模具。树脂的注入是在较高的压力和流速下进行的,因此模具的强度和刚度要足够大,在注射压力下不变形。通常采用带钢管支撑的夹芯复合材料模具,或用铝模具或钢模具,成本很高,这样就限制了 RTM 工艺在批量产品生产上的应用。

轻质 RTM 保留了 RTM 工艺的对模工艺,但其上模具为半刚性的复合材料模具,厚度一般为 6~8 mm,模具有一个宽约 100 mm 的刚性周边,由双道密封带构成一个独立的密封区,抽真空后模具即闭合,非常方便快捷。然后对模腔内抽真空,利用模内的负压和较低的注射压力将树脂注入模具,使树脂渗入预先铺设的增强纤维或预成形体中。轻质 RTM 模具费用低,而且是在较低压力下成形,所用的模具很容易由开模工艺的模具改造而来。

轻型 RTM 在国外的应用发展很快,并有超过 RTM 技术应用的趋势。目前常见的应用领域有航空航天、军事、交通、建筑、船舶和能源等。例如:飞机的复合材料舱门、风扇叶片、机头雷达罩、飞机引擎罩等;鱼雷壳体、油箱、发射管等;轻轨车门、公共汽车侧面板、汽车底盘、保险杠、卡车顶部挡板等;路灯的管状灯杆、风能发电机机罩、装饰用门、椅子和桌子、头盔等;小型划艇船体、上层甲板等。

## 6.2.5 VARI 技术

VARI 工艺(Vacuum - Assisted Resin Infusion,或者 Vacuum Infusion Processing,VIP,真空渗透,或真空灌注工艺,参见图 6.11)是一种新型高性能、低成本复合材料大型构件的成形技术,它是在真空状态下排除纤维预成形体中的气体,通过树脂的流动、渗透,实现对纤维及

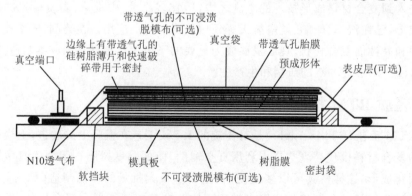

图 6.11 VARI 成形工艺示意图

其织物的浸渍,并在室温下进行固化,形成一定树脂/纤维比例的工艺方法。

在模具上铺设"干的"增强材料(玻璃纤维、碳纤维、夹芯材料等),然后铺真空袋,并抽出体系中的真空,在模具型腔中形成一个负压,利用真空产生的压力把不饱和树脂通过预铺的管路压入纤维层中,让树脂浸润增强材料最后充满整个模具,制品固化后揭去真空袋,从模具上得到所需的制品。VARI/VIP 采用单面模具(就像通常的手糊和喷射模具)建立一个闭合系统,这个工艺在 1950 年出现了专利记录,但直到近些年才得到发展。

VARI 成形工艺流程如图 6.12 所示。

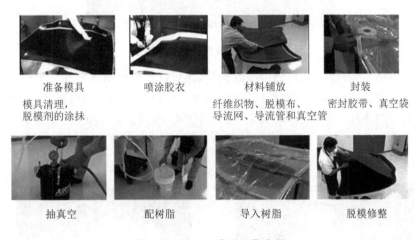

| 准备模具 | 喷涂胶衣 | 材料铺放 | 封装 |
|---|---|---|---|
| 模具清理,脱模剂的涂抹 | | 纤维织物、脱模布、导流网、导流管和真空管 | 密封胶带、真空袋 |

| 抽真空 | 配树脂 | 导入树脂 | 脱模修整 |

**图 6.12　VARI 成形工艺流程**

# 6.3　先进拉挤成形技术

## 6.3.1　概　述

拉挤成形(Pultrusion)是一种自动化连续生产纤维增强复合材料的工艺方法,它是将连续的增强纤维进行浸渍后,牵引经过成形模具,在模具内固化成形为规定形状,脱模后成形为最终制品的加工方法。

拉挤成形作为一种低成本、高质量生产复合材料的成形工艺,特别适用于中等批量以上的民用和军用产品的制造。拉挤成形制品最初主要应用于对成本敏感的民用领域。初期的拉挤制品主要包括棒、角型材、夹板、工字梁、仪表盘和板材等标准建筑型材,如图 6.13 所示。其他的制品包括梯子横梁、鱼竿、工具把手、汽车部件、标志牌杆和抽油机吸杆等。最近,随着工艺技术的改善,拉挤成形制品的应用领域已远远超过了 E-玻璃纤维/聚酯复合材料拉挤制品的民用范围。现在,适合于拉挤成形的原材料品种逐步增多,增强材料包括 S-玻璃纤维、碳纤维和凯芙拉纤维等,基体材料也增加了环氧、酚醛以及热塑性树脂等。新的应用已经渗透到航空、运输、体育用品和医疗硬件等多个领域。

拉挤成形技术被认为是成本最低的一种自动化成形技术,在国内外已有较好发展和较大规模。拉挤成形主要的优点是成本低,特别适合于大型长尺寸构件的成形。

拉挤成形是由三个顺次、连续进行的自动化过程组成的,即增强材料的预成形、树脂浸渍预成形体和把预成形体转变为固体层合板的树脂固化。拉挤成形设备本身并不是决定加工成

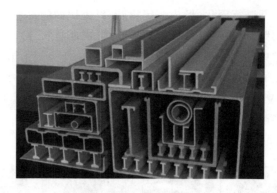

**图 6.13　拉挤成形的型材**

功与否的重要因素,它可以是任何能够实现夹持、拉拔以使材料通过上述三个过程的任何一种机械。原材料由进料口一端进入拉挤设备,经过 20 m、30 min 的成形过程,在设备的出料口一端得到完全固化的净尺寸构件。该工艺的生产率可以达到 1 m/min,甚至更高。图 6.14(a)示意了典型带有工具支架的拉挤成形机进料段,而图 6.14(b)则显示带有夹持牵引压机和移动切断锯的出料口。

(a) 带有工具支架的拉挤成形机进料段　　　(b) 带有夹持牵引压机和移动切断锯的出料口

**图 6.14　挤压成形进/出料设备**

## 6.3.2　原材料

拉挤工艺中的原材料主要有增强材料和基体材料,增强材料主要提供产品的结构力学性能,包括连续的纤维粗纱毡、织物等。基体材料将增强材料固定在一起,保证增强材料的结构力学性能的实现,另外,基体材料还可提供产品的绝缘性、耐腐蚀性等功能。

拉挤成形对树脂的工艺要求:黏度较低(1 200 mPa·s 以下),对增强材料浸润性好;具有较长的凝胶时间和较短的固化周期,固化性能良好和黏结性好;有一定的韧性,成形时制品不易产生裂纹。拉挤工艺所采用的树脂有不饱和聚酯树脂、乙烯基酯树脂、环氧树脂、酚醛树脂和热塑性树脂等。

除此之外,为保证制品质量,在拉挤成形中还用到相关的辅助材料,包括脱模剂、光稳定剂、低收缩剂,以及填料和燃料等。

## 6.3.3　成形工艺

拉挤成形工艺的基本原理是连续增强纤维在外力牵引下经过树脂浸渍,在成形模具内加热固化成形,拉出模具,连续生产出线性制品。它区别于其他成形工艺的地方在于外力拉拔和挤压模塑。

(1) 成形设备

1) 拉挤设备的分类

拉挤设备分类有很多种,一般可按照牵引方式的不同分为履带式拉挤机和液压式拉挤机两大类。典型的拉挤设备包括:纱架、浸胶系统、模具系统、牵引系统、切割系统和微机控制系统六大部分。辅助设备包括搅拌器、切割机床、切毡机、铣床和组装台等。

拉挤成形工艺根据所用设备的结构形式可以分为卧式和立式两大类,卧式拉挤工艺是主流。根据牵引方式的不同又可分为履带式拉挤和液压式拉挤。在新发展的拉挤成形工艺中有许多是拉挤工艺与其他工艺的有机结合,如拉挤-缠绕工艺、RTM-拉挤工艺、拉挤-注射工艺等。此外,还包括热塑性拉挤工艺和曲线拉挤工艺等。

2) 常见拉挤设备系统的组成

一般的拉挤机主要由增强材料供应单元、树脂供给单元、模具、牵引装置、同步切断装置和其他辅助装置组成,如图 6.15 所示。

根据拉挤树脂的特性可将拉挤工艺分为热固性拉挤、热塑性拉挤和光固化拉挤三类。热固性拉挤复合材料的加工范围宽,工艺性能好,占主导地位;光固化拉挤复合材料的树脂基体为光敏树脂,因其价格较高,一般应用在特殊制品的制作,如光缆抗拉芯。热塑性拉挤复合材料具有韧性好、拉速高的特点,而且制品可以回收利用,因此发展速度很快。但是,光固化拉挤设备和热塑性成形拉挤设备与一般的热固性拉挤设备差距较大。下面对光固化拉挤设备进行简单介绍,热塑性成形拉挤设备将在后续章节介绍。

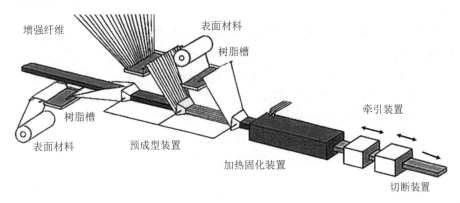

増强纤维　　表面材料　　树脂槽　　牵引装置

树脂槽　　表面材料　　预成型装置　　加热固化装置　　切断装置

**图 6.15　典型胶液浸渍拉挤系统示意图**

光固化拉挤机采用的树脂为光敏树脂。它是以紫外光作为固化的引发能源,因为固化特性的不同,设备形式与一般的拉挤机有显著的不同,最主要的是固化炉与模具部分。它的模具部分只起到定型的作用,固化炉是由密闭的炉腔、紫外光灯管、排风系统组成的,灯管发出的紫外光经两个弧形聚光板汇聚在炉腔中部制品经过的位置,排风系统是为了保证炉腔内部温度恒定,排风系统由排风管、离心分机组成,固化炉一般根据固化需要设置为两段或三段。

(2) 成形工艺原理

拉挤成形工艺流程:连续增强纤维及织物的排列→浸胶→预成形→模内固化成形→牵引出模→切割→制品。拉挤成形工艺已经发展了很多形式,最商业化的是图 6.15 所示的浸胶池技术。该工艺开始端是供应适当类型和取向增强材料的供纱系统,这些材料可以通过制品流动方向连续地从树脂槽中牵引出来并穿过整个系统。许多拉挤制品仅采用单向纤维增强,特别是聚酯树脂基复合材料,然而为了获得结构更为复杂的层板,也可以通过添加布、毡和预叠层织物来进行轴向和非轴向增强,还可以采用混杂增强材料体来满足特殊性能要求,例如:在线纺织、缠和编织设备也可,和拉挤系统结合实现在线复杂纤维预成形体制造和成形。

增强材料经过导轨的折叠与定位形成初步形状的预成形体,然后进入树脂槽将树脂基体涂覆在纤维上,这一过程即"胶液浸渍"。接着,浸渍的纤维再进入拉挤过程的加热段,通过该阶段,构件的最终形状确定下来。在模具内,要选择适当的温度和压力来固化热固性树脂。沿途温度曲线是由在模具长度方向上分布的加热元件来控制的,有时也可对树脂和(或)纤维进行预热来提高固化质量、增强浸润效果。加热方式可以是辐射或感应加热。在某一温度下的停留时间可以通过控制构件经过该口模段的牵引速度来调整,而压力受口模内轮廓、树脂收缩性及增强材料的压缩性的影响。在经过加热段后,制品完全固化,并最终被挤出。下游的牵引设备夹持制品并以恒定速度将制品连续拉出。在生产线末端用锯把制品切成需要的长度。热塑性复合材料的拉挤成形在细节上与热固性树脂基复合材料虽有所不同,但基本加工原理相似。传统的拉挤成形过程仅局限于恒定截面形状制品的生产,许多公司在试图扩展可成形制品的几何形状范围,如变截面部件的连续拉挤。其中一种方法是把拉挤技术和模压技术相结合,在其最简单的一个工艺过程中,拉挤模具被用来连续生产预浸的预成形体。为了实现在线变形加工,用热板液压机代替传统拉挤系统的标准液压牵引机,通过适当调整加工参数,热固性树脂复合材料以部分固化的状态从第一个模具拉出,这种 B 阶段的材料再被拉牵伸到压机两个模板之间,这里的压机既是成形模具又是牵伸夹具。然后,加热的压机模板合闭,使拉挤而成的预制体重新塑形,在压机完成对拉–压构件的固化的同时,压机重新牵拉下一件的材料。

（3）成形工艺参数

在拉挤成形工艺中有六个关键因素影响产品质量和生产效率。

1）树脂的黏度

树脂黏度过高,纤维浸润不充分,产品横向强度降低;树脂黏度太低,特别是入模后黏度低,使模腔压力低,产品密度不够,产品表面凹凸不平。

2）树脂体系的反应活性

树脂体系的活性特别是对温度的敏感性特别重要,工艺上要求树脂在胶槽内有较长的适应期,同时还应在进入模腔后又有较高的反应活性,否则拉挤速度就慢。

3）模具长度

适当增加模具长度可以提高拉挤效率,但是模具过长又给加工精度带来困难,特别是薄壁型材,产品在模腔中所受的摩擦阻力也随之增大,结果不但损伤产品表面,而且在生产中还可能拉断产品,降低生产效率。

4）加热区域的控制

加热区域一般分为三个加热区,而在模具入口处要有冷却水降温,以保证入口的温度在常温范围内;否则,树脂在入口处将固化,这样将使模具堵塞,生产不能继续。

5）产品形状

拉挤制品由于工艺的特点,其形状设计要与工艺能够适应。型材的壁厚也有限制,最小壁厚一般不低于 2.5 mm;否则将无法布置横向增强层,使产品容易沿长度方向开裂。

6）拉挤速度

拉挤成形过程中,拉挤速度与模腔温度有很大关系,当拉挤速度过高时,树脂将不固化或固化不充分,使产品出模后开裂;速度太低则生产效率降低,产品在模腔内的磨损加剧。拉挤速度的提高必须有与之配套的树脂体系、加热方式、产品形状,目前已经有拉挤速度高于 1 m/min 的报道。

(4) 成形工艺监控

拉挤成形质量控制系统可监控各个加工参数,如拉伸力、树脂温度、注射压力和温度,以及线速度。模具内各点的温度和压力可以通过安装在卡具上的传感器监控。另外,将特殊的一次性传感器置入增强材料,当其通过模具时,便可以得到其温度、压力及固化度的连续分布,如在树脂中加入无机填料来减少树脂固化时的收缩,提高树脂凝胶时的压力,这样,构件的表面质量明显改善,孔隙率明显降低。

(4) 质量控制与缺陷分析

① 质量控制和性能检测。主要包括:原材料的控制、中间材料的管理、工艺参数的监控、模具的管理和制品检验;

② 缺陷分析影响制品质量的原因,一般考虑人、机、料、法、环及测几个方面,从缺陷的现象可以分为:外观缺陷、整体缺陷、尺寸缺陷及性能缺陷等四类。

近年来,拉挤成形工艺取得了很大进展。新树脂的采用提高了拉挤制品的质量,极大地扩展了该类材料的应用领域。新的成形技术如树脂注射和后压制成形等也促进了很多新的拉挤制品的生产。随着拉挤技术的发展,拉挤型材的质量性能有了极大的提高,更大的尺寸结构、更复杂形状的型材都可以开发出来。可以预见,拉挤成形将继续发展成为未来许多新产品生产的可选择技术之一。

# 6.4　模压成形

## 6.4.1　概　述

模压成形又称压制成形,是将模塑料(粉料、粒料、碎屑或纤维预浸料等)置于阴模型腔内,合上阳模,借助压力和热量作用,将物料熔化充满型腔,形成与型腔形状相同的制品,再经加热使其固化,冷却后脱模,制得模压制品。在树脂基复合材料成形技术中,模压成形的历史很长,可追溯到 100 年前。当时主要用于生产以木粉、石棉及石英粉为填料的酚醛复合材料制品。随着片状模压料(Sheet Moulding Compound,SMC)、团状模压料(Bulk Moulding Compound,BMC)和新型塑料的出现,模压成形工艺发展很快。据 1990 年国外统计,在纤维增强树脂复合材料的各种成形工艺中,模压成形工艺的占比已达 42% 以上,居各种成形工艺之首。尽管现在出现了多种树脂基复合材料制品成形加工技术,特别是注射成形技术,但由于树脂基复合材料的注射品级较少,再加上注射成形树脂基复合材料固化温度较难控制,致使模压成形技术迄今仍是热固性树脂基复合材料和某些热塑性树脂基复合材料品种主要的成形加工法,广泛应用于制造卫星天线罩、汽车部件、水箱、座椅等。

模压成形分为三个过程:

① 预压:主要目的是改善制品质量,提高模塑效率等。预压是将模塑粉或纤维预浸料及其他预成形织物结构等先压制成一定形状的操作过程。

② 预热:其目的主要是改进模塑料的加工性能、缩短成形周期等。它是把模塑料在成形前先行加热的操作过程。

③ 模压:将计量的物料加入模具型腔内,闭合模具,排放气体,在规定的模塑温度压力保持一定时间,然后脱模,取出制品,清理模具。

模压成形工艺适用于热固性树脂,如酚醛、环氧、氨基树脂、不饱和聚酯和聚酰亚胺等脂,以及某些热塑性树脂制品的加工生产。模压成形工艺按增强材料物态和模压料品种可分为以下几种:

① 纤维料模压法。先将经预混或预浸的纤维状模压料投入到金属模具内,在一定的温度和压力下成形复合料制品。该方法简单易行,用途广泛。根据具体操作的不同,有预混料模压法和预浸料模压法。

② 碎布料模压法。将浸过树脂胶液的玻璃纤维布和其他织物,如:麻布、有机纤维布、石棉布或棉布等的边角料切成碎片,然后在金属模具中加温加压成形复合材料制品。

③ 织物模压法。将预先织成所需形状的二维或三维织物浸渍树脂胶液,然后放入金属模具内,加热加压成形为复合材料制品。

④ 层压模压法。将预浸过树脂胶液的玻璃纤维布或其他织物,裁剪铺贴成所需的叠层形状,然后在金属模具中经加热加压成形复合材料制品。

⑤ 缠绕模压法。将预浸过树脂胶液的连续纤维或布(带),通过专用缠绕机提供一定的张力和温度,缠在芯模上,再放入模具中加热加压成形复合材料制品。

⑥ 片状模塑料模压法。将 SMC 片材按制品尺寸、形状、厚度等要求裁剪下料,然后将多层片材层叠后放入模具中加热加压成形复合材料制品。

⑦ 预成形坯料模压法。先将短切纤维制成与制品形状尺寸相似的预成形坯料,将其放入金属模具中,然后向模具中注入配制好的树脂胶液,在一定的温度和压力下成形。

## 6.4.2 模压料

### 1. 模压料的组成

(1)合成树脂

复合材料模压制品所用的模压料要求合成树脂:①对增强材料有良好的浸润性能,以便在合成树脂和增强材料界面形成良好的黏结;②有适当的黏度和良好的流动性,在压制条件下能够和增强材料一道均匀地充满整个模腔;③在压制条件下具有适当的固化速度,并且在固化过程中不产生副产物或副产物少,体积收缩率低;④能够满足模压制品特定的性能要求。按照以上的选材要求,常用的合成树脂有:不饱和聚酯树脂、环氧树脂、酚醛树脂、乙烯基树脂、呋喃树脂、有机硅树脂、聚丁二烯树脂、烯丙基树脂、三聚氰胺树脂和聚酰亚胺树脂等。其中不饱和聚酯树脂主要用于 SMC、BMC 等。应用最普遍的是环氧树脂和酚醛树脂。环氧树脂中常用的品种有:双酚 A 型环氧树脂、酚醛改性环氧树脂及其他材料改性环氧树脂。常用的酚醛树脂品种有:氨酚醛树脂、镁酚醛树脂、钡酚醛树脂、硼酚醛树脂及聚乙烯醇缩丁醛改性酚醛树脂等。

(2)增强材料

模压料中常用的增强材料有玻璃纤维无捻粗纱、有捻粗纱、连续玻璃纤维束、玻璃纤维布和玻璃纤维毡等,也有少量特殊品种选用石棉毡、石棉织物(布)和石棉纸及高硅氧纤维、碳纤维、有机纤维(如芳纶纤维、尼龙纤维等)和天然纤维(如亚麻布、棉布等)等品种。也可以采用两种或两种以上纤维混杂料作增强材料。

（3）辅助材料

辅助材料一般包括固化剂（引发剂）、促进剂、稀释剂、表面处理剂、低收缩添加剂、脱模剂、着色剂（颜料）和填料等。

**2. 模压料的制备**

本小节主要介绍的模压料是指以玻璃纤维或玻璃布浸渍树脂而制成的，其生产工艺可分为预混法和预浸法，每种方法也可按照操作的不同而分为手工法和机械法两种。

（1）预混法

先将玻璃纤维切成 30～50 mm 的短切纤维，经蓬松后在捏合机中与树脂胶液充分捏合至树脂完全浸润纤维，再经烘干或晾干至适当黏度即可。其特点是纤维松散无定向，生产量大，用此法生产的模压料比容大，流动性好，但在制备过程中纤维强度损失较大。

预混法生产模压料的工艺过程是：按照预先设计好的配料比准确称取树脂、玻璃纤维及各种辅助材料，先将树脂稀释至需要的黏度，然后加入辅助材料搅拌均匀，将树脂胶液倒入捏合机中，加入相应质量的玻璃纤维并充分捏合至玻璃纤维被充分浸润，然后在撕松机中撕松、在烘干机中烘干或晾干至要求的黏度或树脂固化度后，冷却至常温，装入贮存袋中备用。其工艺流程如图 6.16 所示。

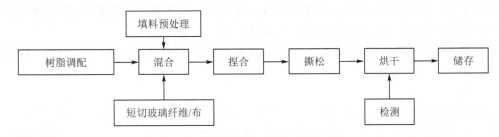

图 6.16　预混法生产模压料的工艺流程

在生产过程中需要控制捏合时间。时间过短，树脂对玻璃纤维的浸润不完全，树脂与玻璃纤维混合不均匀；时间过长，玻璃纤维强度损失太大。此外，将树脂黏度控制在合理的范围内也是很重要的，树脂黏度过大或过小，纤维均不易为树脂均匀浸润，对纤维强度也带来较大的损失。

（2）预浸法

纤维预浸法是将整束连续玻璃纤维或布浸胶、烘干、切短的方法。其特点是纤维成束状，比较紧密，制备模压料的过程中纤维损失较小，但模压料的流动性及料束之间的相容性较差。其生产工艺如图 6.17 所示。

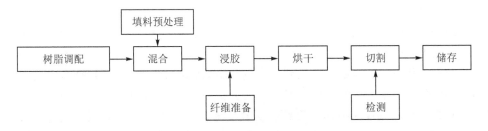

图 6.17　预浸法生产模压料的工艺流程

**3. 影响模压料的因素**

模压料质量的好坏对其模压特性及模压制品的性能有很大的影响。一般情况下应控制好树脂含量、挥发物含量和不溶性树脂含量这三个指标。

## 6.4.3　模压机及模具

### 1. 模压设备

复合材料压制成形的主要设备是压机。压机从传动方式上可分为液压传动和机械传动两种，应用最广泛的是液压机。

压机的作用在于模压工艺成形时通过模压对模压料施加压力、开闭模具和顶出制品。压机应操作灵活、运行可靠、升压快、调压方便。液压机的工作原理是流体力学中静压力传递的帕斯卡定律，如图 6.18 所示。

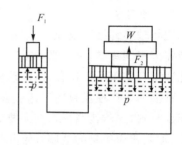

**图 6.18　密闭容器内液体压力的传递**

### 2. 成形模具

模具的结构和尺寸由模压制品决定。模具一般分为阴模和阳模，其加料腔位于阴模上，并通过导柱的定位与导向使模具正确闭合。为了制品形状和结构或模具的加工需要，有的模压模具还设置了中圈（又称中模）。模具是模压成形的主要工具，典型的模压模具均由钢材制成。其基本构造由型腔、加料室、导向机构、型芯、加热冷却系统、脱模机构和装配件等部分组成。

模压模具的分类方法较多，按结构特征分类可分为溢料模（开口式）、半溢料模（半密封式）和不溢料模（密封式）三种。

（1）溢料模模具

又称平压模或敞开式压模模具。模具无加料腔，型腔就是加料腔，其高度等于所加工制品的高度。上下模腔无配合部分，因此施加压力，多余的物料就会沿分型面溢出，形成飞边。所以，每次加料量不宜精确计量，而应留出加料余量，宁多勿少。

优点：此类模具结构简单，制造成本低，由于上下模之间无配合面，不发生相互摩擦，故而使用期长，耐用性好，排气性好且安装嵌件比较方便，容易取出制品。

缺点：制品压实程度差，会影响制品的物理性能；溢料多，飞边厚，原材料浪费较为严重，制品后加工量大，且制品薄厚度难以控制；凹模无加料室，不能成形外观密度低的粉料等。因此，溢料模只适用于成形加工厚度小、密度低、尺寸和温度要求不高的平盘形制品。另外，用溢料模成形加工大体积制品时，装料比较困难，需要用装料筐装料（见图 6.19）。脱模时从型芯上顶出制品。

（2）半溢料模模具

又称半密封式模和半压入式模模具。这种模具中包括半溢式模和半不溢式模两种。

1）半溢式模

半溢式模（见图 6.20）的溢料量受到一定的限制，因此当凸模伸入凹模时，溢料只能从凸模上开设的孔槽中溢出。若采用在阴模进口处开设一向外的斜面也可。由于采取了上述措施，所以每次加料量精确度和制品密度都有明显提高。但此类模具不宜压制抗冲击性大的物料，否则物料容易积聚在支承面上而使型腔内的物料受压不足，要是形成较厚的飞边，则清理也较困难。

2）半不溢式模

半不溢式模（见图 6.21）的特点在于在凹模"A"段以上有 $-3°$ 的倾斜度，这样在凸凹模之

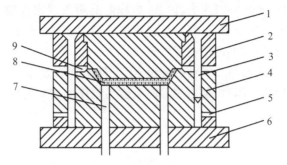

1—上模板；2—组合式凸模；3—导柱；4—凹模；5—气口；
6—下模板；7—顶杆；8—制品；9—溢流道

**图 6.19　溢料模模具示意图**

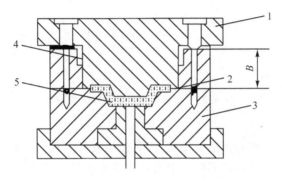

1—凸模；2—支承面；3—凹模；4—孔槽；5—制品；B—加料室高度

**图 6.20　半溢式模**

间就形成了一个溢料槽。"A"段长度为 1～3.5 mm。模压时，凸模伸入凹模还未达到"A"段之前，物料仍然可从溢料槽中溢出，但也受到限制。一旦凸模到达"A"段之后，就完全与不溢式模相同。所以，此模加料量应略有过量，不求十分准确，这对加料带来方便，且制品尺寸精度高，密实性好。

（3）不溢式模模具

不溢式模模具（见图 6.22）的特点是不会让物料从型腔中外溢，而将压机所施加的压力全部都压制在物料上，故而可成形那些流动性差或压缩率大的物料（如织物增强酚醛等），而且还可成形牵引度较长的制品。制品压实性好，密度高且均匀，无明显的溢流痕迹。

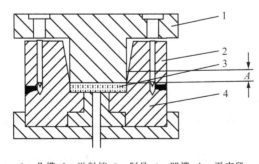

1—凸模；2—溢料挡；3—制品；4—凹模；A—平直段

**图 6.21　半不溢式模**

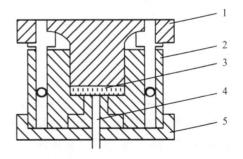

1—阳模；2—阴模；3—制品；4—顶杆；5—下模板

**图 6.22　不溢式模模具**

由于此模在压制时几乎无溢料损失,因此,应按制品质量规定称装料。若装料过量,则制品厚度难以符合要求;若加料量不足,则制品强度又会受到影响,甚至造成废品。此类模具不宜排气,制品固化时间较长,成形周期也随之延长。

该种模具的缺点是每次加料必须精确称量;上下模配合要紧凑,配合面易受摩擦而损伤,因而其使用期短,耐久性差。同时,顶出制品时极容易划伤制品外表面。

## 6.4.4 成形工艺

### 1. 工艺过程

模压成形工艺过程包括:嵌件放置并预热、加料、合模、排气、保压固化、脱模、清理模具等步骤,如图 6.23 所示。

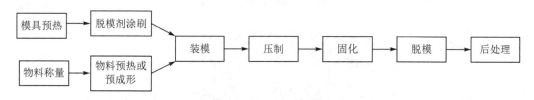

**图 6.23 模压成形工艺过程示意图**

(1)嵌件放置

嵌件一般由金属制成,可对制品起增强作用,使用嵌件的制品力学性能提高较大。也有的是为了赋予制品导电、导热特性或其他功能特性而加入嵌件。嵌件放置前,进行预热为佳。

通常是用手放置嵌件,放置位置要准确、稳定,若是小型嵌件亦可用钳子或镊子安装。一件制品既可以用一个嵌件,也可放置几种不同的嵌件,其位置一定要稳定,必要时应加以固定,防止位移或脱掉;否则达不到使用嵌件的目的,反而会造成制品的报废,甚至会损坏模具。

(2)加 料

加料量的精确度会直接影响制品的尺寸与密度,应严格加以定量,将模压料均匀地加入阴模槽中。定量加料法有:重量法、计数法和容量法。

重量法准确,多用于尺寸要求精度较高和难以用容量法加料的模压料,如碎屑状、纤维状物料。容量法不如重量法准确,但操作方便,一般用于粉料计量。计数法只用于预压物料加料。

注意事项:加料前应首先检查型腔内是否有油污、飞边、碎屑和其他异物。将准确计量的模压料,按型腔形状加入,对某些流动阻力大的部位应尽可能填满,并注意难以冲模部分(如凸台、细小孔眼、狭缝及开口附近),应多加些模压料。在嵌件周围预先放上模压料并压紧,这样可减少料流对嵌件的冲击力,嵌件的插孔内也不会发生"逃料"现象。如果预先预压成制品形状加料更为方便。

(3)模压料的预热和预成形

在压制前对模压料预先进行加热处理称为预热。其作用是改善模压料的工艺性(如增加流动性),便于装模和降低制品的收缩率,同时还可以缩短模压时间,降低成形压力,并能显著提高制品的力学性能和尺寸稳定性。

预热处理的方式多种多样,可根据生产条件和模压料的特性加以选择。其要求是模压料应受热均匀、使用方便,预热处理时间一般不超过 30 min。

预成形则是在常温下预先将定量的模压料压制成与制品相似的形状,然后再投入模具中压制。这种方法可以缩短成形操作周期,提高生产效率和制品的性能。预混料模压制品在大批量生产、使用多腔模具、制品形状特殊等情况下常常采用预成形法。

（4）合　模

合模分为两步,阳模未接触模压料前,需低压(1.5～3.0 MPa)快速,这样可以缩短周期和避免制品发生变化;当阳模接触模压料之后,应开始放慢闭模速度,改用高压(15～30 MPa)慢速,以免损坏嵌件,并使模具空气排出。

（4）排　气

为了排除模内空气、水汽及挥发物,在模具闭合后,有的还需要将模具开启一段时间,这个过程称为排气。排气操作应力求迅速,一定要在模压料中的树脂尚未塑化时完成,否则树脂硬化而失去可塑性,此时即使打开模具也排不出气,即使提高温度和压力也不可能得到理想的制品。排气可以缩短固化时间,而且能提高制品的力学性能和电性能。为了避免制品的分层现象,排气过早过迟都不好,过早达不到排气的目的,过迟模压料表面已固化,气体排不出来。

（6）固　化

模压料中的树脂从流动态变成坚硬的不熔不溶状态的过程称为固化。固化速度与树脂的性质、预压、预热、压制温度和压力等因素有密切的关系。

固化速度的快慢取决于模压料中树脂低分子组成向高分子产物转化的速率,即固化速度与树脂的分子结构有关。如:热塑性酚醛树脂因相对分子质量较低,支链少,固化剂容易与活泼基团反应,所以固化速度快。热固性酚醛树脂相对分子质量高,黏度更大,不利于活泼基团的缩合,所以固化速度慢。

固化速度的快慢直接影响到生产效率。为了加速模压料的固化,有时在成形时加入一些固化剂,如热固性酚醛模塑粉可加入六次甲基四胺;脲醛模塑粉可加入草酸等固化剂。

有些无机填料对模塑粉的固化速度也有影响,如镁的氯化物能加速酚醛模塑粉的固化。

（7）保压时间

模压料在模具内固化的过程始终处于高温高压下。从开始升温、加压到固化至降温降压所需要的时间称为保压时间。保压时间实质上就是保持温度和压力的时间,与固化速度完全一致,保压时间过短,即过早地降温降压,会导致模压料固化不完全,降低制品的力学性能和电性能及耐热性能。

保压时间过长,不仅延长生产周期,而且使树脂交联过大,导致模压料收缩过大,密度增加,树脂与填料之间还会产生内应力,严重时会使制品破裂。因此必须根据树脂的性能制定适当的保压时间,过长或过短均不适宜。

（8）脱　模

在一个压制周期结束后,应将已成形的制品从模具中取出,以便进行下一次的模压操作。脱模通常是靠顶杆来完成的,带有成形杆或某些嵌件的制品应先用专门的工具将成形杆等拧脱,而后再进行脱模。

脱模时制品的温度应在60 ℃以下。温度太高,所得制品易产生变形、收缩等劣变现象,并导致制品外观质量下降;温度太低,将使模压周期延长,生产成本上升。

（9）清理模具

由于模压时可能在模具里留有一些残存的模压料及掉入的飞边,所以每次模压后必须将模具清理干净。如果模具上附着物太牢可以用铜片清理,也可用抛光剂拭刷等,清理后涂上脱模剂以便进行下一次模压。

（10）后处理

模压制品在脱模后往往还需要经过一定的后加工过程才能达到使用要求。第一道工序是除去制品的毛刺飞边，可通过手工或机械打磨的方法进行，以提高制品的外观质量。此外，往往还需要对制品进行必要的机械加工，如进行钻孔攻丝等。由于复合材料制品对机械加工十分敏感，应尽量避免，如需开孔，可通过在模具中设置型芯的方法解决，攻丝则可通过设置带螺纹的型芯或带内螺纹的型环直接将螺纹成形在模压制品上，否则对模压制品加工不当极易产生"掉碴"现象，导致模压制品报废。

**2. 工艺参数**

在模压过程中，模压料中的树脂将经历黏流、凝胶和固化三个阶段，而树脂分子本身也将由线性分子链变成不熔不溶的空间网状结构。将模压料转化成合格制品所需要的外部条件就叫作模压料的模压工艺参数，实际生产中称为压制制度。

（1）温　度

温度是模压料所包含的热量的量度。热能的作用是促进模压料塑化和树脂的固化。初期随着温度的升高，模压料从软固态逐渐变成黏流态，温度达到一定程度后模压料的黏度升高，树脂的固化反应开始，最终变成不熔不溶的固态。从分子的运动来看，温度升高树脂获得的能量增加，树脂分子的热运动加剧，引发剂开始起作用引发树脂分子的固化反应。在模压过程的各个阶段所需的热量是不同的，这就需要控制相应的温度指标，包括装料温度、升温速度、模压成形温度、恒温温度、降温温度和后处理温度等。

1）装料温度

将模压料装入模腔时的温度称为装料温度。它由模压料的品种和制品的质量要求而定，同时还应考虑到模压料中溶剂的挥发温度、制品的结构及生产效率。

2）升温速度

指由装料温度到最高温度时的升温速率。对快速压制工艺来讲，装料温度就是压制温度，不存在升温速度。而对普通模压工艺来讲，就需慎重选择并严格控制升温速度，这一点对压制厚壁制品时尤其重要。

3）成形温度及恒温

最高温度是指通过示差热分析（DTA）测得的树脂固化反应的峰值温度，实际就是模压料的成形温度。在模压工艺中，成形温度主要取决于模压料的种类。

在达到成形温度后，为使树脂固化完全并消除模压制品的内应力，一般应在成形温度下保温一段时间，这个过程叫恒温过程。恒温过程所持续的时间主要取决于两个因素：一是模压料固化完全所需的时间（与模压料的种类有关）；另一个是不稳定导热时间，即加热元件通过模具向模腔导热，使模腔中的模压料的温度达到成形温度所需的时间，它与模压料的品种、加热装置、制品结构和尺寸及环境温度有关。

4）降　温

在模压过程恒温时间结束后，在保持压力的情况下开始降温过程。降温方式有自然降温和强制降温两种。通常是在模具周围的预留孔道中通入冷水或用风机吹入冷风来使模具和模压制品强制降温。

（2）压　力

1）成形压力

成形压力的作用是克服模压料在模内流动时的内摩擦力、模压料与模腔内壁之力，使模压料充满模腔,克服模压料被加热时挥发物产生的蒸气压力,从而得到结构密实的制品。成形压力的大小取决于模压料的品种、模压制品的结构和尺寸。

2)加压时机

是指在装料后经过一段时间、在一定温度下的加压操作。合理的加压时机是确保制品质量的关键性参数之一。加压过早,模压料中树脂分子的反应程度还较低,分子量较小,黏度低,树脂组分极易流失,从而在制品中产生局部树脂聚积而其他部分则树脂量不足;加压过迟,树脂反应程度过高,分子量过大而导致黏度过高,模压料的流动性过差而不能完全充满模腔。这两种情况都会导致出现次品。只有加压时机合理,才能获得最佳性能的模压制品。

最佳加压时机应在树脂发生剧烈固化反应放出大量气体之前。主要取决于模压料的品种、装料前的模压料质量指标及装模温度等。通常采用以下方法来确定最佳加压时机:凭经验,模压操作者可以将树脂拉出丝来时即为加压时机;根据温度显示来确定加压时机,当液压机控温仪显示的温度接近树脂的凝胶温度,可选用差示热分析(DTA)方法和差示扫描量热(DSC)方法测定树脂的固化放热曲线,再由放热曲线来确定加压时机;按树脂固化反应时的气体释放量确定加压时机,树脂在固化过程中放出相当可观的挥发物,通过试验可以作出树脂挥发物的排放量-温度曲线。按照曲线的指示,在大量挥发物溢出之前的温度下加压,即为加压时机,此时加压可以阻止气体集中排出,防止制品出现肿胀、开裂等缺陷。

3)卸压放气

模压料中均含有一定的挥发分。某些模压料(如酚醛型模压料)在固化反应中还会生成一些挥发性副产物。这些挥发分及副产物在压制过程中如果不能有效地排除,将使制品产生气泡、分层等现象。对一些快速反应的模压料,这一现象将尤为严重。因此,实际工作中一般在加压后需采取放气措施,即加压后,随即减压放气,再加压,如此反复几次,即可排除。

(3)时　间

模压料中的树脂固化所需时间就是指模压料在模具中从开始升温、加热、加压到完全固化为止的这段时间。模压时间与树脂品种、制品形状、厚度、模具结构、模压工艺条件及操作步骤等有关。在一般情况下模压温度升高,固化速度加快,所需模压时间减少,因而模压周期随模温提高而缩短;模压压力对模压时间的影响虽不及温度那么明显,但也随模压压力的增大模压时间有所减少。

由于预热减少了树脂的充模和升温时间,所以模压时间要比不预热的短些。通常模压时间随构件厚度的增加而增加。

模压时间的长短对制品的性能影响很大,时间太短树脂固化不完全,制品力学性能差,外观无光泽,制品脱模后易出现翘曲变形等现象。延长时间,一般可以使制品的收缩率和变形减少,当然制品的其他性能也有所提高。但过分延长模压时间,不仅延长了成形周期,降低生产率,多耗热能和机械功,而且会使树脂过热,制品收缩率增高,树脂和填料之间会产生内应力,制品表面发暗并起泡,从而造成制品性能下降,严重时会造成制品破裂。因此应合理规定模压工艺参数。

**3. 液压机台面的平行度**

闭模时,由于坯料位置的不均衡或模具内压力分布不均匀引起的偏心载荷可能导致上台面和下台面不能保持平行。液压机导轨的间隙和液压机框架的不均匀弹性变形会加剧这一问题。不平行的台面引起模压构件厚度的不均匀,进而引起不均一的固化速率和不稳定流动,影响构件质量。解决这一问题可采用四活塞式液压机。每个活塞位于移动台面的角上,安装在活动台面每个角上的位置传感器将不平行度反馈给液压机,从而调整液压柱的活动情况以维持模压过程中台面的平行。

# 6.5　新的固化成形工艺

## 6.5.1　电子束固化

（1）概　述

当前所应用的先进树脂基复合材料基本上都是采用加热固化成形的,如热压罐、热压机等。由于热固化成形的工艺周期长,从数小时到数十小时,造成复合材料制造成本较高,阻碍了复合材料在国防工业及民用领域中的广泛应用。同时,热固化复合材料采用的固化剂和有机溶剂往往是有毒的,造成对环境和操作人员的危害。鉴于热固化方法的各种不足,并顺应复合材料低成本化和无公害化的发展趋势,国内外研究人员不断研究改进热固化成形复合材料的途径或探索新的固化成形方法。树脂基复合材料的电子束固化就是在这种背景下发展的一种新的复合材料固化成形工艺。

（2）树脂基复合材料电子束固化的特点

电子束固化成形是指利用高能电子束引发预浸料中的树脂基体发生交联反应,制造高交联密度的热固性树脂基复合材料的方法。

电子束固化是辐射固化的一种,辐射固化还包括利用光、射线等粒子的能量引发反应,使树脂单体聚合、交联,达到固化的工艺过程。其中光固化研究已有 50 年的历史,而电子束固化则要短得多。电子束固化复合材料之所以在最近十几年里受到重视并得到快速发展,是因为它相对于热固化成形工艺具有自己的特点。

电子束固化可以在室温或低温下固化;固化剂和有机溶剂的用量大大减少;可以只对需要固化的区域进行辐射,实现局部固化;可以与缠绕、自动铺放、树脂转移模塑等工艺相结合,实现连续生产;电子束固化树脂体系的贮存稳定性优良。正是由于电子束固化具有上述特点,使之具有了热固化无法相比的优点。

1）更低的成本

由于能够进行室温或低温固化,使这种工艺具有一系列优势:一是材料的固化收缩率低,有利于构件的尺寸控制,提高构件的合格率;二是减小了固化复合材料的残余应力。构件中的残余应力会导致其装配困难,因此,减小复合材料的残余应力和提高构件的尺寸精度能降低构件的工装成本,同时减小构件的残余应力也能提高复合材料的热疲劳性能;三是由于低的固化温度,可以采用低成本的模具材料,如泡沫、石膏和木材等,以代替昂贵的加工困难的钢、殷钢和复合材料等。另外,复合材料电子束固化所需能量仅为热固化的 $1/20\sim1/10$。采用电子束固化 1 kg 复合材料仅需 $0.1\sim0.72$ kW 的能量,而热固化需要 $1.76\sim2.86$ kW。

2）高效率

固化速度快,成形周期短,例如一个 1.6 pJ、50 kW 的电子加速器每小时能生产 1800 kg 复合材料,这是常规热压罐固化速度的若干倍。采用电子束固化成形技术 8 h 固化的一个复合材料构件,利用热压罐固化至少需要 100 h。电子束固化工艺便于实现连续化操作,它可以与树脂传递模塑、编织、缠绕、纤维铺放和拉挤等成形工艺结合起来,进一步降低复合材料的制造成本、提高效率。

3）低污染

电子束固化树脂体系一般不用或者少用易挥发的有毒有机溶剂及有毒和致癌的固化剂，对环境和人体的危害也随之降低。

4）可选择局部固化

热固化工艺提供的是一个球形工艺温度场，而电子束工艺所实施的是一个"瞄准线"固化区。因此，电子束工艺可以在构件上选择需要固化的区域进行电子束辐射固化，而不必对整个构件进行固化处理，这有利于降低制造成本。因此，该工艺特别适用于复合材料修补。同时，便携式电子加速器的研制成功使电子束固化技术应用于复合材料构件的外场修补成为可能。由于电子束固化材料的收缩率低、残余应力小，因此它也适用于对不同材料进行共固化或者共黏结。

5）适于制造大型构件

由于电子束固化工艺不需要热压罐，因此只要电子加速器的屏蔽室允许，便可以固化很大的复合材料构件。目前，最大的电子束固化设备在法国的 Aerospatial，它可以制造 5 m×10 m 的复合材料构件。而要建造一个能固化如此大的复合材料构件的热压罐是非常困难的。

6）工艺性好

常规的热固化树脂体系的室温贮存期最多只有几个月，而电子束固化树脂体系在室温黑暗环境下可以无限期贮存。

电子束固化也有其不利的方面，如电子束及其产生的 X 射线需要防护设施加以隔离，以免对人造成伤害；固化过程中加压困难。

（3）电子束固化存在的问题

虽然电子束固化复合材料具有许多热压成形不具备的优点，但是要使电子束固化工艺在复合材料工业中得到广泛的应用，还有大量的问题需要研究。目前，电子束固化树脂浇铸体都具有较好的性能，但其复合材料层合板的层间剪切强度较低，这表明电子束固化制造的复合材料的纤维-基体界面较弱。造成这一后果的原因可能有两个：一是增强纤维的上浆或其表面处理与电子束固化体系不匹配；二是电子束固化树脂的固化速度太快，使树脂在增强体中得不到充分流动和浸润纤维。电子束固化复合材料在高温湿态条件下的性能保持率较热固化成形复合材料差，这是它的另一严重问题。此外，缺乏对电子束固化树脂固化机理的基础性研究也是阻碍电子束固化树脂基复合材料发展的一个重要因素。对于航空航天应用，其最基本要求之一就是可靠的质量。在电子束固化工艺中，关于原材料的控制、纤维体积含量的变化和孔隙率的控制等都需要进一步探索，以有效地控制电子束固化复合材料的性能变化，提高构件的质量稳定性。

（4）应用与发展

由于电子束固化工艺可以在构件上选择需要固化的区域进行固化，而不必对整个构件进行固化处理，因此该工艺特别适用于复合材料的修补。电子束固化与传统的修补方法相比有明显的优势：电子束固化是常温工艺过程，因而不需要外部加热，使修补简化；由于没有局部加热，也就不会产生热应力；不需要高温模具；可控的快速固化，树脂可无限期贮存；同时在修补时有充分的操作时间。电子束固化树脂是以单组分材料提供的，避免了传统的修补剂因双组分及多组分而造成的配比控制不当或混合不均匀带来的影响。经电子束固化的树脂能够深度交联，表现出很好的热稳定性、化学稳定性和低吸湿性。

## 6.5.2　光固化

近年来,复合材料基体树脂的固化方式有了较快发展。传统的热压罐法等加热固化方式由于能源利用率低、加工周期长、环境污染大等受到了挑战。光固化、电子束固化等辐射固化方式由于固化温度低、固化速度快、热收缩内应力小、环境污染小等优点获得了快速发展。在辐射固化方式中,就光固化和电子束固化两种方法比较而言,电子束固化虽有能量利用率更高、穿透力更强、有时甚至不需引发剂等优点,但设备昂贵、投资大、运行成本过高,因而大大限制了其应用,因此,光固化技术仍然占整个辐射固化市场 95% 左右的绝对份额。

目前,用于先进树脂基复合材料的基体树脂主要是环氧树脂、聚酰亚胺和双马来酰亚胺树脂,其固化方式采用辐射固化技术的不少。

光聚合反应除光缩合聚合(也称局部化学聚合)外,就其反应本质而言,多数是链反应机理,即是由活性种(自由基或离子)引发的链增长聚合过程。这与人们熟知的化学引发自由基聚合和离子型聚合所不同的只是引发聚合的活性种的产生方式。光聚合引发的活性种是由光化学反应产生的,因此光聚合只有在链引发阶段需要吸收光能。

与化学引发的聚合相比,光聚合的特点是聚合反应所需的活化能低,因此它可以在很宽的温度范围内发生,特别是易于进行低温聚合。尤其在实验室中,通过光聚合可以获得不含引发剂残基的纯高分子,为各种进一步研究提供了十分便利的手段。另外,由于光聚合链反应是吸收一个光子导致大量单体分子聚合为大分子的过程,从这个意义上讲,光聚合是一种量子效率非常高的光反应,具有很高的实用价值。

光聚合反应的发生,首先要求聚合体系中的一个组分必须能吸收某一波长范围的光能,其次要求吸收光能的分子能进一步分解或与其他分子相互作用而生成初级活性种。同时还要求在整个聚合过程中所生成的大分子的化学键应是能经受光辐射的。因此,选择适当能量的光辐射使之能产生引发聚合的活性种是十分重要的。

由于有机分子的直接离子化需要能量为 $7\sim12$ eV,在近紫外到可见光范围内的光子能量不足以使单个有机分子离子化,所以长期以来人们一直认为光聚合只能通过自由基活性种引发。然而,芳香族锍盐等阳离子光引发剂的出现,以及对由电荷转移相互作用的光化学反应而形成的离子活性种引发聚合研究的深入,促进了离子型光聚合研究的发展。

离子型光聚合使得可利用的单体种类大大增加了。如今,光聚合的领域已远远超出了链反应的范围。由于大多数单体、低聚物和预聚物通常在光照射下不能产生具有足够量子效率的引发剂原核,所以,在使用时必须引入被称为光引发剂或光敏剂的低分子量有机分子,以提高介质光吸收效率,引发聚合反应进行。目前有了许多新颖的可光固化的预制体、单体、活性稀释剂及光引发剂、光敏剂品种,如膨胀性单体,元素有机类含硫、含磷的化合物,用于可见光波长范围的光引发剂/光敏剂、水性(两亲性)光引发剂/光敏剂等。

光(紫外光,可见至近红外光,多色光和激光等)固化技术的应用领域非常广,在复合材料研制领域如预浸料、层合板等,在微电子领域如光刻胶等,以及在其他方面如涂料、胶黏剂、涂饰材料等都有非常良好的应用。

## 6.5.3　微波固化

微波固化具有传热均匀、加热效率高、能耗低、固化率高、加工周期短等突出特点,相比于传统加热固化具有极佳的发展优势和应用前景。国外针对微波固化技术的研究始于 20 世纪

80 年代,在微波固化机理、固化过程及固化装置研制中取得了积极的成果。国内微波固化方面的研究仍处于起步阶段,在微波修复、装置研制、微波固化模具设计等方面也进行了一些研究。

(1) 微波固化机理

微波是指频率范围在 300～3 000 GHz( 波长 1 m～0.1 mm) 的电磁波。工业和科研中常用的微波频率为 915 MHz 或 2.45 GHz。微波的加热效应来源于微波与介质之间的相互作用。

在电场作用下,复合材料内部的极性分子受电场作用,产生转向极化,逐渐与电场方向一致。微波固化过程中,极性分子在交变电磁场作用下,电场方向的交替变化、转向极化不断发生,极性分子产生旋转、振荡、碰磨等行为,内部能量以热的形式扩散到材料当中,从而将微波能转化为内能。微波的"致热效应"是普遍认同的事实。然而,微波固化过程中,固化反应速率的提升显著,是否存在"致热效应"以外的"非致热效应"影响了固化反应速率,目前尚未形成统一的观点。

一方面,部分学者的研究表明:微波固化过程是一种加热行为,微波固化反应未产生与热固化过程不同的新物质,即微波固化过程仅存在"致热效应"。这些研究人员从反应活化能、反应结构产物等方面说明了微波固化不存在"非致热效应"。

然而,另一部分学者的研究得出了完全相反的结论:微波固化过程改变了固化反应动力学参数,降低了固化反应的活化能,微波固化机理与热固化机理不同,即微波固化过程存在"致热效应"以外的"非致热效应"。这部分学者的研究结论支持了微波固化存在"非致热效应",微波固化可以改变固化反应动力学参数,降低固化反应的活化能,这也是微波固化速率较高的重要原因。

综上所述,国内外对微波加速固化反应机理的研究仍未能取得共识。科研人员从固化产物结构、产物玻璃化转变温度、固化产物性能、固化反应活化能等方面进行了论证,然而在判断固化机理是否存在"非致热效应"过程中,不同的试验体系具有完全相反的结论。分析认为,微波固化过程中,排除掉实验本身的误差,不同树脂体系可能存在着不同的微波辐照响应特征,即对于不同的树脂体系,微波固化机理可能并不相同。在微波固化机理未来的研究中,应当针对不同的树脂体系,深入固化反应本身,通过追踪微波固化反应与热固化反应过程中活性基团的动态变化过程,判断是否存在有新物质或者中间产物的生成,从而确定是否有"非致热效应"导致了微波固化反应速率的提升。

(2) 微波固化对碳纤维复合材料性能的影响

自 20 世纪 80 年代微波固化技术产生以来,科研人员针对碳纤维复合材料微波固化进行了大量实验研究,众多实验结果显示,微波固化可显著提升材料固化速率。然而通过与传统热固化产物对比发现,微波固化产物往往具有不同的性能特点。

1) 玻璃化转变温度

玻璃化转变是非晶态聚合物高弹态与玻璃态之间的转变,所对应的温度即是玻璃化转变温度($T_g$)。在宏观上,玻璃化转变温度体现了高分子运动形式的转变,它直接影响材料的使用性能和工艺性能。

研究人员通过动态热分析(DMA)、差示扫描量热法(DSC)对比微波固化与热固化产物的玻璃化转变温度发现,微波固化产物具有更宽的转变区。对比了不同环氧树脂体系热固化与微波固化样品差异,发现微波固化产物具有更紧密的网络结构,微波固化样品具有较高的玻璃化转变温度,这对于复合材料应用于较高温度的工作区域具有积极作用。相比于热固化方式,微波固化产物玻璃化转变温度的提升主要是由于微波固化的"体加热"模式,在材料的固化过程中,分子基团的交联固化反应更为充分,交联程度更高,形成的网状结构更为紧密。更紧密的固化交联约束了树脂基体内分子链的运动,在升温过程中,链段需要更多能量克服这一束缚,所以玻璃化转变温度会有一定程度的提升。

2)界面结合性能

研究人员对比了微波固化与热固化方式下环氧树脂胶黏剂的固化行为,结果表明,微波能有效改善纳米粉体与树脂基体之间的相容性,提高界面结合性能。采用微波技术对碳纤维/环氧复合材料进行固化试验,结果表明微波固化试件抗压强度有显著提高,其主要原因是树脂基体与纤维之间界面结合强度的提高。通过对比热固化和微波固化产物的电镜照片,微波固化形式下的纤维表面附着有更多的基体,这也表明微波固化对于界面结合具有促进作用。在碳纤维固化过程中,界面性能的改善基本取得了大家的共识。关于界面结合性能的改善,考虑到碳纤维复合材料微波固化的加热过程,微波对于碳纤维具有较强的加热作用,所以微波辐射首先加热碳纤维,热量从碳纤维传导至树脂基体,在碳纤维与树脂接触部分可以更有效地完成升温和固化反应,一定程度上提升了材料的界面结合性能。

3)力学性能

微波固化技术给碳纤维复合材料生产带来了更高的生产速率、更好的界面结合性能,固化过程中内部分子基团的高度交联不仅影响了玻璃化转变温度和界面结合性能,而且给材料的其他力学性能带来了一定影响。

研究人员对热固化、微波固化、热-微波组合固化等三种固化方式对碳纤维/环氧树脂复合材料的影响进行研究,结果表明,微波固化复合材料的拉伸强度、弯曲和层间剪切强度均亚于热固化复合材料。扫描电镜分析表明,微波固化产物在微观形态上与热固化及组合固化产物有较大差别。

4)孔隙率

研究表明,相比于热固化样品,部分微波固化样品中存在更多的孔隙。其产生主要是由于在固化反应初期,基体内部的气泡及小分子结构受热迅速膨胀,在材料内部形成较多的孔隙,固化过程中没有足够的压力去排出这一部分气泡,因而微波固化产物具有较高的孔隙率。当材料受力时,材料内部的孔隙处是应力集中区域,力学承载能力较弱,孔隙容易扩大形成裂纹,从而使得材料结构遭到破坏。孔隙含量越高,孔隙的尺寸越大,对于复合材料的力学性能影响就越大。因此,在微波固化的研究中,改进固化工艺,控制固化产物孔隙率是提升微波固化产物质量的重要突破口。

(3)碳纤维复合材料微波固化技术面临的关键问题

从当前微波固化技术的研究现状来看,当前的碳纤维复合材料微波固化技术正处在发展的关键阶段。微波固化过程对于复合材料玻璃化转变温度、力学性能、界面结合性能具有重大影响。如何在提升微波固化速率的同时保证固化产物的质量是,微波固化技术发展的关键,其研究方向归结起来,主要有以下几个方面。

1)避免"打火"现象发生

碳纤维增强树脂基复合材料具有导电性,因此其微波固化过程相较于非导电复合材料具有额外的复杂性。碳纤维复合材料在微波作用下极易发生"打火"现象,容易导致复合材料发生损伤,给复合材料性能造成不良影响。

针对这一现象,研究人员采用导电环氧胶带黏附碳纤维复合材料边缘的方法来抑制"打火"现象的发生,取得了良好的试验效果。还利用铝箔包裹碳纤维复合材料层合板的边缘,通过抑制电荷在碳纤维复合材料边缘处的聚集来消除"打火"现象。然而,由于铝为金属材质,会对微波固化装置内部的电磁场分布情况产生干扰,从而可能对复合材料的微波固化过程产生影响。"打火"现象的发生,实际是气体介质被击穿的过程,极性分子不断极化,从而不断吸收电场能量,若产生的高能电子不能充分耗散掉,达到一定的场强之后就会产生气体介质的击穿。在固化反应中,出现"打火"是由于碳纤维表面的毛刺形成尖端,在强电场作用下形成了击穿。根据帕邢定律,提高气压或者降低气压至真空都可以有效地提高击穿电压,从而避免碳纤维复合材料微波固化过程的打火现象。可在炉腔内形成真空或者通入稳定性更强的氮气作为保护气体,并对材料表面尖端进行打磨,消除碳纤维表面尖端的毛刺,从而减少"打火"现象的发生。

2）碳纤维复合材料微波固化过程中的温度均匀性

微波固化对于提升复合材料的固化效率是显而易见的。为了提升微波固化产物质量,固化过程中温度均匀性问题是微波固化研究工作的重点。

交变电场中,介质的极化表现为对电场电流密度的损耗,介质的复介电常数综合反映了材料在交变电场中的电极化行为。复合材料局部吸收微波能的大小受外部电场和材料自身两方面因素影响。外部电场强度大小、分布的均匀性及材料本身的均匀性,对复合材料的微波固化效果有着重要的影响。这是因为,若复合材料外部的电场强度大小分布差异较大,会导致材料微波吸收功率的较大差异;材料本身的不均匀,会导致在局部区域内介电常数有较大差异,从而也导致微波吸收功率的差异。以上两种因素的不均匀,会产生微波加热功率的不均匀,造成材料局部区域升温速率的差异,产生不均匀升温,造成局部"热点"现象,甚至形成热烧损。不均匀加热会造成材料内部的温度梯度,产生较大固化应力,这将会对复合材料的物理机械性能带来不良影响。

为了解决固化温度均匀性问题,科研人员从微波固化装置尺寸、形状、控制系统等角度进行了多方面的尝试,包括:设计微波装置腔体适当的形状和尺寸,以改善微波固化装置的电磁场均匀性分布;采用多个微波源的多模腔体,有助于改善温度均匀性;设计带有旋转转台的微波炉腔也有助于温度均匀性的改善;在单模腔中加装计算机控制系统,通过智能控制微波频率和功率,以改善温度均匀性;设计八边形截面的微波固化装置,配合有真空袋系统,通过对多个磁控管的功率调节,保证固化过程的均匀性。

综上所述,为了实现固化过程温度均匀分布,研究人员在微波固化装置设计过程中,提出了多种思路来保证微波固化装置内的电磁场均匀性。然而,实际生产过程中,只保证装置内部的电磁场均匀度并不能完全保证碳纤维复合材料的均匀固化。材料内部的介电常数差异也是造成材料固化温度不均匀的重要因素。因此,应当将先进的测量系统和控制系统引入微波固化装置设计,实现对装置内材料多个点位温度、介电常数、电场强度等数据的在线实时监测,通过反馈调节控制装置腔体内部的电磁场分布,实现材料吸收功率均匀,从而达到固化过程温度的均匀性分布,保证构件固化质量。

3）碳纤维复合材料微波固化工艺过程

在微波固化工艺的逐步发展中,通过单纯的微波加热得到产物质量并不能得到保证。研究人员发现,微波能有效固化单向石墨纤维/环氧树脂复合材料,但对于多向铺层的石墨纤维复合材料,微波的固化效果并不理想;另外,对短碳纤维增强复合材料进行的微波固化试验研究发现,当采用较长碳纤维时,复合材料可以在较低能量下被有效加热,然而固化得到的样品质量不能保证。

既然单纯的微波固化难以得到质量可靠的固化产物,部分科研人员考虑将高压釜热固化与微波固化结合起来,希望提升微波固化产物质量。研究结果表明,在微波-热组合固化方式下,材料拉伸和弯曲力学性能均优于热固化下的力学性能;将真空袋引入不同树脂体系的碳纤维层合板的微波固化过程,固化产物抗压强度有所提高。

随着微波固化工艺的不断改进,热-微波组合固化、RTM 工艺及真空袋引入微波固化过程,对于降低孔隙率,提升微波固化产物性能具有积极意义。随着碳纤维预浸料的使用,碳纤维复合材料的碳纤维体积分数更易控制。可以预见,在未来通过将高压釜与微波固化工艺相结合,实现在高压条件下的微波固化,将进一步降低碳纤维复合材料的孔隙率,最终实现复合材料的快速固化,并且降低其性能的离散性。

# 思考题与习题

1. 典型复合材料非热压罐固化成形技术有哪些? 与热压罐成形技术相比,非热压罐成形工艺的优势和限制有哪些?

2. 简述液体成形工艺对树脂的性能要求。

3. 简述干纤维预成形体的主要制备方法。

4. 为什么三维针织、三维编织和三维机织预成形体不适合使用 RTM 工艺制造航空结构件?

5. 简述 RTM 工艺成形过程及其优缺点。

6. 简述 RTM 工艺模具结构及设计要素。

7. 自加热模具与非自加热模具相比有哪些优缺点?

8. 简述 VARI 工艺过程。

9. VARI 工艺有什么特点? 与热压罐工艺和 RTM 工艺相比,它有什么优势和不足?

10. 什么是 VARI 工艺的流道? 流道如何设计?

11. VARI 工艺的气密性要求是什么? 为什么要严格保证气密性?

12. 导流网有什么作用? 为什么热压罐工艺和 RTM 工艺不用导流网?

13. 简述 RFI 工艺过程,并说明该工艺适合成形哪类零件。

14. 除了 RTM 和 VARI 外,还有哪些液体成形工艺?

15. 简述液体成形工艺的未来发展方向。

16. 简述拉挤成形工艺成形过程。

17. 简述拉挤成形用树脂的特点。

18. 简述拉挤成形工艺使用的添加助剂有哪些,它们分别有什么作用?

19. 拉挤成形过程需要哪些工艺、设备?

20. 分析拉挤速度过快或过慢对成形工艺造成的影响。

21. 拉挤成形牵引过程阻力来源有哪些? 牵引力的大小与哪些因素有关?

22. 拉挤成形中的树脂浸渍方法主要有哪些?

23. 简述设计拉挤成形模具时的考虑因素。

24. 拉挤成形牵引装置有哪些类型? 它们分别有何优缺点?

25. 简述模压成形工艺过程及使用制品。
26. 模压成形工艺的模具组成结构有哪些？模具设计时应考虑哪些因素？
27. 合模前为什么要预热？调节合模速度的目的是什么？
28. 排气时机的选择对模压成形工艺质量的影响有哪些？
29. 可用于复合材料固化的高能束加工工艺有哪些？各自特点是什么？
30. 简述复合材料成形固化工艺未来的发展趋势。

# 第7章 飞机复合材料共固化制造技术

## 7.1 概 述

共固化制造技术指在成形模具内一次固化过程中完成各构件的成形及相关构件的连接，最后形成一个坚实的整体。

对于任意一种产品或结构，成功的设计与优越的材料特性，都必须通过适当的制造技术才能体现。人们在复合材料构件制造领域内不断地改进工艺，引进新材料、新技术、新仪器、新设备，以便达到质量更佳、成本更低、生产周期更短的目标。为此应注意以下几点：

（1）制造过程的机械化与自动化

目前复合材料昂贵，除原材料成本较高外，另一原因在于制造过程中存在着大量手工劳动。由于工序繁多，又是手工操作，不仅效率极低，耗费工时长，而且产品质量不稳定。解决的途径只能是在生产过程中以机械化、自动化加工代替落后的手工操作。以计算机控制的各类加工设备是目前最先进的加工手段，如数控的缠绕设备、排样下料系统、多坐标的自动铺叠机、计算机实时控制的热压罐、自动扫描无损探伤记录仪及工艺装备的计算机辅助设计与制造等。计算机技术在复合材料构件加工中的应用是目前先进制造技术水平的最突出的标志。

（2）力求最大限度的结构整体性

易于制成复杂形状结构件是模塑工艺的特点。为了使结构具有好的刚度，要求构件获得最大限度的整体性。故在成形模具内一次固化过程中完成各构件的成形及相关构件的连接，最后形成一个坚实的整体。一次共固化成形法就是可以达到上述要求的一种比较理想的方法，也是一种节省工时、能源的有效方法。所以应尽可能创造条件，实现以共固化法来成形复合材料构件。这就要求设计师在结构工艺性方面加以重视，制造工程师则需从模具设计、选用各类辅助材料方面加以保证。只有双方共同努力才能获得理想的效果。

（3）产品制造工艺过程的质量保证

严格控制制造过程中各个环节，以确保最后产品的质量，这是最有效的措施。一个复合材料构件的制造，经下料、铺层、固化到最后装配，要经历极其繁多的工序和操作，其中有大量工作靠手工完成。人为的不稳定因素，会随时因人的状况变化而影响工作质量。同时，在制造过程的中间阶段，对构件的尺寸、形状、性能都无法进行测定，而且也是不确定的。只有到固化完毕后才能知道。此外，热压罐内的固化又是一门较为复杂的操作技术，不像一般加工过程能直接观察和随时测量加工对象的尺寸而进行必要的修正；也不能逐渐逼近以达到设计规定的要求。因此，为确保最后产品的质量，要求在制造过程中首先对施工环境条件有明确、严格的规定，所用的仪器、设备取得生产许可证；对从事该项工作的人员进行培训；原材料按材料技术条件验收、保管、应用；确定正确的工艺路线与方法，严格执行工艺纪律和管理制度。当然非破坏性检验，对于最后评定产品质量是十分必要的环节。

在一定的条件下，追求最大限度的结构整体性、最少的构件和工序数量以收到最佳的经济效果，那么在制造技术中最有吸引力与竞争力的应该是共固化法。它不仅能达到上述要求，而且还为实现某些形状的结构件提供了可能性,图 7.1 中具有正弦波形状腹板的梁就是一例。带有长桁的机翼和尾翼壁板,可用两种方法制成。通常的制造过程是首先把长桁及蒙皮分别制好,然后用机械或胶接方法把两者装配连接成整体。共固化法是把有关构件的成形与连接工序一步化,即一次固化成形直接可得带有长桁的壁板。

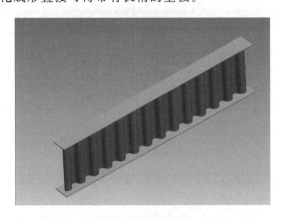

**图 7.1　波形腹板梁**

共固化法的特点是:

① 用通常方法制造壁板件,需有两次以上的固化过程,而共固化只需一次固化过程。

② 用通常的制造方法,组件的装配是在构件已具有很好的刚度条件下进行的,但固化后构件的外形不易做得非常准确,而构件间的装配协调要求却较高。尤其对于复杂结构,构件数量多,形状复杂,给装配带来很多困难,难以保证质量。当采用共固化法时,构件在固化模具中组装,其坯件是预浸料块。它们具有很好的操作黏性,几何形状又可随意改变,整个构件的制造只是在模具内铺叠与塑制成形的过程。

③ 按通常的方法,组件装配时用胶接或机械连接,其整体性与刚性不如共固化产品好。共固化的构件不仅是同一种基体在同一固化过程中固化成为完整的产品,而且由于在铺层过程中可实现连续纤维,从结构件的一个部位以不切断纤维而随意延向另一部位,这就大大地强化了连接部位的刚度与强度。以通常方法制造复合材料构件,期望在各构件交接部位不切断纤维是比较困难的,对于某些结构是不可能实现的。

④ 采用共固化时,加工对象为复杂的立体构件。这对模具设计、制造和构件生产提出了更高的技术要求并带来一定的难度。如共固化成形蒙皮壁板时就不能只采用整块式单块的简单阳模。相应地,模具由一套构件组成。有时还需应用不同材料、不同方法产生固化时所需的压力,膨胀硅橡胶是常用的材料。同时,成形立体构件,不宜再采取常用的一套吸胶系统除去层板中多余的树脂,而需要寻找新的方法来控制树脂含量。

⑤ 固化过程中,构件的各相互配合构件的尺寸都是在变化中,叠层坯件厚度变薄,材质由疏松变成密实。这种变化,对于一些结构,如平板件、长桁等成形不会引起很多问题。但对另一些构件就会出现最后尺寸精度不够,需要进行补偿的问题。这可以通过增加附加工序及精确计算模具尺寸予以解决。图 7.2 所示壁板,由纵、横向加强筋与蒙皮组成。加强筋结构是由长方形的单元体来实现的。当壁板尺寸很大时,如长 7～8 m,宽 2～3 m,这种单元体的数量就会很多。在应用共固化技术时必须考虑由于构件厚度变化所引起的问题,并采取有效措施予以解决。

共固化法可以用于制造一般梁、肋及壁板等壳体构件,并可与分次固化成形构件具有同等

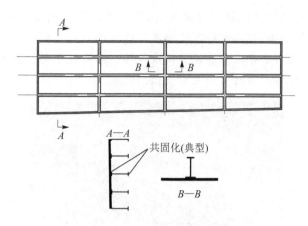

**图 7.2  带有纵、横加强筋的壁板**

的材质和机械性能,因为共固化过程中可以采用与分次固化相同的工艺参数,即相同的固化温度、压力和时间。

共固化也可用于制造夹层结构件,如蜂窝夹层结构、泡沫塑料夹层结构等。但复合材料层板的性能因固化压力由 7 kg/cm² 减小到 3 kg/cm² 而有所损失,略低于分次固化制造的产品。

# 7.2  共固化法制造蜂窝夹层结构件

飞机部件上的蜂窝夹层结构件可能出现的有平板件、楔形件和具有外形的曲面件。对于前两者的制造,可以用分次固化法来完成。用分次固化法生产曲面件将遇到很大麻烦。飞机的曲面夹层结构件,由内外两层蒙皮和夹芯结构组成。当上述三个构件预先都具有曲面外形时,要使它们很好协调达到胶接装配的要求,绝非易事。何况一个蜂窝夹层部件并非只有三个构件,还有其他的周边封严件、嵌入的连接接头、加强垫块等,故协调问题显得很突出。运用共固化技术比较容易解决这个问题,因为此时的内外变化均处于可塑未定型状态,它们可以适应各种外形的要求。

一个部件上能采用共固化的程度,会因结构复杂性、对各部位性能要求、制作的技术水平、可提供的工艺材料及习惯等有所差异。图 7.3 所示的减速板,它的主要组成部分为碳纤维/环氧树脂的内外蒙皮、四周边的复合材料封严件、接头及蜂窝夹芯。其制造过程为:

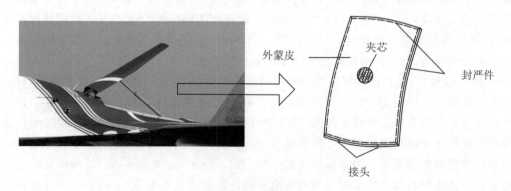

**图 7.3  减速板**

（1）复合材料的内外蒙皮

按设计图纸在相应的铺贴模内铺层，根据层数的多少，进行一次或数次预压实。根据预浸料中树脂含量确定预压实工序。接着对蒙皮叠层块坯件周边外形线修边。由于预压实工序在室温或在加温低于 100 ℃下进行，故铺叠模可用不耐高温的材料制作。

（2）周边封严件

周边封严件可由金属或复合材料制作。若采用金属材料，则应按胶接要求进行表面制备待用。若采用复合材料，则预先在相应模具内固化成形所要求的构件，然后供总装时使用。若结构允许封严件随同整体部件成形，就可以省略这些构件单独固化成形的工序。

（3）连接接头

连接接头一般要承受较大的集中应力，多数采用钛合金材料制作。为了定位正确，一般先将连接接头固化在相配合的复合材料构件上。

（4）蜂窝芯子构件

有铝合金及 Nomex 两种芯子。芯子构件外形以机械加工铣切获得。

（5）胶接装配及固化

把上述准备好的所有构件按要求在固化夹具内装配。构件间的连接处敷以相适合的胶接材料。装配完毕，把装配件连同夹具在热压罐内固化。

对于某些不太重要的构件，例如工作温度不超过 80 ℃，受力较小的结构，芯子与复合材料蒙皮共固化，可以不用胶接剂而是借助预浸料中的树脂进行胶接。这时要求该种预浸料的树脂系统是胶黏剂型的树脂，并且按重量计的树脂含量达到 45% 以上。

共固化法制造夹层结构时，在固化温度下，对构件施以真空及压力以达到复合材料蒙皮材质密实和芯子连接可靠的要求。对于常用的树脂系统，构件单独固化时是在 120 ℃ 或 175 ℃左右的温度下，抽一定真空并在约 7 kg/cm² 压力下进行固化。7 kg/cm² 的压力对夹芯是一个极大的外力，尤其是在高温下，芯子经不住此压力而会被压塌。因而，固化时必须降低固化压力，常用的约 3 kg/cm²。同时还需考虑适当提高芯子密度，其后果导致复合材料蒙皮材料组织密集性降低和结构重量增加。此外，夹层结构件的内外表面出现压力痕及凹坑（见图 7.4），对结构的力学性能带来不利影响。影响程度取决于树脂系统、芯子及复合材料面板结构参数、结构几何外形和工艺方法等因素。

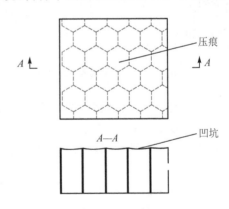

图 7.4　蜂窝夹层结构的表面缺陷

在蜂窝夹芯上固化成形复合材料蒙皮出现缺陷的原因可分析如下。因为芯格内腔中空，外加的均匀压力作用在蒙皮的外侧。蒙皮内侧只在格壁支持处受到反作用力，从而使该处层板压紧而得到密实的材质。在孔格内没有直接支承，或只有格孔内很小的空气膨胀力和靠孔的四周拉紧而产生的力。这些力的合力不足以抵消蒙皮外侧受到的均匀压力，结果必然是固化后的蒙皮材质不够密实和产生压痕或凹陷。基于这种理由，如果预先在夹芯端面形成一个足够的连续支持面，则其固化时可以获得较理想的蒙皮层板。美国的 FM400 胶是构成连续支持面和胶接芯子理想的介质，已成功用于 F-15 飞机减速板的制造。为了加压均匀，减小凹坑深度，固化时应选用刚性大的工艺盖板。

# 7.3 共固化法制造波形胶板梁

波形腹板梁由上下凸缘和正弦波形腹板组成。梁腹板由两块±45°铺层槽形件背部拼合而成,承受剪切载荷。正弦波形腹板具有较高的刚度,故不再需要制造和连接其他加强筋条来增加腹板的稳定性。上下凸缘要承受梁弯曲时所产生的拉、压应力,沿其轴线铺叠有单向纤维层。梁的制造工艺如下:

首先是铺层,其中关键是波形腹板的铺叠成形。按工艺要求选用45°的编织物预浸料,并按一定形式编制。其目的是要在铺叠时,预浸料由腹板延向下凸缘时易于变形并能呈较平整的铺叠面。铺叠在模具内进行,模具构件应具有较好的刚性(见图7.5)。图7.6所示为在每层之间的弯边处垫以隔离膜,然后合拢成形模块,并用强力夹紧。接着分层地把织物强拉折向凸缘并弯曲到90°。由于腹板是波形,此时弯曲处纤维排列再无法保持定向和整齐,只能使织物变形,力求铺平。

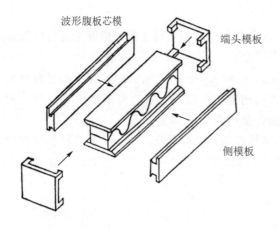

图 7.5 波形梁铺叠、固化模

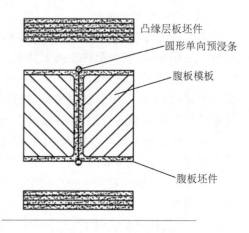

图 7.6 梁腹板的铺叠

在腹板坯件铺贴的同时,按要求单独铺叠凸缘叠层块。为了凸缘沿垂直于梁轴线方向有一定的连接强度,铺叠时将单向预浸料与织物混用。

使用呈圆形的单向预浸料充填在凸缘块与槽形件之间形成的三角形间隙,最后把凸缘坯件置于腹板坯件的上下两面。

全部铺叠完成后,装上四周加压和定位的侧模块,再盖上透气材料。整个模具罩在真空薄膜或硅橡胶真空罩内,抽真空检查气密性及夹具是否处于正常状态。最后送入热压罐内一次成形。

如果固化模与腹板铺叠模不是同一模具,在完成铺贴后,将叠层坯件从铺叠模上取下会有一定困难。若铺叠模由铝合金制成,可用冷冻法脱模,但要避免因冷冻使叠层块表面产生聚凝水汽。

梁是细长的构件,要做到结构尺寸准确及树脂分布均匀,必须保证模具有足够的刚性及合理的多余树脂排泄通路。

# 7.4　共固化法制造平尾后段件

典型的操纵面后段件由上下复合材料蒙皮和数个翼肋所组成。为了把后段件用机械连接装配到后梁或类似结构上去,在后段件的连接边用金属予以加强(见图 7.7)。

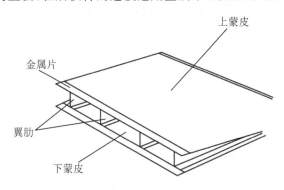

**图 7.7　平尾后段件**

以共固化法制造后段件的工艺流程如图 7.8 所示。首先是各构件所需的预浸料在相应的模具上铺叠成毛坯并予以压实。随后将蒙皮叠层毛坯装入固化阴模内。模具制成分块式,便于工件取出。如果用铝合金作为模具材料,为了减小铝热膨胀过大的影响,模具内表面可加垫二张很薄的钛箔来隔离复合材料与模具的直接接触。

同时,将已硫化具有一定结构外形的硅橡胶加压袋置于专用的芯模上,使加压袋处于正确的工作状态,铺上可剥离布、隔离布等。把所有翼肋的叠层坯件分别装入到正确位置,即在压力袋上有槽处(见图 7.9),此时装配件已装在阳模的工艺模上。

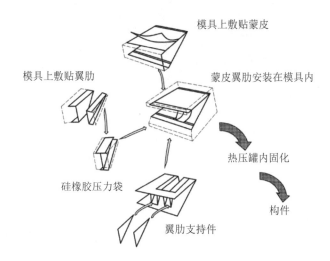

**图 7.8　后段件制造流程图**

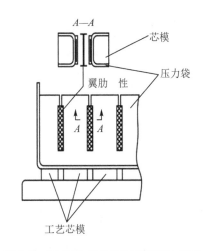

**图 7.9　压力袋、翼肋在工艺芯模上定位**

最后,把已装好蒙皮的阴模与装上翼肋的工艺阳模合模。在使构件于阴模内取得正确装配位置后,取走工艺阳模,在压力袋与阴模之间进行密封,并送入热压罐内固化成形。

# 思考题与习题

1. 复合材料共固化技术的基本原理及其特点有哪些？
2. 飞机复合材料结构共固化技术的必要性及其典型应用有哪些？
3. 结合飞机用复合材料结构特点，思考飞机复合材料结构共固化技术的现存难点及未来发展方向。

# 第8章　热塑性复合材料成形技术

## 8.1　概　述

如图 8.1 所示,热固性树脂在固化过程中通过分子交联而形成刚硬的难熔融固体。固化之前树脂为低分子量的半固体,在固化的初始阶段其可熔融并发生流动。随固化过程中分子量的增长,树脂黏度上升至凝胶状态。其后的固化过程进一步形成强有力的共价键交联。高性能的热固性体系由于交联密度极高,如不采取增韧措施,其必然呈脆性特征。

热塑性树脂则为高分子量的树脂,在加工处理前已经充分反应。在固结过程中其发生熔融和流动,但不会发生交联反应。树脂的分子主链通过相对较弱的次级键聚集到一起。但是由于分子量较大,工艺过程中热塑性材料的黏度相对热固性材料可高出几个数量级。由于热塑性材料在固结过程中不发生交联,因此可被重复加工处理。不过即便是热塑性树脂,可被重复加工的次数亦有一定限制。

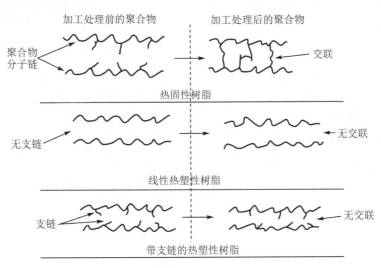

图 8.1　热固性和热塑性聚合物的分子结构比较

## 8.1.1　热塑性复合材料的特点与应用

与热固性复合材料相比,热塑性复合材料主要有以下优点:

① 韧性、损伤容限性能、抗冲击及抗裂纹扩展等性能较好。由于热塑性树脂分子链的运动能力比热固性树脂强得多,因此热塑性树脂的韧性普遍要高很多,有利于改善复合材料的抗冲击损伤能力。以碳纤维/聚醚醚酮(PEEK)树脂复合材料为例,其冲击后压缩强度(Compression After Impact,CAI)值高达 342 MPa,与第一代环氧复合材料 170 MPa、增韧环氧复合材料 250 MPa 的平均水平相比,优势明显。

② 成形周期短,生产效率高,节约成本。热固性复合材料主要的成形方法是预浸料/热压

罐工艺,热压罐固化消耗大量的能源和时间,增加制造成本;而热塑性复合材料的成形过程仅仅发生加热变软和冷却变硬的物理变化,只需升温、加压成形、冷却即可完成制备过程,可采用热压成形工艺,故成形周期短,生产效率高,成本低。另外,热塑性复合材料在材料运输、存储、工艺准备与实施等方面比热固性复合材料要求低,因此生产成本更低。

③ 实现结构减重。热固性复合材料的密度为 $1.7\sim2.0$ g/cm³,而热塑性复合材料的密度为 $1.1\sim1.6$ g/cm³,密度较热固性复合材料低,因此,采用热塑性复合材料具有一定的减重优势。

④ 具有重塑性,可以循环利用,提高构件的修理性,降低报废率,废料也可回收。热塑性复合材料在成形过程中是一个简单的相变过程(即熔融和凝胶),可二次加工。

⑤ 良好的耐热性能。以环氧树脂为代表的热固性复合材料长期使用温度最高为 130 ℃,而某些热塑性复合材料的长期使用温度可达 250 ℃以上,并且耐水性极优,可在湿热环境下长期使用。例如:PEEK 树脂的耐热性达 220 ℃,用 30%碳纤增强后,使用温度可提高到310 ℃,可用于某些特殊环境。因此,热塑性复合材料在飞机结构中的应用,可以缩短构件的制造周期,提高其结构的抗冲击性能,减轻结构的质量,降低飞机的生产和使用成本。

表 8.1 为热固性与热塑性复合材料对比,表 8.2 所列为热塑性复合材料在现有飞机上的应用情况。

**表 8.1 热固性与热塑性复合材料对比**

| 属 性 | 热固性复合材料 | 热塑性复合材料 |
|---|---|---|
| 材料运输 | 材料低温运输,并需要温度监控 | 材料普通运输 |
| 材料存储 | ① 低温存储,−18 ℃以下存储 | ① 室温存储,一般库房即可 |
| | ② 材料力学性能寿命,一般 12 个月 | ② 材料力学性能寿命无要求 |
| | ③ 工艺性能寿命,一般 240 小时 | ③ 工艺实施无特殊要求 |
| 工艺准备 | ① 材料回暖处理 | ① 材料无需回暖处理 |
| | ② 预浸料需要衬纸保护 | ② 预浸料或板材无需保护 |
| | ③ 材料准备需在净化间内完成 | ③ 材料准备在一般环境 |
| 材料切割 | ① 预浸料剪裁自动下料机 | ① 预浸料 CNC,板材水切割 |
| | ② 边角余料不可利用 | ② 材料可以回收利用 |
| 工艺实施 | ① 手工或自动铺叠 | ① 板材热压成形 |
| | ② 真空加热固化,制造节拍 8 小时 | ② 无辅助材料,制造节拍 5 分钟 |
| 后续处理 | ① 裁真空袋、工装清理 | ① 脱模及完成构件制造 |
| | ② 表面有需打磨处理 | ② 表面质量完好,无需打磨 |

**表 8.2 热塑性复合材料在现有飞机上的应用(2013 年)**

| 公 司 | 飞机型号 | 构 件 | 材 料 |
|---|---|---|---|
| 福克 | 福克 100、空客 Bkluga、湾流 V | 地板 | 玻璃/PEI |
| 福克 | 多尼尔 328 | 襟翼肋 | 碳/PEI |
| 福克 | 湾流 IV 和湾流 V | 方向舵肋、方向舵前缘 | 碳/PEI |
| 福克 | 湾流 V | 增压隔框 | 碳/PEI |
| 空客/福克 | A340−500、A340−600 | 带检查口盖的前缘 | 玻璃/PEI、碳/PEI |

客中客车公司 2005 年联合了九家荷兰热塑性复合材料原材料供应商、制造企业和高校，成立了名为可负担的航空主结构热塑性材料（Thermoplastic Affordable Primary Aircraft Structure，TAPAS）的研究组织。该组织致力于开发满足航空要求的低成本高性能的热塑性复合材料，其应用目标为空客民用飞机的热塑性复合材料主结构件，如热塑性复合材料机身、机翼等。

波音公司发起并建立了由 Stork Fokker 公司、荷兰皇家滕卡特公司和特文特大学参与的热塑性复合材料研究中心（Thermoplastics Composites Research Center，TCRC），以在热塑性复合材料的工艺性、降低成本、建立数据库、界面研究和性能表征等各个方面开展进一步的研究。B-787 的行李厢的 LL 型和 TT 型导轨、输气系统等均采用了热塑性复合材料结构。有报道称波音公司也在大力发展主结构采用热塑性复合材料的相关制造技术。

图 8.2 为热塑性复合材料在飞机上的应用实例。

(a) 平尾扭力盒段（湾流650）　　(b) 地板梁　　(c) 机翼前缘　　(d) 加筋壁板

**图 8.2　热塑性复合材料在飞机上的应用实例**

## 8.1.2　几种典型的热塑性树脂

（1）聚醚醚酮

聚醚醚酮（PEEK）是一种半结晶性、热塑性芳香族高分子材料，是聚芳醚酮系列聚合物中最主要的品种。聚醚醚酮分子链中含有大量苯环，具有耐热性、耐磨性、耐疲劳、耐辐照、耐剥离、抗蠕变等优异的物理及化学综合性能，两个醚键与羰基带来了柔韧性与优良的工艺性。

PEEK 产品包括薄膜、纤维、涂料、碳纤维复合材料、玻纤复合材料等，应用主要集中在电子、汽车、航空航天和军工等领域。由于电子信息技术近年发展迅速，电子元器件集成化、小型化的发展趋势为聚醚醚酮树脂消费带来机遇。

（2）聚酰亚胺

聚酰亚胺（PI）是分子主链中含有酰亚胺环（—CO—NH—CO—）的芳杂环高分子化合物，具有电气绝缘性能、机械性能、化学稳定性、耐老化性能、抗辐射性能、低介电损耗等优异性能，且这些性能在 269～400 ℃ 的温度范围内不会有显著变化，被列为"21 世纪最有希望的工程塑料之一"。

PI 的产品包括薄膜、纤维、复合材料、工程塑料、泡沫等，应用领域包括航空航天、电气绝缘、液晶显示、微电子等。PI 薄膜属于高技术壁垒行业，其主要技术壁垒在于设备定制周期较长，工艺难度大，定制化程度高。

（3）聚苯硫醚

聚苯硫醚（PPS）是分子中含有对亚苯基硫醚重复结构单元的聚合物，具有机械强度高、耐高温、高阻燃、耐化学药品性能强、电性能优良等优点。根据结构不同，PPS 分为交联型与直链型两种。

PPS 有耐冲击性能差、性脆的缺点,一般需要增强增韧改性。目前,全世界销售的 PPS 复合改性品种多达 200 余种,主要有 GF 增强、碳纤维(CF)增强、无机填料填充、GF 和填料共同填充增强等共混改性。改性 PPS 可用于汽车照明系统、发动机组件、燃油系统、冷却系统等,还可用于连接器、芯片插槽、断路器、线圈骨架、家用电器等领域。

表 8.3 所列为常用热塑性树脂的物理性能,表 8.4 所列为常用热塑性树脂的力学性能。

**表 8.3 常用热塑性树脂的物理性能**

| 树 脂 | 密度/(g·cm$^{-3}$) | $T_g$/℃ | $T_m$/℃ | 黏度/Pa·s | 吸湿率/% | 成形温度/℃ |
|---|---|---|---|---|---|---|
| PPS | 1.35 | 85 | 285 | 140 | −0.02 | 315～340 |
| PEI | 1.27 | 210 | 360 | — | | |
| PEEK | 1.32 | 143 | 343 | 3 500 | | 350～380 |
| PEKK | 1.29 | 156 | 338 | 2 500 | | — |
| Epoxy | 1.2 | 193 | — | 2～3 | 4.13 | 177 |

**表 8.4 常用热塑性树脂的力学性能**

| 树 脂 | 拉伸模量/GPa | 拉伸强度/MPa | 断裂伸长率/% | 断裂韧性/(KJ·m$^{-2}$) |
|---|---|---|---|---|
| PPS | 3.76 | 90.3 | 7 | — |
| PEI | 2.96 | 104 | 7 | — |
| PEEK | 3.6 | 93.8 | 4.7 | 2.0 |
| PEKK | 4.48 | 102 | 4.0 | 1.0 |
| Epoxy | 4.43 | 69.0 | 1.7 | 0.1 |

## 8.1.3 热塑性复合材料成形相关理论

### 1. 熔体黏度

熔体黏度是反映塑料熔体流动的难易程度的特性,是熔体流动阻力的度量,黏度越高,流动阻力越大,流动越困难。树脂的分子形状及其分子量分布的不同,其熔体黏度将有不同的表现。

除少数几种热塑性聚合物(聚碳酸酯、聚砜)外,绝大多数热塑性聚合物的流动规律属非牛顿型流动。

对非牛顿体

$$\eta = k\gamma^{n-1} \tag{8.1}$$

式中,$\eta$——非牛顿流体表观黏度;$k$、$n$——非牛顿参数;$\gamma$——剪切速率。聚合物成形时的剪切速率大都在 $10～10^4$/s 之间。

### 2. 热塑性树脂的流变特性和影响因素

(1)流变特性

① FRTP 熔体流动本质不同于低分子液体,其分子运动是通过分子链段运动来实现的首先是若干链段运动,然后是另一部分链段运动,最终导致整个大分子重心移动而产生流动。

② 聚合物熔体流动时呈非牛顿流体的流变性质,其流动特征是:黏度除与流体温度有关外,还随剪切力和剪切速率的变化而改变。

③ 聚合物熔体为黏弹体系,在流变过程中包含不可恢复的黏性变形和可恢复的弹性变形。

④ 聚合物熔体的黏度很大,流动困难,成形时需要加大作用力。

（2）影响因素

1）聚合物结构和组分对黏度的影响

聚合物分子链的刚性和极性愈小,熔体黏度愈低;分子量分布愈宽（相同平均分子量）,熔体黏度愈低;玻璃纤维的加入可提高黏度;增塑剂等可降低黏度。

2）温度对黏度的影响

温度越高黏度越低,但温度过高会使聚合物降解。

3）压力对黏度的影响

压力越大黏度越高,这主要是熔体体积收缩,分子间的作用力增大所致。

4）剪切速率对黏度的影响

大多数聚合物熔体的黏度随剪切应力或剪切速率的增加而下降。

（3）树脂基体的成形性能

1）可挤压性

可挤压性是指树脂通过挤压作用变形时获得形状和保持形状的能力。需要注意的是,树脂只有在黏流状态时才能通过挤压而获得需要的变形。树脂的熔体流动速率与温度、压力有关。

树脂的可挤压性主要取决于熔体的剪切黏度和拉伸黏度。

2）可模塑性

可模塑性是指树脂在温度和压力作用下产生变形充满模具的成形能力,取决于树脂流变性、热性能和力学性能等。

3）可延展性

高弹态聚合物受单向或双向拉伸时的变形能力称为可延展性。线型聚合物的可延展性取决于分子长链结构和柔顺性。

（4）热塑性复合材料成形方法

短纤维增强 FRTP 的成形方法有注射成形、挤出成形、模压成形工艺等;连续纤维及长纤维增强 FRTP 成形方法有片状模塑料冲压成形、预浸料模压成形、片状模塑料真空成形、浸纱缠绕成形、拉挤成形等工艺方法。

# 8.2　热塑性复合材料模压技术

热塑性复合材料构件可以采用模压工艺成形,且方法简单,质量稳定。一般来说,模压模具合模时,上下模板会沿着重叠的中轴线相对运动,再辅以若干导柱或导轨,就能准确定位,所以模压制得的构件尺寸精度较高。模压成形的压力要较真空袋压的压力大得多,且方便调控,因此模压法制成的复合材料构件具有较高的纤维体积比。

模压模具的加热和冷却装置相对比较简单,一般嵌在模具内。模具加热后即可方便地通过热传导方式将热量传到预浸料。模压模具经历完整的升温、保温、降温的全过程,所以需要模具材料在该热循环下仍有较长的使用寿命。

模压有很多不同形式的变体或辅助装置,常见的两种是直接模压（见图 8.3）和冲压（见图 8.4）。

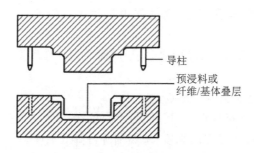

图 8.3　直接模压法

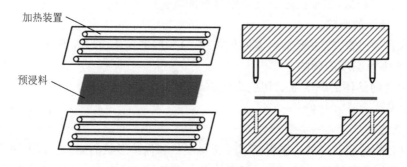

图 8.4　冲压法

以冲压为例,加热装置一般是独立的。它要能将预浸料快速加热到基体熔点以上(聚醚醚酮约需 380 ℃),并且要有均匀的温度场,防止预浸料局部未完全熔化而在加压时破坏;另外加热装置的构型和位置要便于迅速转移预浸料,使它在冲压前仍充分软化。一般转移速度在 5 s 以内,具体的时间要求则要在设计装置时说明。

目前的加热装置多为红外加热,升温快而且加热面积大。在靠近中间的位置,即接近预浸料的表面,要有温度探针,以监测预浸料表面的真实加热温度。为了方便支撑和转移预浸料,常用方框附加弹簧来固定预浸料。

模具冷却到需要的温度以下时,脱模即得到构件。

模压的升温和降温速率相对其他成形方式较慢,闭模压合的时间一般只占加热和冷却的一小部分,所以为了缩短总成形时间,要尽可能把预浸料的预热过程放到模压装置外,与模具升温独立进行。考虑统筹升温在批量制造时尤为重要,降温是否可以统筹、统筹如何保压仍为要解决的问题。

热塑预浸料的加工温度要尽可能高于熔点,防止转运时过早冷却、变形不充分同时又不到基体的降解温度。所以设计冲压时,加工温度存在一定的可选区间,要试验、权衡。

航空结构件往往有较多的力学要求。热塑性复合材料的动态性能受基体影响较大,成形工艺对基体微结构的影响就尤为重要。一般用于控制热塑性复合材料做结构的理论为结晶动力学,而基体在纤维存在时有着不同的结晶行为。所以,要区分热塑性复合材料基体作为塑料和在复合材料体系中不同的结晶行为。基体宏观的热变形也明显受纤维编织结构的影响,因此在设计模具时都应有充分的计算。

模压由于传压好,经常用于制造局部曲率大的构件。成形时复合材料的应变极限不得超过纤维,这是一项基本要求;否则纤维断裂,尤其在关键位置,能大幅降低性能,造成致命的缺陷。

# 8.3　热塑性复合材料的焊接技术

由于热塑性树脂具有可熔性,可以通过将被连接界面处的树脂加热熔融,施加压力,使两面的树脂完全融合,再冷却重新凝固,即可获得高强度的连接,该方法称为热塑性复合材料的焊接技术。

焊接是一种通过加热或高压的方式结合金属或其他热塑性材料等的制造工艺及技术。焊接广泛应用于金属连接,如钢材、铝合金、镁合金等,焊接也可用于通用塑料的连接,本质上是一种基于自黏结过程的塑料连接工艺。热塑性复合材料焊接的本质也是一种塑料的焊接,只不过被焊材料并非普通通用塑料,而是高性能工程塑料。目前有两种塑料焊接理论,即扩散理论和黏弹接触理论。扩散理论认为,在焊接加工时,由于有剧烈的运动,两个焊件的表层分子相互扩散,最终表面层消失。黏弹理论认为,在焊接加工时,两个焊件的表面在焊接压力的作用下变形,分子间的吸引力作用于接触的表面,最终分子间吸引力达成平衡,表面消失。

不同的塑料焊接方法不外乎加热方式的不同。除了大多与塑料的熔融特性及流动特性有关外,可能还遵循各自特有的机理。目前,常用于热塑性复合材料焊接的方式有电阻焊、超声焊、感应焊、激光焊等。其中,电阻焊和感应焊属于电磁焊接,超声焊属于一种摩擦焊接,而激光焊接则属于传统意义的热焊接。不同的焊接方式有各自适用的场合。

(1) 电阻焊接技术

电阻焊接操作时,在两个焊件的待焊表面之间放置植入式加热元件。电流通过时,加热元件通过发热来加热被焊接表面的树脂,使树脂熔融。再通过外加压力使得焊接接头处紧密结合,冷却后即完成焊接操作,如图 8.5 所示。

电阻加热焊具有工艺流程短、设备简单灵活、费用低廉、对表面质量要求不高等特点。同时研究发现,电阻焊搭接接头的拉伸剪切强度与模压成形的试件相当,但

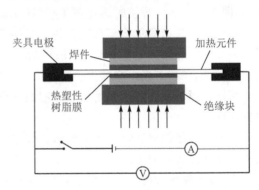

图 8.5　电阻焊接示意图

加热电阻焊所需要的时间更短。电阻焊可以连续焊接大面积区域,且焊接过程不需要移动工件。

电阻加热焊也有一些缺点。由于加热电阻丝最终会残留在焊接界面,易在接头处出现应力集中、热变形不统一、易出现异电位腐蚀等问题。另外由于树脂及空气的导热较差,容易使得电阻丝周围的树脂温度与非电阻丝周围的出现较大差异,在焊接连续纤维增强的热塑性复合材料时,不得不使用大功率加热使整个界面处树脂熔化,从而导致部分树脂过度熔化,使得纤维与电阻丝直接接触而破坏整个界面,最终使得焊接强度下降。

在飞机型号研制或应用领域,电阻焊接已有相关应用报道。在空客 A340 - 600 型号研制时,就采用电阻焊接技术制造出了碳纤维增强聚醚醚酮的机翼前缘试验件,加热元件为不锈钢网。

(2) 超声焊接技术

超声焊接技术是热塑性塑料常见的焊接方法之一。通过高频振动使表面的分子摩擦,产

生焊接所需要的热量。焊接接头在压力下固定,再施加 $20\sim120$ kHz 的超声波振动。机械波能择优在焊接界面上使热塑性树脂表面的分子链由于摩擦生热并使树脂熔化,同时在压力和超声振动的共同作用下形成焊缝,如图 8.6 所示。

超声焊接最突出的优点是速度快。此外,依据现代化的控制设备和监控设备,超声焊接易于实现自动化,尤其适用于批量生产。在小部件、临时固定用的焊接时具有独特的优点。

超声焊接也有一些固有的缺点:由于超声探头和焊接接头需直接接触并保持一段时间,因此无法实现连续化的焊接操作;由于超声探头大小所限,不适用于大面积的焊接操作;超声振幅需严格控制,否则会振断纤维。

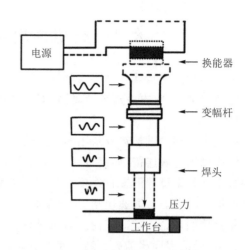

图 8.6　超声波焊接示意图

在超声波焊接连续纤维增强的热塑性复合材料时,关键在于保持连续熔融。熔膜在时间和空间上的连续性决定了焊接接头的质量。"导能筋"的焊接接头设计形式能达到空间上的连续性,如图 8.6 所示。焊接时熔化首先在"导能筋"出现,再慢慢扩展直至铺满整个焊接界面。时间上的连续性是指避免熔膜在铺满整个焊接界面之前就出现凝固的现象。在焊接连续碳纤维增强的高性能热塑性复合材料时,由于碳纤维的导热性能远远好于树脂基体,尤其是熔化以后的树脂基体,在超声场中摩擦生热能力大大降低。两种因素叠加使得熔膜在时间上的连续性难以保持。通过在焊接表面附加一层起绝热作用的纯树脂层,可以明显降低焊接界面处的热损失速度。

通过改变焊接振幅和焊接压力能够在焊接过程中始终保持熔体在时间上的延续,并且可以避免熔体从焊接区溅出。

目前,超声波焊接的主要研究方向有:通过优化"导能筋"的形状来获得高强度接头;通过实时控制振幅和压力来提高接头质量;采用双频率的超声波焊机来提高焊接界面处的生热效率,缩短焊接时间,减轻振动对连续纤维的破坏。

在飞机型号研制或应用领域,超声焊接已经开始得到应用。如空客 A380 的前缘结构在研制时,就采用超声波对前缘蒙皮铺层进行焊接固定。

(3) 激光焊接技术

由于激光的高能性和穿透性,使用激光焊接热塑性树脂时,需确保被焊材料同时有吸收激光和透过激光两种。在焊接时,将两待焊接部件搭接在一起,激光透过上部透光材料,在下部吸收材料表面处被吸收,在界面处产生热量使上下两种材料发生熔化,在压力的作用下形成焊缝,如图 8.7 所示。

激光焊接是一种适应性较强的通用焊接方法,它减少了设计上的条件限制。激光焊接不产生焊接飞边,接头清洁,同时极大地减少了振动及热效应对界面处的破坏,使得接头有较高的抗老化和抗疲劳性能。

激光焊接对材料自身的光学特性有非常高的要求,对上部材料要求较高的透光率,而对下部材料的吸光率则要求较高。由于热塑性复合材料的树脂基体常为结晶性的 PPS 或 PEEK

等,大多数都为半结晶性的聚合物,透光率都较低,不适合直接采用激光焊接。添加剂的加入通常可以改善材料的光学特性,获得不错的透光率。下部材料则可以加入吸收剂,如炭黑等,提高光学吸收率。

由于热塑性复合材料本身的电磁特性、光学特性等的限制,要求其焊接时辅以不同形式的介质或添加剂。不同材料对添加剂的要求也不同,因此需综合考虑。而碳纤维增强的热塑性复合材料,由于碳纤维自身的不可透光性,激光焊接无法焊接上下面板皆为碳纤维增强的热塑性复合材料,但可用于透明材料与碳纤维增强热塑性复合材料的焊接。

(4) 感应焊接技术

感应焊接是在待焊材料表面之间引入导电性或铁磁性介质作为电磁场的感应元件,在外加电磁场的作用下,感应元件产生热量加热界面使树脂熔化,再在压力的作用下形成焊接接头。感应焊接的表面形状可以比较复杂,沿接头移动线圈可以形成连续的长焊缝。为了加工复杂的结构,可以用机器人控制线圈,实现自动化焊接。对焊接接头再次加热后,可以将焊缝重新切开,因此可进行相应的修补,如图 8.8 所示。

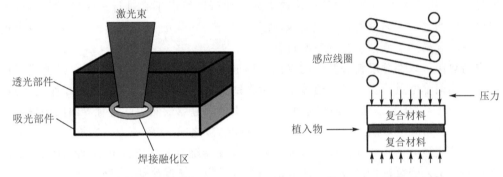

图 8.7　激光焊接示意图　　　　图 8.8　感应焊接示意图

感应焊接时,焊接面上的温度分布均匀性是影响连接性能最重要的因素之一,这主要取决于感应元件的形状和感应线圈的设计。感应材料可以是外加的金属网,如铜网,也可以是碳纤维织物(高电阻碳纤维)。目前,针对感应焊接的主要研究方向是感应材料及感应线圈对焊接面温度场分布的影响规律,包括线圈位置和形状对温度场的影响,以及金属网的形状对温度分布的影响。

感应焊接需要的时间短,能够应用于任何规则的表面,如平面或规则的曲面,且可同时进行多个大型构件或多重焊接面的焊接,并使得感应焊接热塑性材料具有很高的可靠性。在焊接时,可以在界面处额外增加一层树脂膜,树脂组成与热塑性复合材料基体树脂一致,可以得到更高强度的焊接。

感应焊接的主要缺点是焊接植入材料制作较为困难,且植入的感应元件会永久保留在界面处,在一定程度上影响了焊接强度。除此之外,无法焊接一些不规则结构。目前,感应焊接的研究集中在克服连续碳纤维对焊接温度场分布的影响。

目前,感应焊接在民用飞机研制领域已有较为成熟的应用。福克公司研制公务机湾流G650 的升降舵和方向舵时就采用感应焊接方法,将加强件焊接到升降舵和方向舵的壁板上。

# 8.4　热塑性复合材料的自动铺丝工艺

热塑性预浸料的自动铺丝成形(Automated Filament Placement,AFP)是最先进的自动化成形方法,近年来逐渐成为航空领域的研究热点。自动铺丝成形同时也利于提高设计的灵活性和适用性,可高效成形大表面和中等曲率的构件,比如飞机蒙皮等壳体。热塑性预浸料的自动铺丝工艺在制备具有厚横截面和大表面区域的构件时没有尺寸限制。而且,该技术还可以用于加工复杂的、非短程的、甚至凹陷形卷绕的部件,这就很大程度上保证了设计的灵活性。

热塑性预浸料的自动铺丝工艺的开发研究已有二十多年的历史。最早由美国的高级研究计划署提出,其目的是为潜艇制造高性能复合材料结构构件。之后波音公司、Automated Dynamics 公司、美国航空航天局(NASA)、荷兰 Fokker 航空集团等组织相继开展了热塑性自动铺丝工艺的系统研究。热塑性自动铺丝的工艺过程为浸渍了热塑性树脂的纤维束单步连续在工装表面进行定位、铺叠和凝固。如果铺放质量较高,当指定结构大的表面被覆盖并达到一定的厚度时,制品就完成了。后面的热压罐成形或模压凝固可以不必进行。成形过程中计算机控制程序可以使这一工艺过程自动化完成,提高了生产率,降低了劳动消耗,使加工成本进一步降低。图 8.9 描述了原位工艺的基本过程。

集中的热源可以在预浸料和基质的界面间形成一个熔融区域,热源的强度必须适当调整以保证两个表面都熔融。当通过加热体系产生合适的熔融区域后,就要通过纤维张力和/或滚筒接触适当加压,以压缩非均匀熔融表面,挤压基质填满缝隙。然后就会有界面间的紧密接触和扩散键合。在熔融区域温度低于树脂熔融或软化温度之前,滚筒压力一直维持恒定,以防止由于体积收缩或显微网络弹性能释放形成孔隙。长丝卷绕时旋转卷芯和移动铺放头,可以使原位凝固加工工艺连续进行。最后铺放好的构件以适当的速度冷却、定型。

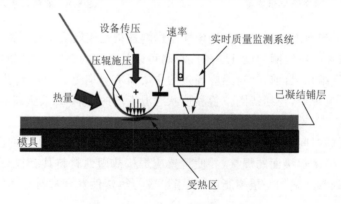

**图 8.9　原位凝固浸渍过程示意图**

Automated Dynamics 公司于 1986 年开始发展热塑性复合材料 AFP 工艺,于 1990 年提供了第一套 AFP 机器。

制约因素:①适合碳纤维单向增强热塑性复合材料(CFRT)预浸丝带(丝)的自动化生产的低黏度和超低黏度的树脂品种少。目前,少量这类 CFRT 预浸丝或预浸带可通过实验室制作,但质量不稳定,不利于纤维预浸带(丝)铺放工艺与铺层特性研究;②自动化的 CFRT 热塑性纤维预浸带(丝)铺放设备缺乏。2014 年,我国某公司领先研发成功国内自主开发的一条碳纤维单向排列增强热塑性复合材料(CFRT)预浸带生产线,并用于制造 IT 电子、体育运动器材等产品。

浸渍了树脂的纤维束在工装表面进行定位、铺叠和凝固。当指定结构上的表面覆盖的纤维束达到规定的厚度时,制品就完成了。可以不再需要后面的热压罐或模压成形。

成形过程一般结合预浸料自动铺放技术,计算机控制程序可以使这一工艺过程完成自动化,提高了生产率,降低了劳动消耗,使加工成本进一步降低。

热塑性复合材料 AFP 工艺具备以下优点:

① 消除了真空袋封装材料、热压罐及其辅助设备的投资和使用成本,也消除了设备的占地空间及工艺时间,模具工装成本大幅度下降;

② 简化和延长成形工装寿命;

③ 对于非常厚截面的构件,降低残余应力;

④ 可以回收重复使用,为环保材料;

⑤ 韧性好、耐溶剂性能好、耐湿热性能好;

⑥ 可以焊接;

⑦ 材料不需要低温储存,无储存寿命;

⑧ 质量较热固性材料减轻 25%;

⑨ 人力成本节约 40%;

⑩ 研发人员减少。

AFP 也利于设计的灵活性和适用性,可高效成形大表面和中等曲率的构件,比如飞机蒙皮等壳体。该技术还可以用于加工复杂的、非短程的,甚至凹陷形卷绕的部件,这就保证了设计的灵活性。

近年来波音公司和空中客车公司相继成立了热塑性复合材料的研发机构,对其进行从原材料、工艺设备到制造技术的研发。研究机构 TAPAS 进一步致力于提供满足航空要求的低成本高性能的热塑性复合材料的解决方案。其中一种重要成形工艺就是自动铺丝技术。此前欧洲开展的一项名为 Clean Sky 的研究计划,其中一项工作为研究热塑性复合材料在民用航空机翼和机身上的应用技术,该项研究投入了 4.56 亿欧元。该项目组在 2017 年巴黎的 JEC 复合材料展览会上展出一段热塑性复合材料机身的原型(见图 8.10),其中壁板的成形采用了自动铺丝技术。

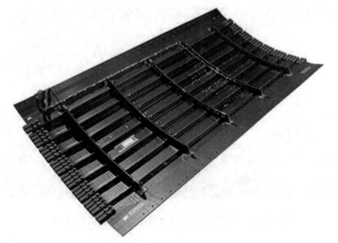

**图 8.10　连续纤维增强的热塑性复合材料的机身壁板样件**

# 8.5　热塑性复合材料成形新技术

## 8.5.1　拉挤工艺

拉挤成形工艺是将浸渍树脂胶液的连续纤维束、带或布等,在牵引力的作用下,通过挤压模具成形、固化,连续不断地生产长度不限的型材。热塑性复合材料拉挤工艺根据预浸技术可分为非反应拉挤成形和反应拉挤成形两大类,如图 8.11 所示。

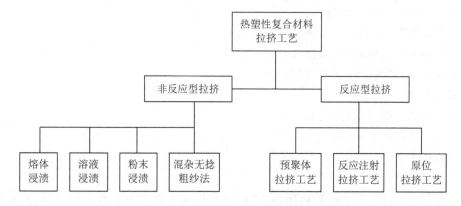

**图 8.11　热塑性复合材料拉挤工艺示意图**

法国 CQFD(Centre de Qualification de Formation et de Developpement)公司开发了原位拉挤工艺,即纤维纱或织物在外力牵引下,浸润己内酰胺单体和引发剂后,在定型模具内成形和加热聚合,最终制成产品。该工艺成形的制品的纤维体积分数可以达到 70%,纤维方向上拉伸模量可以达到 60 GPa(增强纤维为玻璃纤维),具有优良的比强度和比模量。

这一工艺应用于法国 CQFD 中心与彼欧公司、现代汽车公司一同开发的热塑性复合材料防撞梁(见图 8.12),其主体成形采用原位拉挤工艺,材质为连续玻璃纤维增强 PA6(商品名为C-SHOCK),随后通过包覆注塑工艺,引入防撞梁的安装点,整个方案相比金属方案减重43%(3.7 kg)。

**图 8.12　采用原位拉挤工艺的前保险杠防撞梁**

热塑性拉挤工艺与热固性的区别在于浸渍工艺与模具,热塑性拉挤设备包括布纱装置、流态化床、加热模具、冷却模具、牵引机、控制系统、切割系统等几部分。

热塑性复合材料可以以很多形式进行拉挤,但最简单的是预浸料片。这种预浸料片非常薄,是由纤维和树脂适当混合并压实后而成的层合片。这些材料的拉挤过程实际上就是一个层合过程,即在合适的工艺参数条件下,预浸片表面的树脂熔融,然后在冷却时通过压力将其黏结在一起。此过程不要求树脂有明显的流动,因此高黏度的问题通常可以避免。但热塑性复合材料预浸料仅适合拉挤几何形状简单和各层角度受限的产品。

对于复杂形状的构件,热塑性混合丝束是更为适合的原材料形式,它是将热塑性基体纤维和增强纤维混合而成的单根丝束,在加工过程中,需要将树脂加热熔融并加压促使高黏度树脂增强纤维周围流动。在混合丝束热塑性复合材料成形中,虽然树脂流动距离短,但树脂黏度高,成形时间短,流动速度低,所以,用这种方法很难拉挤出和预浸料法相似的低孔隙率复合材料构件。

为了解决树脂高黏度引起的浸润难的问题,同时保持混合材料形式的柔性,便开发了热塑性粉末涂覆技术。在该过程中,用很细的树脂粉覆盖增强纤维。理论上,粉末涂覆技术非常好,但实际上,基体粉末很难有力地黏附纤维,从而难以控制纤维/树脂的比例;而且在加工过程中,粉末易于从纤维上脱落,导致复合材料中形成"干斑"。

目前,几家树脂供应商正致力于研制超低黏度热塑性树脂体系。它类似于热固性树脂体系,这些材料在使用前以两体系分开贮存,一旦混合后则迅速发生化学反应形成长链的热塑性树脂,这些树脂非常适合树脂直接注射拉挤成形工艺。在定型模具的冷端,像水一样的低黏度树脂就可以浸润增强纤维。

## 8.5.2　注射浸渍成形技术(反应注塑浸渍成形)

根据不同 CFT(GFRT 和 CFRT)的特性,熔融、预浸、成形等成形阶段对设备和加工工艺都有其特定的技术要求。热塑性树脂基体(Resin)黏度高、浸润纤维难,因此热塑性预浸料制备是 CFT 与相关产品制备技术的关键技术与难点。2013 年,注塑机制造商成功研发原位聚合反应的注射浸渍成形技术(In situ T-RTM),使用注塑工艺技术将单体原位聚合与连续纤维的热熔浸渍过程同步完成,实现自动化、可控化、高效率的融熔浸渍过程与复合成形过程一体化,从而减少了工艺流程,提高了产品性能。其原理是将低黏度系数的单体 $\varepsilon$-己内酰胺(或CBT,环氧烷)在高速低压下注射到连续纤维周围,然后在模具中单体原位聚合反应生成PA-6,随后注塑进入模具中成为产品或构件,成形时间为 $60 \sim 120$ s。因类似热固性聚合物树脂成形过程的 RTM 工艺技术原理,故这种工艺可称为原位聚合热塑性树脂 RTM 成形技术(即 In situ T-RTM)。与热固性 HP-RTM 相比,其优势在于:①原材料和制造成本低;②部件的抗冲击韧性更优越;③产品易于回收再利用,且具有可焊接性;④树脂基体(Resin)黏度低似水,更容易连续纤维的浸渍。早在 2010 年,FAURECIA 和 TECNALIA 两家公司分别在两个复杂结构部件的成形单元中现场展示,再次证明了这项技术的可行性。

## 8.5.3　T-RTM 工艺

传递模塑工艺在连续纤维增强热固性复合材料的制备中应用广泛;热固性树脂在未固化前,黏度较低,可以很容易地进入纤维间隙并浸润纤维。而热塑性聚合物由于黏度高,很难实现 RTM 工艺。

克劳斯玛菲开创性地使用聚合物单体注入模具,让单体在模具内聚合,实现了热塑性的RTM 工艺——T-RTM 工艺。T-RTM 工艺的原理是把浸渍 $\varepsilon$-己内酰胺活性混合物的半成形织物预成形,直接在模具中聚合熟化成尼龙-6。

　　在 2016 年德国杜塞尔多夫国际塑料及橡胶博览会上(简称 K 展),克劳斯玛菲首次展示了使用 T-RTM 工艺成形的 Roding Roadster R1 跑车的车顶外壳框架。值得注意的是:该部件同时使用了玻璃纤维(白色)和碳纤维作为增强材料,并在模具中一体装配了金属嵌件。

## 8.5.4　间隙浸渍技术

　　间隙浸渍技术(GIT)于 2014 年 3 月由德国 C. Hopmann 教授发明(见图 8.13)。这种工艺技术具有通用性好,适合热固性/热塑性树脂基体复合体系,成形时间快(2~5 min),成形温度低(120~150 ℃),模具加压压力大(>25 bar),同时操作相对简易,可控性好,稳定性好,设备投资成本低,易于构件实现大批量自动化生产,生产效率高,较适用于制造光滑曲面,又是非复杂 3D 结构的汽车结构零部件。

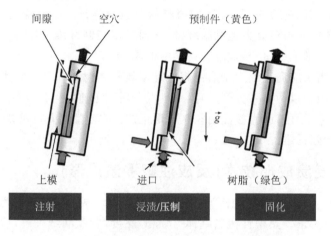

图 8.13　反应注射加压浸渍成形技术(GIT)示意图

　　GIT 技术也适用于热固性树脂 HP-RTM 工艺,在真空模腔内可调节较高的模压压力和成形温度,以及经过两个注射 RTM 工艺过程用于制备大型汽车零部件,故又称为高压注射 R TM-HP-RTM 工艺技术。2012 年德国公司用 GIT 技术生产制造轿车 CFRP 引擎盖(见图 8.14)。

图 8.14　德国公司用 GIT 技术生产的轿车引擎盖

## 8.5.5　热塑性复合材料成形技术存在的问题与未来发展趋势

　　(1) 存在的问题

　　与热固性复合材料的成形技术相比,热塑性复合材料成形技术还不够成熟,仍然存在着一

些问题,主要如下:

①　纤维编织物、丝、带或毡中的纤维各向异性分布与有效控制差,将导致制品不同位置的力学性能不一致;

②　低黏度、高流动的热塑性树脂基体开发与改性技术缺少,品种单一,价格偏高;

③　树脂基体与纤维的界面黏合强度仍需要进一步提高,以及加强界面(相)结构设计与控制技术;

④　构件与金属的各种连接技术与综合疲劳性能评价缺少;

⑤　低成本、低能耗、高效率、自动化的热塑性复合材料生产装备技术开发与工程应用缺少;

⑥　没有建立热塑性复合材料与构件的行业(国家)测试标准与评价标准。

(2) 未来发展趋势

热塑性复合材料成形技术未来发展趋势将呈现如下特点:

①　多专业、跨行业、上下游全产业链一体化的联合开发已经成为一种有效的、快速的、互惠共利的协同发展模式;

②　新技术、新工艺、新设备趋向更加成熟与广泛应用;

③　热塑性复合材料数据库的建立、产品结构设计与计算机仿真 CAE 技术的广泛应用;

④　轻质、高强、环保、低成本的连续碳纤维热塑性复合材料(CFRT)在新能源电动汽车上将优先得到应用。

# 思考题与习题

1. 与热固性复合材料相比,热塑性复合材料的优缺点有哪些?

2. 简述热塑性树脂熔体黏度及流变特性的定义、影响因素及其作用。

3. 如何评价热塑性树脂的成形能力? 热塑性复合材料的主要成形方法包含哪几类?

4. 与热固性复合材料模压相比,热塑性复合材料模压成形具有哪些特点?

5. 简述热塑性复合材料焊接原理、主要方法及应用。

6. 与热固性复合材料铺丝相比,热塑性复合材料铺放成形技术有哪些特点?

7. 结合国内外现状,思考热塑性复合材料技术存在的问题及未来发展方向。

# 第9章 复合材料构件加工技术

## 9.1 概 述

与传统的金属材料相比,先进的复合材料具备更多显著的优点,例如高比强度、高比模量、耐腐蚀、抗疲劳等。因此,飞机制造业为减轻飞机质量,增加载重,延长使用寿命,正逐步增加复合材料的使用量,从而实现更好的经济效益。就复合材料加工而言,也从传统的手工切边、手工钻孔的加工方式,转而寻求生产效率高、质量稳定的复合材料数控加工方法。复合材料主要以层压板、蜂窝芯、泡沫等结构形式出现。对于这些结构件的加工需要采用新的加工策略及加工刀具,这成为复合材料加工的难点之一。此外,在复合材料装配中,需要加工成千上万个表面质量好、精度较高的紧固件孔,这也为复合材料的加工带来困难。因此,针对不同的复合材料结构,设计合理的加工工艺,选择合适的刀具及合适的加工参数尤为重要。

先进复合材料因具有轻质、高比强度、高比模量等优良特性,在许多领域已取代金属材料,获得广泛的应用。在过去几十年里,复合材料已大量应用于航天、航空和造船等工业,而且这种趋势仍在继续。这些结构成形后,往往需要机械加工来获得所需的尺寸精度,但由于复合材料具有硬度高、强度大、导热性差、各向异性及离散性等特点,属于难加工材料,纤维增强树脂基复合材料加工的主要问题是刀具急剧磨损和切出的表面质量差。绝大多数金属材料是均质和各向同性的,而复合材料往往是非均质和各向异性的,因此、复合材料应力与变形之间的关系比传统材料复杂得多,基体与增强体之间的协同效应对复合材料受力后的行为有重大影响。虽然复合材料的基体一般都是普通材料,但是复合材料的增强体通常都是高强度或高硬度的材料。这使得复合材料的切削变形机制不同于普通金属材料,如何延长刀具的使用寿命和获得优良的切削表面,成为加工复合材料的挑战性问题。

迄今,车、铣、刨、钻、铰、磨等多种传统工艺方法和放电、激光、电化学、磨料流等特种工艺方法都已被尝试用于复合材料构件的加工。由于复合材料基体和增强体性能的差异,使得不论是应用传统工艺方法还是特种工艺方法,所加工的复合材料表面都显著地不同于普通均质材料表面,复合材料的已加工表面包含大量的加工所致的缺陷是其鲜明的特征。增强体的特性和取向分布、刀具条件是决定复合材料已加工表面形貌的主要因素,对长纤维增强的复合材料,已加工表面上既有突出的纤维,也有失去纤维而留下的凹槽和孔洞,缺陷的类型和分布与加工方向密切相关,对短纤维或晶须增强的复合材料,在机械加工中增强体被拔出或脱落的现象比长纤维增强体时更常见。颗粒增强复合材料的已加工表面存在凹坑、碎颗粒、犁沟、基体涂抹等多种缺陷,增强颗粒粒度大小对复合材料的已加工表面形貌影响非常大。

复合材料表面层在加工中经受了切削高温,已加工表面包含大量加工所致缺陷,故表面硬度甚至低于未加工材料,加工中被切削表面的皮下层材料经历了比较大的塑性变形,而其温度低于表面,加工所致缺陷也少,所以此层材料通常发生显著的加工硬化,此层以下材料加工后硬度变化不大。含有细小增强体的复合材料加工硬化效应更显著。

切削热和基体塑性变形是复合材料加工后存在宏观残余应力的原因。由于增强体与基体的热膨胀系数、弹性模量相差较大,微观上复合材料切削变形区的应力状态很复杂,界面协同效应制约着增强体与基体之间的变形和恢复,加工后复合材料表层究竟残留拉应力还是压应力取决于复合材料的具体结构和实际加工条件两方面。理论上,凡使切削温度升高的因素都会增大已加工表面的残余拉应力。实践中,加工后复合材料表面常存残余压应力,或表面加工缺陷使大部分热应力和弹性恢复应力均被释放。

复合材料结构常见的加工类型如下:

① 预浸料下料;

② 固化后的切边;

③ 蜂窝与泡沫芯材的加工;

④ 制孔。

## 9.2　先进复合材料切削加工技术综述

复合材料的加工问题是加工金属时从未有过的,因此复合材料后加工工艺的研究已引起了国内外的广泛关注,学者们在复合材料切削机理、刀具材料和结构、特种加工、制孔工艺等领域开展了许多研究工作,取得了一些成果。

### 9.2.1　复合材料切削机理的研究

20 世纪 70 年代以前,复合材料的加工基本上沿用金属材料的加工刀具和切削工艺,后来在复合材料切削加工过程中遇到越来越多的问题,如刀具快速磨损、钻孔分层等。这些问题的出现给复合材料的加工提出了新的课题,70 年代后国际上陆续发表了一些有关复合材料加工的论文,早期的复合材料加工技术的研究是塑料加工的延伸。80 年代,有学者在研究了两相复合材料切削工艺的复杂性后指出,不仅要更新刀具,而且也需要改进切削工艺。学者研究发现,切削表面质量与增强纤维的取向有关,在此基础上,学者们将目光投向了切削力、切削热等研究方向上,并且取得了许多有价值的研究成果。

(1) 复合材料切削力的研究

与金属材料加工不同,复合材料中的增强纤维是切削过程中的主要磨损要素,复合材料中的基体在切削过程中主要将切削力传递到纤维上,材料的各向异性经常导致复合材料制品出现纤维拔出、内部脱黏、分层等缺陷,这可能导致复合材料力学性能降低和表面粗糙度变大,因此复合材料切削力的研究成为切削机理研究的热点。

研究初期有些学者试图将金属材料加工过程中切削力的概念引入复合材料加工,但复合材料的切削破坏形式与金属材料完全不同,因此学者们在研究总结的基础上提出了许多新的模型。Hocheng 和 Puw 根据纤维增强复合材料含有两种力学性能和热学性能完全不同的两相材料的特点,在 C/PEEK、C/ABS 和 C/E 复合材料磨削试验的基础上提出了预测复合材料切削力的机械学模型,分析了纤维方向对切边、表面粗糙度和切削力的影响,推荐了纤维的磨削方向。C. W. Wern 和 M. Ramulu 等用光弹法研究和分析复合材料切削过程中的应力场分布,他们发现不同切削方向的纤维表面通过剪切和拉伸断裂而破坏,当刀具与工件成一定角度时,纤维通过剪切和弯曲失效而破坏;当纤维与切削方向成 45°夹角时,可以明显观察到纤维与基体之间的黏结破坏。研究结果表明,纤维方向对切削力和应力场的分布有重要影响。

日本大阪大学的花崎伸作等通过 CFRP 切削试验得出结论:在碳纤维与切削方向成任何

角度情况下,纤维被切断的原因都是由于刀具前进引起的垂直于纤维自身轴线的剪切应力超过剪切强度极限造成的。Koplev 等在前人研究的基础上,观察到切削方向平行或垂直于纤维方向的区别,提出用垂直或平行于纤维方向的合力来预测切削力大小。

北京航空航天大学的陈鼎昌教授等多年来开展了碳纤维复合材料钻削工艺的研究,针对单向 CFRP 初步建立了钻削力的理论模型。分析了纤维角 0 与切削力之间的关系,试验结果验证了纤维方向对切削力的影响,同时提出了出口处分层缺陷的过程模型和检验方法。

以上从不同角度研究了纤维方向与切削力之间的关系,得出了切削过程中纤维的破坏根式,对于研究复合材料的切削机理作出了重要贡献,但是有关切削力对复合材料性能的影响、刀具材料和几何参数与复合材料的切削力之间的关系等尚缺乏深入细致的研究。这些理论基本上以碳纤维复合材料的切削试验为基础,因此还不能解释所有复合材料的切削机理,尤其是 C/C 和陶瓷基复合材料。

（2）复合材料切削热的研究

复合材料切削热一方面来自纤维断裂和基体剪切所消耗的功,另一方面来自切屑对前刀面的摩擦和后刀面与已加工表面的摩擦所消耗的功。鉴于复合材料切屑形成过程是基体破坏和纤维断裂相互交织的复杂过程,加上复合材料的导热性比金属材料差等原因,切削过程中切削热将主要传向刀具和工件,导致刀具的快速磨损,甚至损伤复合材料的性能。复合材料切削热的研究主要集中在切削温度的测量方法上,国外有成功测定孔出口侧一点温度的报道,北京航空航天大学复合材料加工技术研究课题组先后采用热像仪、红外测温仪、人工热电偶等手段测试 C/E 复合材料钻削过程中的切削热,他们用埋入人工热电偶的方法测量到钻头切削部分靠近中心和最外侧两点的温度,结果表明,C/E 复合材料的钻削温度一般不超过 150～200 ℃。就目前的研究情况着,在复合材料切削热的研究方面还处于切削温度测试方法的探索阶段,还有大量的工作要做。

（3）切削工艺与复合材料性能之间的关系

切削工艺对复合材料性能的影响是复合材料加工技术研究中最重要的内容,国内外在这方面的研究尚处于起步阶段,有许多工作有待进行。Koplev 等最早开展这方面的研究工作,他们在研究中发现,当切削平行于纤维方向时,切削表面有可见的纤维,垂直于纵向的纤维全部破裂;当切削垂直于纤维方向时,在切削表面未发现纤维,相反发现整个切削表面有一层薄薄的基体材料,Koplev 等还发现了在表层下面有一层材料断裂。此外,当切削垂直于纤维方向时,他们还观察到无断裂的凹槽;相反当切削平行于纤维方向时,凹槽前面有裂纹。Inoue 和 Kawaguchi 报告了磨削过程中磨削表面的质量与纤维方向有关。以试验观察结果为基础,Koplev 等指出,当 CFRP 的切削方向垂直于纤维方向时,在刀尖附近出现了两种不同的结果,当刀具向前移动时,它对复合材料施加压力,引起复合材料断裂并产生碎裂,同时作用在刀具下的切削力在试样中,产生一个细小的裂纹(约 0.01 mm 深);当切削方向平行于纤维方向时,刀具施加在工件上的力引起复合材料断裂。上述结果研究了复合材料性能与切削工艺之间的某些关系,但没有深入分析切削工艺对复合材料性能的影响,因此不可能从改进切削工艺的角度来减轻复合材料的损伤,有必要深入开展这方面的研究。

## 9.2.2　复合材料切削刀具材料及结构参数的改进

聚合物基复合材料(如 GFRP、CFRP、KFRP)的耐磨性好、硬度大、导热性差,在切削过程中,纤维作为切削硬质点连续磨耗刀具,因此刀具快速磨损,许多刀具难以完成复合材料构件的切削全过程。切削刀具材料及结构参数的改进成为复合材料切削工艺研究的又一热点。

复合材料的性能取决于不同的纤维和基体的性能、纤维方向、纤维和基体的体积比。刀具连续遭受基体和纤维的磨损,因此切削力变化很大,比如硼纤维增强铝基复合材料,刀具必须经受铝基体和硬的硼纤维的磨损,同样,玻璃/环氧复合材料中,刀具必须承受低温软的环氧基体和脆性的玻璃纤维的磨损。芳纶纤维增强环氧复合材料的硬度大,这需要切削刀具适应这些变化。纤维和基体的性能、纤维方向、材料各向异性、硬的耐磨纤维、高的纤维体积分数等因素使玻璃纤维、石墨纤维和硼纤维增强的复合材料切削加工时刀具快速磨损而造成切削困难。

对于玻璃纤维增强的复合材料,高速钢(HSS)、碳化物是最常用的刀具材料;芳纶纤维增强的复合材料是一种硬度更大的材料,切削刀具应保持锋利和洁净,应经常清洗以去除黏在刀具上的部分固化的树脂,在切削过程中这些树脂能快速磨损刀具,切削芳纶纤维增强复合材料时对刀具的需求不同于玻璃纤维或碳纤维增强复合材料,一般采用硬质合金刀具或 PCD 刀具。有些复合材料(如高硅氧纤维增强的复合材料)的切削加工不得不使用金刚石刀具,目前研发了一些先进的刀具材料,包括不同结构形式的聚晶金刚石刀具、金刚砂镀层刀具和金刚石涂层刀具等,如中心钻、铣刀、钻头、磨削砂轮等。

Hasegawa、Hanasaki 和 Satannka 等对 GFRP 加工刀具的磨损特性做了大量的研究,他们发现在一定的切削长度下,玻璃纤维与刀具之间的磨损是主要的磨损,刀具和玻璃纤维之间的接触力成正比。根据切削速度,他们将刀具磨损分为三类:低速条件下,刀具磨损不可忽视,与切削速度无关,而仅与切削长度有关;中速条件下,刀具磨损随切削速度增加而增加;高速切削时,刀具磨损与速度无关。Hasegawa 等建立了刀具磨损的流变模型以解释切削 GFRP 时观察到的磨损现象。

为解决难加工复合材料的切削问题,目前开发了许多特殊刀具,如波音飞机公司开发了一种贯穿全长的单向四槽螺旋旋转硬质合金铣刀,靠近刃口有一个反方向的螺旋槽,开槽与刀具轴线成 20°。这些刀具被设计用于芳纶纤维增强复合材料的加工,刀具切削时有最小的切削热。刀具制造商们也正努力研制开发复合材料切削用的刀具新材料,并且不断改进结构,Sandvick 和 Kennametal 公司研制成功能满足碳纤维增强复合材料加工需求的硬质合金铣刀和钻头,但针对 C/C 和陶瓷基复合材料的切削刀具则寥寥无几,大部分刀具由使用者自行设计制造。

刀具对复合材料切削加工质量有重要影响,以前各研究使用单位没有形成统一的刀具标准,因此切削工艺研究结果缺乏可比性,有必要专题研究复合材料的切削刀具材料和结构参数,以最终确定复合材料的切削工艺规范。

## 9.2.3　复合材料特种加工技术的研究

复合材料传统的切削加工,刀具磨损快,刀具费用高,此外,传统的切削加工易引起大的塑性变形和固化热应力,特别是环氧基复合材料。非接触式的材料加工工艺为复合材料的加工提供了新的可能,特种加工能降低粉尘和噪声污染,但特种加工都有各自的优缺点,如电解加工方法要求复合材料能导电,激光加工要求材料能吸收光和具有良好的导热性能。此外,激光加工、电子束加工、等离子切割加工等有明显的切削热影响区,其中水射流加工和激光加工在复合材料切削加工中的应用研究最引人注目。

(1) 复合材料的水射流加工技术

水射流加工尤其适合加工薄的复合材料层压板,优化的水射流加工通过调整工艺参数能克服常规机械加工的部分缺点。复合材料中的增强纤维是切削过程中的主要磨损要素,复合材料中的基体在切削过程中主要将切削力传递到纤维上,与复合材料其他加工方法相比,水射流加工的主要优点是高效率和高精度,切割能从任何方向(角度)开始,对被切削材料的厚度几乎没有限制。另一优点是切削阻力小,工件不易撕裂和分层。主要缺点是当工件厚度增加时易引起表面毛刺,与碳纤维复合材料相比,加工 GFRP 时易产生崩边。此外,由于复合材料中环氧等基体在加工过程中吸收水分面导致纤维拔出、内部脱黏、分层等缺陷,这对于航空航天材料是一个严重的问题,因为这可能导致质量增大和强度降低及加工表面的不规则和分层等。

　　(2)激光加工

　　激光加工的物理过程是传热,当激光打到工件时,反射、吸收和激光传导、反射的激光束的数量主要取决于激光源的波长、工件表面粗糙度、氧化度、被复合材料吸收的激光能的大小,取决于材料光学性能和热化学性能。切削时被吸收激光的百分比应尽可能高(或者反射尽可能低),大多数复合材料在短波时能快速吸收激光,在这些波长下只需要很小的激光功率。小波长的 Nd、YAG 激光器最适合切削金属基复合材料,而不用 $CO_2$ 激光源,相反一些有机树脂和其他化合物在大波长时吸收的百分比更高(与 $CO_2$ 激光器 10.6 mm 波长相似),所以 $CO_2$ 激光器更适合于切削芳纶纤维复合材料。用于切削复合材料的激光类型取决于工件材料的性能和激光的特点(如激光密度、激光的发射波长、作用时间、激光偏振、指定波长的吸收效率、熔化和蒸发速度、比热容、扩散率、蒸发热等)。纤维和基体之间的热性能有区别,这种区别对于芳纶纤维来说尤其不可忽视。与基体相比,玻璃纤维和石墨纤维蒸发所需的能量比基体大,因此激光加工所需要的能量主要取决于所用的纤维及纤维体积分数,而不是基体。

　　激光切削复合材料的特点是材料浪费少(宽度窄)、安装时间短、无须切削刀具(也无刀具磨损问题)、切削深度大、热输入低,工件的撕裂和损伤较小。激光加工可能的局限是热影响区(HAZ),切削时高温传递给工件,容易引起复合材料内部基体材料的变化,并且可能导致材料疲劳性能的降低;另外,钻深孔时会降低孔的质量,钻盲孔时难以控制钻孔深度。

　　利用激光技术进行预浸布带和无纬布的切割已初步取得成功,复合材料激光打孔技术的研究已开始引起重视,可以预料复合材料激光加工技术在未来将取得重要成果。

　　除水射流加工和激光加工外,复合材料超声加工技术的研究也曾吸引了许多学者们的注意,但是目前的研究尚停留在原理探索阶段,应在复合材料超声打孔方面先行开展研究工作。

## 9.2.4　复合材料表面质量评价技术的研究

　　过去几十年里,复合材料在我国航空航天和民用工业获得了广泛的应用,但国内没有复合材料表面质量的评价方法,因此在复合材料的设计、制造和使用过程中沿用金属材料的表面质量评价方法,复合材料加工及其表面质量评价缺乏一个统一的方法和手段。

　　为了研究切割边缘的表面特性,国外有些学者采用扫描电镜的测试手段。目前复合材料的切削表面粗糙度评价主要靠目视,因此无法比较,没有大家接受的度量标准,此外,纤维拔出、断裂和分层也对测试结果有影响。另有报道,非接触式测量(LSP)方法可用于金属基复合材料试样表面粗糙度的测试。粗糙度值主要取决于在可接受误差范围内的接触式和非接触式激光测试的近似值。

# 9.3　蜂窝芯的加工

　　作为复合材料主要结构形式之一的蜂窝芯具有很多优点,如高比强度和比模量,优越的可设计性等,因此广泛应用于飞机舱面、整流罩和内饰等结构上。

蜂窝芯材料的数控加工主要包含铣切型面、开槽腔和切边倒角等加工方式。蜂窝芯构件具有投影面积大、复杂自由曲面、结构刚度差别大等特点,因此对蜂窝芯构件的加工提出的要求为高贴合度、高面形精度,低结构缺陷。这种结构及性能的特殊性,使得在蜂窝芯加工时有诸多难点,如装夹定位、刀具选择、切削参数选择等。

为满足蜂窝芯与面板的黏结要求,蜂窝芯的几何外形需要与面板的形状相匹配。蜂窝芯的典型特征一般由平面特征、曲面特征或由多种面形特征组合而成。其中,蜂窝芯的平面、斜面和倒角等结构特征常见于飞机的控制翼面等蜂窝夹层构件,而具有单曲面或大曲率双曲面等结构特征的蜂窝芯则常用于飞机减速板及机翼后缘、扰流板和整流罩。

在切削力作用下,蜂窝壁容易产生弯曲,蜂窝孔格将因塑性屈服、蠕变、脆性断裂而导致最终坍塌,造成不可修复的损伤。蜂窝芯材料的力学性能随蜂窝壁缺陷数量的增加而急剧降低,当 5% 的蜂窝壁存在缺陷时,会导致蜂窝芯材料模量和强度降低超过 35%;当 35% 的蜂窝壁存在缺陷时,会导致蜂窝芯材料模量和强度完全丧失。

当前,蜂窝芯加工方式主要分为手动和数控两种方式,其中手动加工以带锯加工为主,数控加工主要分为高速数控加工和超声波切割加工。

(1) 蜂窝芯高速数控加工

为了适应复杂型面类零、部件的加工要求,提高加工质量和加工效率,高速数控加工是目前蜂窝芯加工的主流。高速数控加工具有材料去除率高、铣削力小、铣削热低及加工表面质量好等优点。目前复杂型面类蜂窝芯材料主要应用五坐标高速铣床加工,要求机床除了满足刚度、精度等要求之外,还必须满足一些特殊要求,包括:较高的主轴转速,一般要求转速在 24 000 r/min 左右或更高,以利于切削;机床台面应保持清洁干燥,应进行有效的润滑油防渗处理,并在主轴鼻端配备集油器等装置;同时还需要配置吸尘集尘装置,以保证有效地收集切屑和粉尘。

有关蜂窝芯构件的装夹,也需要根据其结构特点给予关注。双面黏结带应铺设整齐并尽可能覆盖毛坯所有区域,尤其是加工区域。若工作台有 T 型槽时,应考虑增加平板辅助。毛坯料应尽可能在自然状态下与双面黏结带结合,避免在拉拽状态下装夹。在拉拽状态下装夹的构件在加工完成后回复到自然状态时,构件由于失去与双面黏结带的结合力,会发生回缩现象,导致构件尺寸偏差。为使毛坯料更好地与双面黏结带结合,在装夹过程中可在毛坯上施加适当的外力,并保证施加外力的方向垂直于毛坯,尽量避免使用坚硬质地物品施力或施加不垂直毛坯的外力以防蜂窝芯结构产生形变。

蜂窝芯数控加工刀具与一般加工金属材料和层合板的刀具不同,如图 9.1 所示为几种典型的蜂窝芯加工刀具,为底部切断刀片及四周碎屑刀齿组合的形式或仅为刀片的形式。

带碎屑刀齿的刀具结构的切断刀片直径比碎屑刀齿部分直径大 1 mm 左右,带碎屑刀齿的刀具在进行切削时,切断刀片预先在轴向分离蜂窝芯结构,然后由碎屑刀齿部分将分离的蜂窝芯结构切碎。这种切削方式在很大程度上提高了蜂窝芯结构件加工的质量。在需要保证大平面或曲率较小的大曲面的加工质量时,此类刀具适用性极强,另外在构件倒角和倒斜面时也具有一定的适用性。

蜂窝芯构件因结构特征和加工工艺方案的限制,难以避免使用铝合金高速加工刀具(小直径刀具通常为整体硬质合金形式)。此种条件下应优先选择螺旋角为 45°,并且切削刃相对锋利的刀具。除了刀具结构方面的要求外,针对不同的蜂窝芯材质,加工刀具的材料也有不同的

图 9.1　蜂窝芯加工刀具结构

要求,可采用多种材料的刀片进行加工,推荐使用无齿硬质合金刀片,其他例如金刚石磨片刀片、硬质合金波浪形刀片或高速钢锯齿刀片都可以使用(见图 9.2)。

无齿硬质合金刀片　　　　金刚石磨片刀片　　　　波浪形刀片　　　　高速钢锯齿刀片

图 9.2　复合材料蜂窝芯加工刀片

(2) 超声切割加工

蜂窝芯高速铣削由于实施简单而被国内各大飞机制造厂所广泛采用,然而现有研究表明,高速铣削加工蜂窝芯时,虽然可以通过选取合理的加工参数、优化固持方法及改进加工策略等方式实现蜂窝芯零件的加工,但高速铣削的粉碎切屑的材料去除方式使刀具在加工过程中难以避免地与蜂窝芯产生粉碎、撕扯、挤压等作用,容易在蜂窝芯加工表面产生表面毛刺和撕裂等加工损伤,加工表面质量不易保证。同时,由于芳纶纤维的韧性高且导热性差,在高速切削作用下,刀具与材料间产生剧烈摩擦发热,造成刀具磨损,降低刀具寿命,影响加工表面质量和加工效率。与传统金属构件的刚性固持方法不同,蜂窝芯构件往往采用双面胶带黏结或单面胶带配合真空吸附的方式进行固持,对构件的固持力有限。当高速铣削粉碎材料的切削力较大时,容易将弱刚度蜂窝芯整体带起,从而造成加工表面的毛刺和撕裂,甚至发生材料过切等加工损伤引起构件的报废。此外,高速铣削过程中还会产生大量的碎屑和加工粉尘,加工现场环境恶劣。

以上是当前蜂窝芯加工过程中主要显现的问题。要从根本上解决这些顽疾,必须从加工模式上进行革新,在这种情况下,基于超声波加工蜂窝芯的技术便应运而生。

1980 年奥地利 GFM 公司在全球首次将超声技术引入机械切割领域,并开发出用于复合材料加工的超声切割设备,经过几十年的发展,超声波机床已成为加工蜂窝芯材料最先进的设备。超声波机床是通过超声波发生器产生超声振荡波,经换能器转换成超声机械振动来切削构件的一种机械加工设备。

其使用的刀具主要有两种，一种是直刃刀，用于粗加工（见图 9.3）；另一种是盘片式刀具，用于型面和轮廓精加工（见图 9.4）。

图 9.3　直刃刀

图 9.4　盘式刀

显然，超声波机床使用的刀具相较于常规数控机床使用的刀具而言，具有较大差别，因此，超声波机床的结构不同于常规的数控机床。常规的先进数控机床多采用五坐标，而超声波机床除拥有 $X$、$Y$、$Z$、$A$、$C$ 五个坐标外，另增加一个用于控制直刃刀刃口方向或者盘片式刀具主轴转速的 $B$ 轴。超声波切割设备须配有真空吸附平台和真空系统或具有相同功能的真空夹具，以便吸附蜂窝芯材料。

在应用超声波加工蜂窝芯材料时，要注意控制主轴的旋转方向，应尽量使刀具的旋转力向下。使用直刃刀加工时，推荐角度偏转倾角和主倾角均为 30°。为避免芯格撕裂，主轴应尽量沿前进方向顺时针旋转，加工方式为顺铣。当考虑蜂窝芯黏结/吸附程度不足时，在边界上，应根据实际黏结和真空吸附的牢固程度选择适当的切削速度，从而兼顾效率和质量。另外，超声波振幅可根据刀具能承受的最大幅度尽量调高。

（3）蜂窝芯加工材料及环境要求

① 蜂窝芯在加工前应存放在原始包装中或包在中性牛皮纸中以防表面边缘污染。

② 应将蜂窝芯保存在清洁干燥的存放区内直到使用。蜂窝芯应平放贮存，避免承压，以防损伤蜂窝芯。

③ 在蜂窝芯的加工过程中，工作人员应戴轻质白棉纱手套接触蜂窝芯。

④ 蜂窝芯加工区的环境要求：温度为 18～32 ℃；相对湿度≤65％。

⑤ 不允许在蜂窝芯加工区内吸烟、吃东西或喝水。

⑥ 不允许对胶接有影响的污染物如灰尘、油脂或油污等附着于材料上。

⑦ 不允许在蜂窝芯加工区使用蜡、未固化的脱模剂、含有未固化硅的化合物及任何对胶接质量有影响的物质。

⑧ 蜂窝芯包装采用聚乙烯袋。蜂窝芯的包装和存储过程中要避免损伤，并避免水、油脂、灰尘及其他杂质的污染，以免影响胶接。

## 9.4　泡沫芯的加工工艺

复合材料中常用的芯材有泡沫、蜂窝等多孔固体材料，其中常用的泡沫芯材有聚氯乙烯、聚苯乙烯、聚氨酯、酚醛、环氧及聚甲基丙烯酰亚胺（PMI）等。

大多数泡沫芯材可以使用木工工具加工或成形，包括带锯、车削、穿孔、打磨和仿形。在切割过程中,因为材料的导热系数低,高密度泡沫的进给速度应相对较低,防止材料过热,甚至烧焦。耐高温聚甲基丙烯酰亚胺(PMI)泡沫是民用飞机零部件常用的泡沫芯材,这类泡沫构件加工前应注意以下几点:

① 温度范围 18～32 ℃,相对湿度不能超过 65％。

② 泡沫芯材包装开封后,必要时进行干燥处理。

③ 加工前,目视检查泡沫毛坯密封包装是否完好无损,毛坯不允许存在如裂纹、水渍、油污及蜂窝孔等缺陷。

④ 接触泡沫时,工作人员必须戴棉纱手套。

由于每种泡沫的性能都有不同的特点,所以所有泡沫构件在加工前都需要进行试加工,经试加工合格后,方可进行构件批生产。当设备或工艺参数发生变化时,需重新进行试加工。

对于薄板泡沫料(厚度 10 mm 以下),可采用刀子切割或冲切法下料;对于较厚的板料手工下料时,可先用刀子划线然后折断,利用工作台边缘折断板料可获得特别清晰的断面。用圆盘锯或带锯也可以将板材切割成规定的外形。

对于凹槽、槽口和其他外形,可以用仿形铣床加工。仿形铣床加工时所用的仿形模外形应与构件外形相匹配。

采用数控机床铣切泡沫时,可以采用双面胶带、抽真空、专用夹具等方式将泡沫固定在机床的工作台面上。

可采用普通手工锯条去除构件的余边。当构件需要修整时,可采用与构件同等材料的泡沫块摩擦构件进行修整。

机加完成后,采用吸尘器去除构件表面的粉尘,若加工后不立即进行后续操作,按照相关要求进行干燥处理后,装入聚乙烯或铝箔复合袋中,在密封袋中放入硅干燥剂并封口保存。

# 9.5 复合材料层压结构机械加工

复合材料一般采用"近净成形"工艺直接制造出复杂结构件,实现材料结构一体化制造,减少装配连接数量,提高制造效率。但是为了实现构件之间的连接装配,对构件进行加工是不可避免的(见图 9.5 和图 9.6)。

图 9.5　复合材料切边　　　　　　　　图 9.6　复合材料开口

## 9.5.1　复合材料层压结构加工特性

纤维增强型复合材料的基体一般为树脂,从树脂的硬度和强度来说都易于加工,但树脂固有的特性使其在加工过程中的导热性能很差,加工过程中的切削热不易传出,致使切削温度较高,严重时会烧焦树脂或使树脂软化。而纤维的硬度很高,当其受弯曲与剪切应力时,较易被切削;受拉伸应力时,则较难被切削。因此,纤维方向角 $\theta$ 对切削力和切削比能有一定的影响。

复合材料结构的加工特点可归纳为如下几点:

① 树脂基为黏性弹性体,韧性、导热性差,加工时产生热量不易散发,切削温度高。树脂受热后容易粘刀,增加了切削难度。

② 纤维是理想的弹性体,但硬而脆。切削纤维增强复合材料时,需限制切削速度,控制切削温度。应避免温度过高,致使基体的树脂烧焦、软化和有机纤维变质。

③ 由于复合材料是层压结构,层间抗剪强度低,切削加工时,容易产生分层现象。

④ 复合材料的各向异性和性能分散性明显,使切削处于不稳定状态,难以保证加工后尺寸精度和表面质量。

纤维增强复合材料层压结构加工过程中易产生两种主要缺陷:一是切口损伤,二是层间分层。切口损伤主要表现为切口边缘附近产生出口分层、撕裂、毛刺、拉丝等缺陷;层间分层主要指复合材料层与层之间发生分离,致使构件内部组织疏松,从而降低了构件强度和其他性能。

切削力及切削热是导致复合材料加工缺陷产生的主要因素。因复合材料为层铺结构,在切削轴向力的作用下,可能导致复合材料切口上下表面层处形成各种各样的缺陷。当作用在材料层间的轴向力大于层间强度时,材料发生分层现象,材料表面形成撕裂缺陷,未被切断的纤维形成毛刺缺陷。另外,当加工过程中产生的切削热高于临界温度时,将导致复合材料层间强度急速降低,进一步恶化材料的加工损伤。

纤维丝的高强、高硬和高磨蚀性,是复合材料加工过程中刀具磨损严重的直接原因。由此引起的切削力及切削热的增加,将导致加工质量随着加工过程的进行急剧恶化。

纤维增强树脂基复合材料结构的机械加工机理与金属结构不同,从性能特点上看,复合材料的增强纤维高强高硬,而树脂界面低强度,对温度敏感;从结构特点上看,复合材料结构的方向性强,多界面,又是层叠结构。金属材料为各向同性结构,而复合材料在介观层面上呈各向异性。如图9.7所示,复合材料的切削性能呈明显的方向性。因而,金属切削加工与复合材料切削加工结果也不相同(见图9.8)。

此外,加工复合材料与加工金属材料所使用的加工参数也不相同,具体来说:

① 碳纤维复合材料层间强度低,易在切削力的作用下产生分层,因此钻孔或切边应减小轴向力。钻孔要求高转速、小进给,加工中心转速一般在 3 000~6 000 r/min,进给量达到 0.01~0.04 mm/r,钻头选用三尖两刃或两尖两刃形式较好,锋利的刀尖可先将碳纤维层划断,两刃对孔壁起到了修补作用,镶金刚石的钻头锋利与耐磨性俱佳。

② 碳纤维复合材料构件一般尺寸较大,形状结构复杂,硬度和强度都很高,属于难加工材料。切削过程中切削力较大,切削热不易传出,严重时会烧焦树脂或使树脂软化,刀具磨损严重,因此刀具是碳纤维加工的关键,其切削机理更接近于磨削而非铣削,所以,加工中心切削线速度通常要高于 500 m/min,采用高转速小进给策略。切边加工刀具一般选用整体硬质合金滚花铣刀、电镀金刚石颗粒砂轮、镶金刚石铣刀、铜基金刚石颗粒锯片。

在加工装备上也存在区别:

① 三类新型整体硬质合金复合材料加工专用铣刀的切削效果更好,它们都有一些共同特

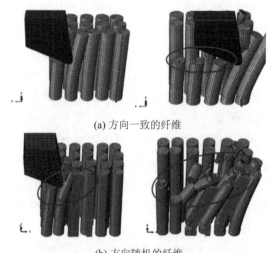

(a) 方向一致的纤维

(b) 方向随机的纤维

**图 9.7　切削的方向性**

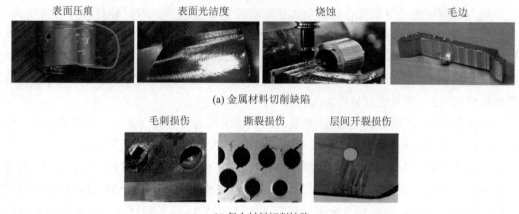

表面压痕　　　表面光洁度　　　烧蚀　　　毛边

(a) 金属材料切削缺陷

毛刺损伤　　撕裂损伤　　层间开裂损伤

(b) 复合材料切削缺陷

**图 9.8　不同材质的切削缺陷**

点：刚性高，螺旋角小，甚至是 0°，专门设计的人字形刀刃，都可以有效减小加工中心轴向切削力，减少分层，其加工效率与效果都很好。

② 复合材料切屑为粉状，对人体健康危害大，应采用大功率吸尘器吸尘，采用水冷也可有效降低粉尘污染。

## 9.5.2　复合材料切削机理

对于具有正前角的刀具来说，纤维方向角 $\theta$ 不同（见图 9.9），会有不同的切削变形和切屑形成形式（见图 9.10）。

(1) 当 $\theta = 0°$ 时

刀具通过不断将切削层材料与基体材料分离形成切屑。随着刀具的推进，处于被切削部分的材料层不断被挤压，基体树脂的拉伸强度（约 50 MPa）远小于纤维压缩强度（约 1 200 MPa）。当挤压到一定程度时，被切削部分最下层面会发生层间分离，切削部分被掀

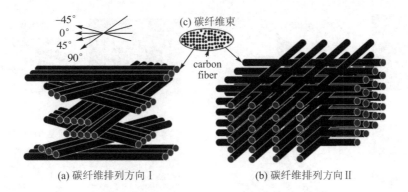

图 9.9  纤维方向排列

起,产生弯曲引力,当应力增大到超过自身弯曲强度极限时,分离部分折断,成为切屑(见图 9.10(a))。

(2) 当 $0°<\theta\leqslant90°$ 时

刀具切削刃对碳纤维复合材料的推挤作用在纤维内部形成垂直于纤维自身轴线的剪切应力。当剪切应力超过纤维剪切强度极限时,纤维被切断。切断后的纤维在刀具前刀面的推挤作用下,沿纤维方向产生滑移。当滑移引起的纤维界面间的剪切应力超过基体树脂材料的剪切强度极限时,被切断纤维与其他纤维分离,形成切屑。这种切削变形形式称为纤维切断型(见图 9.10(b)和图 9.10(c))。

(3) 当 $90°<\theta<180°$ 时

刀具对前端材料的推挤作用导致复合材料间的层间分离。刀具前端材料在刀具作用下发生弯曲,当弯曲应力超过碳纤维复合材料的弯曲强度极限时,底部发生断裂。断裂点发生在最大弯曲应力处,所以断裂点往往不在刀刃处,而是在刀刃的下方。刀具继续前进,刀具对其前端材料推挤作用加强,当前端材料底部断裂点处的剪切应力超过材料剪切强度极限时,发生剪切断裂,形成切屑(弯曲剪切型,见图 9.10(d))。

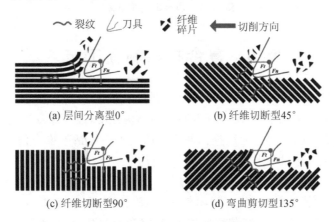

图 9.10  切削变形和切屑形成形式

图 9.11 所示为不同的断裂形式与对应的表面形貌。

图 9.12 所示为典型的切削导致的复合材料结构缺陷。

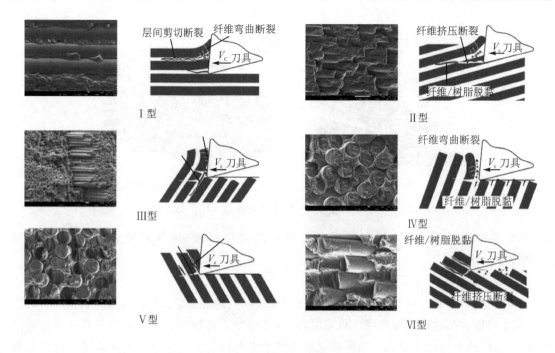

图 9.11　断裂形式与表面形貌

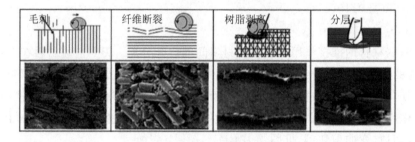

图 9.12　典型的切削缺陷

# 9.6　复合材料制孔工艺

不同于金属材料,复合材料的各向异性使其制孔中存在"分层"这一瓶颈问题,在工件的出口及入口都可能发生分层现象,分层会降低零件的结构强度,最终导致抗疲劳性能恶化。减少分层的关键在于减小钻削推力。分层损伤的程度取决于临界钻削推力值,其大小取决于工件材料本身的性能及复合材料板上未加工材料的厚度。

如图 9.13 所示,可采取以下措施解决分层:①刀具几何参数和钻削加工参数的优化;②改变钻削运动方式(振动辅助钻削、强制进给钻削、螺旋钻削、啄木鸟式钻削);③辅助支撑结构(背支撑、导向孔、冷却系统);④ 非传统的加工方式(激光制孔、水射流制孔、超声制孔、电加工制孔)。

在复合材料层压板制孔时,为了实现最省时间情况下的无分层制孔,必须在进给率尽可能大的情况下使推力保持在临界值以下。然而由于传统的标准麻花钻会产生很大的轴向推力,所以很难实现上述目标。因此需要对制孔工艺进行改进来实现无分层的钻削。

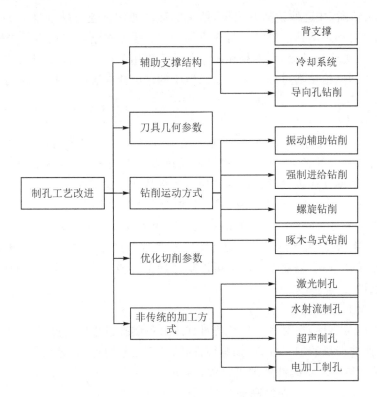

**图 9.13　复合材料制孔工艺改进措施**

具体改进措施如下：

(1) 刀具几何参数和制孔参数的优化

为了避免分层,需要研究复合材料在钻削过程中轴向推力的影响因素,这些参数包括切削参数(进给率及钻削速度)、钻头的几何参数(横刃、顶角、前角)、钻头类型(高速钢麻花钻、薄芯钻、锯钻、套料钻)和钻头磨损。可从这些方面着手来达到减少分层的目的。有学者在研究中发现,分层与主轴转速、进给率和顶角的关系十分密切。高切削速度、低进给率和较小顶角的组合可以减少材料的分层。

(2) 改变钻削的运动方式

通过改变钻削的运动方式,也可以改善钻削加工质量。

① 行星钻削:又称轨道钻削、螺旋铣孔,其基本原理是使刀身在绕自身轴线存在一定偏置的中心轴线进行旋转,刀具通过轴向运动来完成对孔的加工。轨道钻削由波音公司的研究团队率先提出,该方式的好处在于:钻削周期短、钻削力小、刀具寿命大幅度提高。

② 振动钻削:振动钻削是振动切削的一个分支,它与传统钻削方式有着本质的区别。传统钻削是一个连续的钻削过程,而振动辅助钻削则是通过压电陶瓷振荡器来实现一个断续脉冲切削过程。在相同的钻削条件下,振动钻削的轴向推力和扭矩相比传统钻削有着大幅度的减小。

③ 啄木鸟式钻削:简称啄钻。在啄钻的过程中,钻头以逐步递增的方式向工件材料内进给(停留一段时间),然后以一个预定速度将钻头从工件中退出。这种钻削方式的优点在于其具有的切屑清理能力。该种方式能够将碎屑破碎成足够小的碎片,使得其在通过刃槽退出加工孔时不会划伤材料。不过采用啄钻制孔时,钻削过程的控制相对比较复杂。

④ 强制进给切削：在这种钻削方式里，钻头的运动通常是通过钻削推力和力矩来进行控制，它通常容易与自动进给钻削混淆。自动进给钻削与强制进给钻削的不同之处在于，其钻头以一个预设的每转进给量进给，而不是在一个预设力作用下进给。另外，强制进给钻削与啄钻的区别在于，在强制进给钻削过程中钻头是以恒定的进给速度进行制孔，而不是以周期性进给速度进行制孔。

（3）辅助支撑结构

① 辅助支撑：在复合材料钻削时为了减少钻削损伤，常在工件的背部增加一个辅助支撑，它对减轻分层有着积极的影响。辅助支撑可以通过以下方式来实现：在工件上直接增加一层保护性层板；采用辅助支撑板；采用预钻导向孔，并将其定位在工件下方的钻孔区域中。

② 采用导向孔进行钻削：研究发现，横刃对轴向推力的贡献能达到 $40\%\sim60\%$，而导向孔可以削弱横刃的影响，因而在采用导向孔后，可以在很大程度上减少分层。

③ 使用冷却液钻削：由于冷却液会导致复合材料内部湿度增加，进而影响其刚度和强度，因而干式钻削是较佳方式，但使用冷却液可以降低加工环境温度，获得更好的表面粗糙度、孔加工质量和更长的刀具寿命。

（4）非传统加工方法

为保证产品的可靠性，在对复合材料等难加工材料制孔过程中不能发生分层，在某些情况下，需要采用一些非传统的加工方式，如螺旋铣孔、超声振动制孔、激光制孔等。

① 螺旋铣孔：指一个断续铣削加工过程，由两种运动合成，第一运动是由主轴的高速旋转，第二运动是刀具中心绕孔中心做旋转运动的同时 $Z$ 轴向下进给，具体如图 9.14 所示。

螺旋铣孔有三个特点：

其一，刀具中心的轨迹是螺旋线而非直线，也就是说刀具中心与所加工孔的中心不重合，是偏心加工过程。孔的直径与刀具的直径不一样，突破了传统的钻孔一把刀具加工同一直径孔的局限，实现了单一直径刀具可以用于加工一系列直径孔，在实际生产加工过程中，可以有效地减少换刀次数，节约换刀时间，不仅提高了加工效率，同时也大大减少了存刀数量与种类，降低了加工成本。

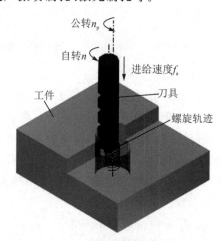

图 9.14　螺旋铣孔示意图

其二，螺旋铣孔工艺过程是一个断续切削的过程，有利于刀具的散热，降低了因温度累积而造成刀具磨损、破损失效的风险，螺旋铣孔过程的冷却液的使用与传统的钻孔相比有很大的改进，整个铣孔过程的冷却可以采用微量润滑甚至是空冷方式实现，是一个"绿色加工"的过程。

其三，铣削加工切削变形与钻削加工切削变形原理的差异，导致的切削抗力与排屑难易程度也不一样。螺旋铣孔的偏心加工的方式使得切屑有足够的空间从空槽中排出，排屑方式不再是影响已加工孔表面粗糙度的主要因素。

② 超声振动制孔：主要指在普通钻削的基础上增加一个周期性的振动，使切削用量按某种规律变化，以达到改善切削效能目的的一种新颖加工方法。在振动钻削加工过程中，钻头与工件时切时离，其运动速度的大小和方向在不断变化，这使得超声波振动钻孔在对难加工材料

的加工和难加工工艺的完成中,都取得了传统的钻削工艺难以达到的效果,像切削力减小,入钻精度提高,扩孔量减小,出口毛刺高度减小,钻头寿命提高等。该加工方法使复合材料等难加工材料钻削工艺技术有一个质的飞跃。

③ 激光制孔:由于复合材料各向异性、不均匀的组合、硬和耐磨性高,惯用的加工方法难以对它们完成操作,分层、脱胶和纤维破损导致最后加工完成的零件强度降低。刀具的过度磨损显著地增加了加工时间和费用。激光加工的优点是加工速度高,无刀具磨损,无接触力和精度相对高。激光加工的有效性主要取决于材料的热特性,组成复合材料的纤维、基体材料的类型和数量决定复合材料对激光束的热响应。目前,复合材料激光加工的一个问题是发生化学分解,在温度升高时会发生危险。

# 思考题与习题

1. 与金属材料相比,复合材料结构加工的特点有哪些? 常见的加工类型包括哪几类?

2. 复合材料常见的加工缺陷包含哪几类?

3. 蜂窝芯材加工的关键问题有哪些? 简述其主要缺陷的表现形式及其对性能的影响。

4. 简述蜂窝芯材加工的主要工艺方法及其各自特点。

5. 与蜂窝芯材相比,泡沫芯材加工的特点有哪些?

6. 简述与金属结构相比,纤维增强树脂基复合材料结构在机械加工原理、加工装备及加工参数上的不同。

7. 以图文结合的形式,说明纤维增强树脂基复合材料的切削变形与切削形成方式。

# 第 10 章  复合材料结构连接技术

## 10.1  概  述

相对金属结构而言,复合材料虽然具有提高结构整体性的优越条件,但是由于设计、工艺和使用维护等方面的需要或限制,不可避免地要安排一定的设计和工艺分离面、维护口盖和多种外挂接口等。这些部件的载荷传递必须有相应的连接方式来解决,所以连接在复合材料结构中是必不可少的关键环节。复合材料连接可分为机械连接、胶接和焊接等类型,其中机械连接主要指螺栓连接和铆接,适合于传递较高载荷或强调可靠性的部位,也适合与复合材料和金属的叠层连接,是最常用的一种连接形式。

复合材料结构部位的设计和强度分析具有与金属材料结构连接部位不完全相同的内容和特点,有些方面与金属材料结构有着本质的差别,而且影响复合材料连接强度的因素要复杂得多。例如,复合材料结构连接部位的钉孔切断了纤维,导致孔边应力分布较复杂,加之复合材料本身属脆性材料,孔边的应力集中较严重,使得多排钉孔传力时的钉孔载荷分配不均匀;连接强度与铺叠方式、载荷方向和环境影响等多种因素密切相关;连接的失效模式多而且预测强度较困难等。这些特点决定了复合材料连接强度问题变得更复杂,解决其静强度和疲劳强度更为困难,必须予以足够的重视。同时这些特点也表明复合材料的连接强度问题具有较强的可设计性,因而进行该领域的深入研究,具有非常重要的意义。

复合材料连接主要包括 5 种方法,即机械连接、胶接连接、缝合连接、Z-pin 连接和混合连接。

其中只有胶接连接是通过结合面进行连接,其余都是贯穿厚度的连接。贯穿厚度连接的共同优点是抗剥离应力和劈裂应力强,这恰恰是通过结合面进行连接的主要缺点。

目前结构连接传递载荷应用最多的是机械连接和胶接连接,缝合连接和 Z-pin 连接仅作为一种辅助手段,以提高连接的抗剥离应力的能力。

## 10.2  复合材料机械连接

尽管随着整体化结构的应用,机械连接的构件数量大幅度减少,但是尚存在分离面的连接问题,其传递的载荷更大,因此也就显得更为关键。另外,机械连接虽然有连接效率低的缺点,但其突出的优点是安全可靠,传递大载荷,受环境影响小,可重复装配和拆卸。因此,机械连接是其他连接方式不可替代的,在未来很长时间内仍然是产品结构主要的连接手段之一。

机械连接是用机械方法(通常采用螺栓和铆钉)将两个或多个被连接构件连接在一起的方法。

螺栓连接的优点:

① 便于检查质量、保证连接的可靠性；

② 在制造、更换和维修中可重复装配和拆卸；

③ 对构件连接表面的制备及处理要求不高；

④ 无胶接固化产生的残余应力，有一些残余应力但也不是问题；

⑤ 受环境影响较小；

⑥ 没有厚度限制；

⑦ 对剥离应力不敏感。

螺栓连接的缺点：

① 制孔导致孔周的局部应力集中，降低了连接效率；

② 为弥补层压板制孔后强度下降的影响，层压板可能需局部加厚，加之使用紧固件，导致质量增加；

③ 由于增加了制孔的工作量，可能增加成本；

④ 钢紧固件与复合材料接触会产生电偶腐蚀；

⑤ 制孔可能损伤复合材料；

⑥ 复合材料件经常需要加垫；

⑦ 与之配合的金属件易于疲劳。

飞机的重要部位和主承力连接区的关键接头一般均采用螺栓连接，但尽量不采用耳片或梳状的连接形式。由于复合材料各向异性的特点，影响因素众多，照搬金属连接的方法将会造成严重的后果。复合材料结构应用机械连接应特别注意以下几点：

① 由于复合材料本身属脆性材料，使得多排钉孔传力时的钉孔载荷分配更不均匀，连接破坏时，基本层压板的应变和应力较低；

② 连接强度与材料、铺叠方式、连接几何形状参数、载荷方向和环境影响等多种因素密切相关；

③ 连接的失效模式多且预测强度较困难；

④ 剪切强度并不随着端距的增大成比例地增加；

⑤ 螺栓应承受剪切，避免螺栓受拉和弯曲。

## 10.2.1　机械连接构型设计

复合材料结构的机械连接形式，按有无起作用的搭接板来分，主要有搭接和对接两类；按受力形式可分为单剪和双剪两类，其中每类又有等厚度和变厚度两种情况。典型机械连接方式，如图 10.1 所示。为增强机械连接的强度，搭接板的形式还有下陷和局部增厚等变化，如图 10.2 所示。

为描述机械连接的几何特性，定义典型机械连接的几何参数如图 10.3(a)所示；只有一个螺栓连接的复合材料连接结构称为单钉连接，如图 10.3(b)所示；螺栓沿载荷方向分布的复合材料连接称为串联螺栓连接或多排单列连接，如图 10.3(c)所示；螺栓沿载荷方向分布的复合材料连接称为并联螺栓连接或单排多列连接，如图 10.3(d)所示。对于更多钉连接的情况，根据钉排列是否整齐又可以分为多排多列规则连接或多钉非规则连接。

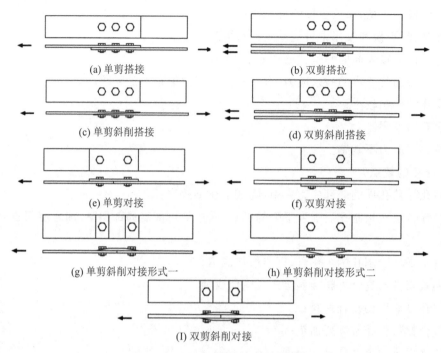

图 10.1　机械连接的主要连接方式

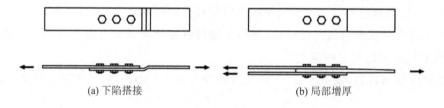

图 10.2　机械连接局部增强连接形式

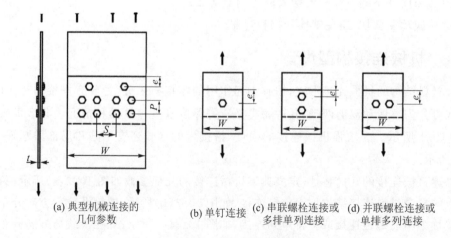

图 10.3　螺栓连接参数

## 10.2.2　机械连接破坏定义

连接或者接头是由被连接件和连接介质两部分共同组成的,其中任何一部分发生任何一种形式的破坏,就认为整个连接发生破坏。被连接件可以全部是复合材料,也可以是复合材料和金属的混合结构。连接介质对于机械连接就是螺栓、铆钉等。

在金属的多钉连接结构中,承担大载荷的螺钉孔会首先出现塑性变形区,之后各钉所承受的载荷将重新分配,从而使得各个钉孔的承载趋于均匀,破坏形式主要表现为孔边应力集中导致的高拉伸应力所引起的孔边屈服破坏。但是复合材料具有各向异性和脆性特性,其在钉载分配及破坏形式等方面与塑性金属的多钉连接具有显著区别。试验中发现复合材料连接中基本不存在塑性区,各钉承受的载荷不随总载荷的增加而重新分配,钉载分配存在严重不均匀性;同时复合材料螺钉连接孔周边应力非常复杂,孔边挤压区、剪切区和拉伸区共同存在。因而复合材料机械连接载荷分布计算比金属材料的机械连接更复杂。

复合材料机械连接强度和失效主要受到复合材料内部损伤累积和载荷形式的影响,破坏模式有单一型和组合型两类,单一型破坏模式有层压板的挤压破坏、拉伸破坏、剪切破坏、劈裂破坏、拉脱破坏,以及紧固件的剪切和拉伸破坏等七种形式,如图 10.4 所示。组合型破坏为两种或两种以上单一型破坏模式同时发生的情况,例如拉伸—剪切(或劈裂)、拉伸—挤压、挤压—剪切和拉伸—挤压—剪切等,如图 10.5 所示。

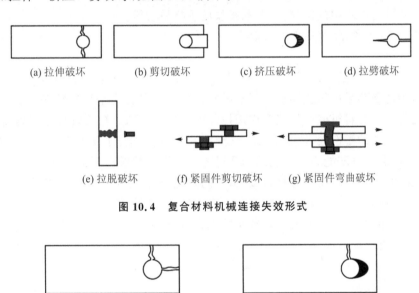

(a) 拉伸破坏　　(b) 剪切破坏　　(c) 挤压破坏　　(d) 拉劈破坏

(e) 拉脱破坏　　(f) 紧固件剪切破坏　　(g) 紧固件弯曲破坏

**图 10.4　复合材料机械连接失效形式**

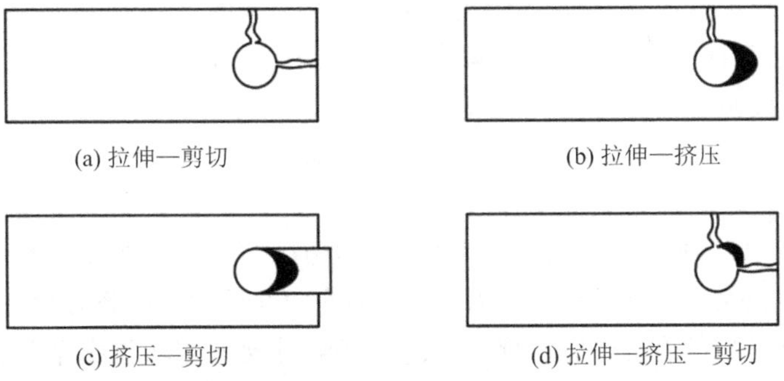

(a) 拉伸—剪切　　　　　　　　(b) 拉伸—挤压

(c) 挤压—剪切　　　　　　　　(d) 拉伸—挤压—剪切

**图 10.5　复合材料机械连接组合型失效模式**

上述破坏模式中,主要与其几何参数和纤维铺叠方式相关。应该通过设计尽量避免紧固件的拉脱破坏;拉伸破坏会导致连接结构的突然破坏;剪切破坏和劈裂破坏是两种低强度破坏模式,都需要尽量防止发生此类情况;挤压破坏是局部破坏,通常不会引起复合材料结构的灾难性破坏。因此在保障连接的安全性和提高效率的前提下,尽量将连接结构设计成仅发生挤压破坏或以挤压破坏为主的组合型破坏。

### 10.2.3 机械连接强度分析

(1)影响强度的主要因素

影响复合材料机械连接接头强度的因素比金属多,了解这些因素并在设计中加以考虑是很重要的。这些因素可以归纳为以下五类:

① 材料参数:纤维的类型、取向及形式(单向带、编织布等)、树脂类型、纤维体积含量及铺层顺序。

② 连接几何形状参数:连接形式(搭接或对接、单剪或双剪等)、几何尺寸(排距/孔径、列距/孔径、端距/孔径、边距/孔径、厚度/孔径等)、孔排列方式。

③ 紧固件参数:紧固件类型(螺栓或铆钉、凸头或沉头等)、紧固件尺寸、垫圈尺寸、拧紧力矩及紧固件与孔的配合精度。

④ 载荷因素:载荷种类(静载荷、动载荷或疲劳载荷)、载荷方向、加载速率。

⑤ 工艺参数:工艺因素决定复合材料的结构参数、物理-力学性能及连接工艺过程所产生的残余应力。典型的工艺因素有铆钉和螺栓的配合间隙、螺栓或螺柱的预紧力、连接构件的精度和互换性、复合材料中的内应力、孔和螺纹的价格质量等。

⑥ 环境因素:温度、湿度及介质的影响。

(2)干涉连接

随着复合材料的广泛应用,复合材料与其他金属结构进行连接和满足各种开口结构等需要越来越多,为此必须采用机械连接。复合材料机械连接开孔比金属结构开孔会产生更高的应力集中,通常复合材料机械连接接头许用拉伸应力只能达到层合板抗拉极限强度的 20%~50%,由于复合材料的塑性较差,仅有 0.5%~1.0% 的延伸率,在受外力情况下,复合材料本身仅具有很小的载荷分配能力。金属结构通过弹性变形可将载荷重新分配给相邻紧固件,使得各排钉承受的载荷一致,而复合材料接头,在间隙配合时,由于材料没有屈服点,使得内外排紧固件承受的载荷极为不均匀,严重影响了复合材料的使用性能。

和金属结构相比,连接处是复合材料结构的薄弱环节,结构破坏的 60%~80% 发生在连接处。采用干涉连接可以在一定程度上缓解这一问题。国内有关研究证明:与间隙配合连接相比,干涉配合连接条件下,各紧固件的承载比例将趋于均匀。材料干涉配合接头的疲劳寿命远远高于间隙配合接头的疲劳寿命;干涉量对复合材料干涉配合接头的疲劳寿命有较大影响,所研究的干涉配合模型的最佳干涉量为 1.0%~1.4%。

(3)静力分析

复合材料结构机械连接的静力分析主要包括三方面的内容:一是从总体结构分析确定机械连接所受的外力;二是由机械连接所受的外力确定各个钉孔处的挤压载荷和旁路载荷;三是进行细节分析,得到钉孔区域的应力,利用材料的失效准则或半经验破坏包线评定机械连接强度。

(4)疲劳分析

除了钉杆剪断外,复合材料机械连接的基本破坏模式还有以下三种:一是净面积拉断;二是端距剪切;三是钉孔挤压。比较常见的还有拉伸-剪切、挤压-拉伸等组合型破坏模式。

静强度设计合理的复合材料对称机械连接,在轴向疲劳加载下的破坏大部分都是从钉孔挤压损伤开始。与常见的金属连接孔两侧孔边裂纹扩展，最后边距疲劳断裂的典型形式不同，复合材料钉孔受紧固件压迫一侧的基体材料逐渐产生裂纹，纤维-基体界面脱胶、纤维局部屈曲、扭折和剪切，伴随着基体局部压损和分层，钉孔处逐渐累积产生宏观的永久伸长变形。随着载荷循环次数增多，局部压损区扩大，孔永久伸长变形增大，可能超出通常结构的失效许用限值 5%，但连接的剩余强度并未因此明显降低。当分层与压损伴随着纤维断裂扩展到端距材料难以承受的程度时，连接在少量循环中急剧地破坏。少部分情况下，挤压破坏前孔永久伸长变形并不大，由内部损伤累积而发生急剧破坏。

## 10.2.4　复合材料螺栓连接类型

螺栓连接常用于飞机主要承力部位的连接，由于螺栓连接具有无冲击力，连接强度高，使用简单，轴向尺寸小和结构简单等特点，目前复合材料连接越来越广泛采用螺栓连接方式，其安装工艺和安装工具与金属结构基本相同，只需考虑电位腐蚀和结构减重等问题，最好选用钛合金螺栓。目前采用螺栓连接件最普遍的是高锁螺栓、普通钛螺栓和艾迪螺栓系统等。

高锁螺栓是一种可单面安装的螺纹紧固件（见图 10.6），是飞机上大量使用的紧固件之一，按受力可分为抗拉型和抗剪型。螺栓有 100°沉头和平凸头，抗剪型高锁螺栓采用铝高锁螺母，抗拉型螺栓采用不锈钢螺母。螺栓杆直径分为间隙型、干涉型、短螺纹干涉。螺母按用途分为普通高锁螺母、密封高锁螺母（内有特氟龙垫圈）、自对中高锁螺母（用于 0.5°～7°斜面安装）。

普通钛螺栓按头型分为沉头（100°沉头、130°沉头）螺栓、六角螺栓、十二角螺栓和十二法兰螺栓等。100°沉头螺栓有多种槽形，如菲利普十字槽、高扭矩十字槽、三翼槽、高扭矩一字槽等形式，杆径有间隙型和干涉型。

艾迪螺栓紧固系统（见图 10.7）是第四代螺栓系统，其螺栓的螺纹上带有 5 个槽，螺母上带有三个凸起，凸起在套筒作用下起驱动螺母的作用，当安装完毕夹层达到一定的预载荷后，螺栓的凹槽中被挤入金属，从而起到螺母自锁的作用。该系统的优点是可控制载荷大小、不易损伤构件，在复合材料的连接中较为适宜。

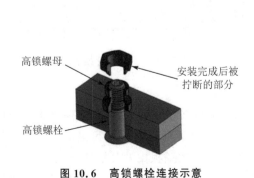

图 10.6　高锁螺栓连接示意

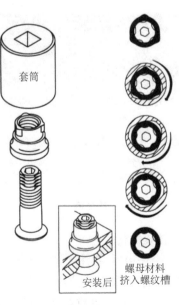

图 10.7　艾迪螺栓紧固系统

# 10.3 复合材料胶接连接

胶接连接是复合材料结构主要的连接方法之一,它是用胶黏剂将两个或多个构件连接在一起。胶接连接的主要优点是:无钻孔引起的应力集中,基本层压板强度不下降,连接效率高;不需要连接件,结构轻,能使结构减重 5%～25%;抗疲劳、密封、减振及绝缘性能好;有阻止裂纹扩展作用,破损安全性好;能获得光滑气动外形;不同材料连接无电偶腐蚀问题等。

胶接连接也存在一些缺点,如缺少可靠的无损检测方法,胶接质量控制比较困难;胶接强度分散性大,剥离强度较低,较难传递大的载荷;性能受温、热、腐蚀介质等环境影响大,存在一定老化问题;胶接连接是永久连接,胶接连接后不可拆卸。

采用复合材料胶接连接时应注意如下几点:

① 碳纤维复合材料沿纤维方向的线膨胀系数很小($0.60 \times 10^{-5}/℃～4.30 \times 10^{-5}/℃$),而垂直纤维方向的热膨胀系数相当大。它与金属胶接时,由于热膨胀系数差别较大,在高温固化后会产生较大内应力和变形。因此,胶接连接设计时应尽量避开与金属件,尤其是铝合金胶接,必要时可采用热膨胀系数小的钛合金构件。

② 胶接连接承剪能力很强,但抗剥离能力很差。由于 CFRP 层间拉伸强度低,它不像金属连接在胶层产生剥离破坏,而易在连接端部层压板的层间产生剥离破坏,因此,对较厚的被胶接件,宜采用斜削或阶梯形搭接形式。

# 10.4 缝合连接

复合材料缝合连接是采用缝线进行连接,有两种情况:一种情况是层压板本身是缝合的,即沿厚度方向进行缝合(见图 10.8);另一种情况是用缝线将两个或多个被连接构件连接在一起(见图 10.9)。

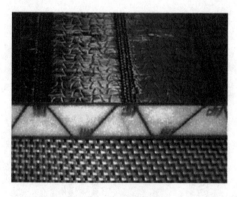

图 10.8 缝合连接

图 10.9 使用碳纤维缝线增强

缝合连接的优点:

① 缝合连接后,自然形成了网格,使复合材料的单位面积大大减小,每个网格将其范围内的复合材料进行了约束,使复合材料连接产生的分层及分层的扩散问题得以解决。缝合的方法同样也可以用在复合材料结构设计中,以解决复合材料大壁板中的分层级分层的扩散问题,可以明显提高层压板的层间断裂韧性和层间剪切强度,克服传统层压板层间剪切强度较低的

缺点。

②飞机在受到鸟撞、冰雹等的撞击时,受冲击损伤的部位产生了脱黏、分层、承载能力下降等损伤情况。运用缝合连接技术后,可以在构件破坏后,利用缝线使碎片连接在一起,有利于阻止损伤扩展,避免后续的更危险的灾难性破坏,从而提高复合材料抵抗冲击损伤的能力。

③可以避免机械连接由于钻孔带来的应力集中引起的强度降低。

④避免胶接连接可靠性较低和耐环境较差的缺点。

⑤缝合连接工艺性好。

同时,缝合连接也存在缺点,主要有:

①面内强度有所降低,一般约 10%;

②对缝线材料性能要求严格,材料有限;

③吸湿和密封问题;

④需要专用的缝纫设备,投资大,制造成本增加;

⑤进行缝合连接后构件不易拆卸和维修。

缝合连接多被应用于缝合层合板复合材料。缝合连接属于辅助性连接,通常与 RTM、RFI、VARI 等工艺一起使用,其优点是采用真空袋固化,压力较小,不使用热压罐成形,因此制造成本低很多,对于推广使用复合材料非常有利。

## 10.5　Z‑Pin 连接

Z‑Pin 连接技术是借鉴缝合技术中不连续缝线方法,在层合板的预浸料中直接嵌入固化好的纤维棒,再固化预浸件形成层合板的工艺过程。将针状细杆 Z‑Pin 植入到未固化的层合构件形成三维增强,从而提高其层间抗破坏能力。常用的 Z‑Pin 材料是直径为 $0.2\sim 1.0$ mm 的高强度、高模量钛合金针和碳纤维针。在摩擦力和材料对其约束的双重作用下,Z‑Pin 像钉子一样将层合板的各个子层固结在一起。

Z‑Pin 连接的优点:

①明显提高层压板的层间断裂韧性和层间剪切强度,克服传统层压板层间剪切强度较低的缺点;

②可以避免机械连接由于钻孔带来的应力集引起的强度降低;

③避免胶接连接可靠性较低和耐环境较差的缺点;

④Z‑Pin 连接设备成本较低;

⑤可用于较小曲率半径的区域;

⑥可用于夹层结构,以提高抗压塌和剪切能力;

⑦Z‑Pin 连接所用材料较多;

⑧没有电化学腐蚀和吸湿问题。

Z‑Pin 连接的缺点是不能与 RTM、RFI、VARI 等预成形工艺一起使用。

## 10.6　混合连接

混合连接是至少采用两种连接方法将两个或多个被连接构件连接在一起的方法。混合连接通常是贯穿厚度的连接与胶接同时使用,例如:螺栓连接与胶接、铆钉连接与胶接、缝合连接与胶接等,以便克服胶接抗剥离应力和劈裂应力较弱的缺点。混合连接一方面存在互补的可能,可以阻止或延缓胶层损伤的扩展,提高抗剥离、抗冲击、抗疲劳和抗蠕变等性能;另一方面也有孔应力集中或缝线带来的不利影响,并且增加了质量和成本。

复合材料的连接形式各有其优缺点,这些优缺点在混合连接中仍然存在,只是缺点的影响减少了。

虽然复合材料混合连接比较复杂,但由于能够传递更大的载荷,接头密封性更好,对于结构的破损——安全性、接头的安全裕度都有很大提高,因此是今后复合材料连接技术的发展趋势。

# 10.7　复合材料连接方法的选择

## 10.7.1　复合材料连接方法选取原则

原则上,胶接连接比机械紧固连接的结构更为有效,这是因为前者有更好的条件降低应力集中,例如,可以利用胶黏剂的塑性响应降低应力峰值。某些类型的胶接连接,比如相近刚度元件之间的斜面连接在连接的整个区域几乎都能够达到均匀的应力状态。机械连接只是钉孔处材料局部应力较大,材料利用率较低。

然而在许多情况下,机械连接是不可避免的,比如对于损伤结构的更换,或者为了接近结构内部要求连接可以拆卸。此外,胶接往往缺少结构裕度和对制造缺陷高度敏感,包括胶接的贫胶,表面粗糙部分的不良配合,以及胶接易受温度、湿度和环境的影响。

确保胶接质量一直是胶接长期存在的问题,尽管 NDT 可以发现胶接中的缺陷,但还没有一种技术能够保证看起来完好的胶层具有事实上足够的传载能力。虽然表面制备和胶接技术已比较成熟,但是在胶接操作中可能因不注意细节而产生某些缺陷,故需要装配和检验人员时刻防范。因此,在高要求和高安全特定的应用中,还是宁肯采用机械连接。

复合材料连接方法的选取应充分利用各自的优点,一般应遵循以下原则:

① 机械连接主要用于传递集中载荷或强调可靠性的部位,以及要求可拆卸的部位,其中螺栓连接比铆钉连接可承受更大的载荷,一般用于主承力结构的连接;机械连接的主要缺点是制孔引起的基本层压板强度下降,连接效率较低。

② 胶接连接一般适用于传递均布载荷或承受剪切载荷的部位。胶接连接的主要优点是连接效率较高,因此,在轻型飞机或飞机非主要承力结构上应用较多,但如精心设计也可传递较大的载荷。

③ 胶铆(螺)混合连接适用于要求多余度连接的部位。一般适用于中等厚度板的连接。

④ 缝合和 Z-Pin 连接一般用于要求层间剪切强度较高的地方。

## 10.7.2　连接效率

连接的目的就是把两个或者多个元件连接在一起,以便把载荷从一个元件传递到另一(些)元件。评价连接完成这个任务的优劣,需要一个评价指标来判定,这就是连接效率。连接效率的基础是连接元件的强度与没有连接的相应等尺寸的连续元件的强度之比。

金属材料的连接效率基于静强度,无论按照破坏载荷、应变还是应力的任何一个指标来判断都可以。复合材料连接效率就只能根据破坏载荷来判断。

　　两种材料之间效率的双重标准起因于下列事实：金属材料是延性的，结构中应力集中部位的应力可以重新分配，破坏时处于均匀的应力状态，所以连接效率可简单地采用净面积与毛面积的比值，即净宽度与总宽度的比值来衡量。

　　复合材料与金属有两个主要的差别：

　　第一，复合材料连接的铺层是可以设计的，不同铺层的光滑层压板和连接的应力－应变行为是不一样的，且二者没有正比例关系；

　　第二，复合材料就不呈现屈服的意义来说是"脆性的"，重新分配载荷的能力很弱。

　　鉴于上述两点，复合材料就不能采用与金属一样的方法来判断连接的优劣。

　　(1) 金属的连接效率

　　金属的连接效率定义为

$$\eta = (W - nD)/W \tag{10.1}$$

式中：$W$——元件宽度；$n$——排中的紧固件数量；$D$——钉孔直径。

　　(2) 复合材料连接的载荷效率

　　复合材料连接的载荷效率定义为

$$E_L = P_j/P_c \tag{10.2}$$

式中：$P_j$——连接元件的破坏载荷；$P_c$——连续元件的破坏载荷。

　　连接的重量效率定义为

$$E_w = W_j/W_c \tag{10.3}$$

式中：$W_j$——连接元件的重量；$W_c$——连续元件的重量。

　　于是完整连接效率为

$$\eta = E_L \times E_w \tag{10.4}$$

　　从性能观点来说，$\eta$、$E_L$、$E_w$ 越接近于 1，连接设计就越好。显然，载荷效率 $E_L$ 尽可能接近于 1 是努力争取的目标，因为如果 $E_L$ 大于 1，就意味着整个结构被过分加强，有不必要的重量付出，此时重量效率 $E_w$ 将会减小。这种情况是不恰当的，也不是所希望的，需要重新设计和制造以纠正主要的设计缺点。当然，连接两个不一样的元件时，连接效率必须基于其中的较弱者。

# 思考题与习题

　　1. 与金属结构装配相比，复合材料结构装配的特点有哪些？

　　2. 复合材料常见的装配方法包含哪几类？

　　3. 简述复合材料螺栓连接的优缺点及应用要求。

　　4. 简述复合材料螺栓连接接头设计关键参数及常见的破坏形式。

　　5. 简述复合材料机械连接接头连接质量的影响因素。

　　6. 目前应用于复合材料螺栓连接的主要连接件类型有哪些？

　　7. 与机械连接相比，复合材料胶接的优缺点什么？

　　8. 提升复合材料胶接质量的方法有哪些？

　　9. 复合材料蜂窝连接的优缺点是什么？主要应用场合是什么？

　　10. 简述 Z-Pin 连接的优缺点。

　　11. 简述复合材料结构连接方法的选取原则及连接效率评价方法。

# 第 11 章　复合材料结构的质量保证

## 11.1　概　述

飞机复合材料结构的缺陷、损伤类型通常按出现的时间分为两大类,一是成形制造过程中形成的工艺缺陷,二是结构在使用中出现的各种损伤。

对于复合材料而言,成形过程中产生的工艺缺陷大多数是由于工艺路线设计不合理或工艺质量控制不好所致。制造工艺中的众多可变因素使得可能存在的缺陷和瑕疵多种多样。但幸运的是,大多数缺陷并不是经常出现的,而且可以预防,或者其对于产品的最终性能不会产生决定性的影响。损害飞机复合材料结构完整性和性能的缺陷有气孔、夹杂、分层、纤维断裂或皱褶、纤维和基体的结合状况不良、纤维和树脂的比值不正确、贫胶或富胶、孔隙率超标、微裂纹和界面脱黏、分层等。

表 11.1 列出了复合材料的制造成形过程中几种有代表性的缺陷。

表 11.1　复合材料常见的工艺缺陷

| 缺　陷 | 产生原因 |
|---|---|
| 孔隙 | 溶剂、低分子杂质的挥发、真空控制不当 |
| 贫胶、富胶 | 预浸料树脂不均匀或贮存时间过长、固化工艺不当 |
| 杂质(如隔离纸、PE 薄膜等) | 操作失误或预浸料本身有夹杂 |
| 纤维屈曲与错位 | 预浸料本身有缺陷或操作不当 |
| 铺层错误 | 操作失误 |
| 固化不完全 | 预浸料有缺陷或固化工艺不当 |
| 基体开裂、分层 | 基体、纤维、模具热膨胀系数不匹配或贮存时间过长 |
| 纤维缺陷 | 预浸料中纤维质量不好 |
| 黏结缺陷 | 黏结剂选择或固化不当 |

随着现代工业生产和科学技术的高速发展,在航空、航天、核能、汽车、石油、化工、铁路和建筑等产业方面,高温、高压、高速度和高负荷无处不在,要保证产品的高质量,必须进行 $100\%$ 的检测,这就要求不破坏产品原来的形状、不改变产品的使用性能,因此无损检测技术应运而生。

当前复合材料工业生产中广泛应用无损检测技术,复合材料的无损检测是在不破坏材料的前提下,用物理或化学方法,通过现代仪器的检测,对材料内部及表面的状态、结构、性质进行检测和测试的方法。其工作原理是根据材料内部的结构异常或缺陷与其周围正常状态的材料对热、光、声、电、磁信号的反应有所不同,通过检测这些信号的变化来检测材料的表面和内部缺陷,并对缺陷的类型、形状、尺寸、数量、位置、分布做出判断和评价。这类似于人们去医院进行内部器官的检查,如超声、CT(X 线计算机断层摄影)、X 射线、核磁共振检查等。

对于航空结构复合材料,无损检测已成为一种不可或缺的支持性技术,无损检测应用于以

下几个方面:

① 质量鉴定。在构件正式投入使用前,检查其是否达到设计质量标准,判断其是否能安全使用。这既是对构件质量的验收,也是对成形工艺合理性的评价。

② 质量管理。通过仪器对缺陷的检测和分析,基本可以确定缺陷的类型和尺寸,进而确定缺陷产生的原因,即判断是由原材料质量引起的缺陷,还是成形工艺质量缺陷。将这些信息反馈到设计和工艺部门,可为改进产品设计和制造工艺提供依据。在制造过程中,阶段性的无损检验可及时发现工艺质量问题,避免不合格的产品继续加工,从而降低废品率,提高产品质量,降低成本。

③ 在役检验。可以对在服役期间的部件进行定期检验,保障使用安全。在役检验不仅能及时发现隐患,还可以根据检测到的早期缺陷及发展程度(如疲劳裂纹的萌生和发展),在确定其形状、方位、尺寸、类型等的基础上,对该部件是否能继续使用及其安全运行寿命进行评价。

使用过程中的损伤通常是由沙石、冰雹、鸟撞等引起的撞击损伤、液体浸入污染,重复载荷引起的疲劳、着火、腐蚀或超过设计极限的飞行操作所导致的损伤。大多表现为构件断裂和接头破坏、分层、基体裂纹、部分脱胶及不可目视的结构内部损伤,这类损伤会严重地损害结构件的完整性。尤其重要的是,撞击能对飞机结构复合材料的结构完整性和安全性构成最大威胁,因此撞击后的结构内部损伤及撞击点周围的影响区域必须使用无损检测技术给出检测结论。

还有一种情况是由结构件中原有的工艺缺陷发展形成的危害极大的损伤。在生产制造阶段产生的工艺缺陷,有一些是由于受检测能力的限制而检测不出或是在设计验收标准以内的缺陷,还有其他一些漏检的缺陷,针对这类缺陷,也必须使用专门的无损检测方法及时进行监控。

随着复合材料在航空结构中应用的日益增加,复合材料产品的质量评价及质量控制在保障产品生产的一致性及质量稳定性方面,具有非常重要的地位。质量管理是指生产过程中对质量方面所做的控制、组织及协调活动,复合材料的质量管理涉及管理学、复合材料工程学等相关学科。复合材料产品的质量评价及质量控制,是质量管理理论与复合材料工程实践的有机结合,它随着复合材料的应用不断发展。至今,对复合材料的质量评价及质量控制从原材料至最终产品,贯穿于整个生产过程,已经进入了全面的质量管理阶段。从管理体制上,已形成了与质量相关的组织机构、过程和资源等组合起来的有机整体,具有系统性和可协调性。产品质量检验、产品或材料的出入厂检验、复验、验收等,都需要通过一系列的试验来实现对复合材料的质量评价。这些试验既要能够准确地表征材料和产品的状态,还要简便易行,不会增加过多的成本。复合材料质量评价贯穿于从预浸料制备、复合材料板材制备,到大型复杂结构件生产的全过程,既包括生产方的工艺过程检验、产品最终质量检验,又包括订货方的入厂检验,还可能包括纤维及树脂等原材料供应商对纤维及树脂材料的试验。用户还应对预浸料进行验收与复验试验、过程控制试验及最终制品的无损检测试验。所有这些方面构成了对复合材料质量控制与质量评价的基本要素。质量评价试验是确保材料质量一致性的重要检测手段。试验项目必须能够体现材料的关键性能,以给出不同批次材料客观、正确的评价。所检测的关键性能必须能够体现出材料制备、加工及应用的性能,以给出材料质量一致性的控制参数。这就要求执行者必须正确选择相应的试验方法。此外,所选择的质量评价试验方法必须能够经济、快速地对材料进行评价。

## 11.2  复合材料的缺陷与失效形式

### 11.2.1  复合材料的缺陷

复合材料在制备过程中由于各种原因,如环境中的杂质、工艺试验不完善等因素造成最终复合材料制品存在不能提供人们有权期待的安全性,或存在不合理的危险,叫作复合材料的缺陷。缺陷按其性状分为面积型缺陷、体积型缺陷、弥散型缺陷;按产生的不同阶段分为材料加工中产生的缺陷、生产制造中产生的缺陷、使用服役中产生的缺陷。

(1)面积型缺陷

① 脱黏(debonds):复合材料层内、层间或胶接接头间产生分离的现象,其产生的原因为由各种因素引起的复合材料内部的异质材料在界面处的结合失效。脱黏的类型有纤维/基体脱黏、夹层结构的芯材脱黏、蜂窝结构的芯间脱黏等,如图 11.1 所示。

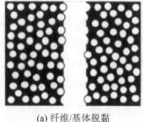

(a) 纤维/基体脱黏　　　　(b) 夹层结构的芯材脱黏　　　　(c) 蜂窝结构的芯间脱黏

**图 11.1　面积型缺陷**

② 分层(delaminations):由制造缺陷或层间残余应力等引起的复合材料铺层之间的脱黏现象。产生的原因为冲击损伤、基体微裂纹和纤维断裂、过载或疲劳、环境侵蚀、没有足够的层间结合力等,如图 11.2 所示。

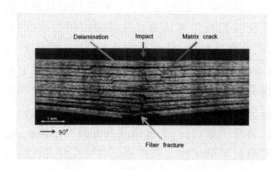

**图 11.2　分　层**

(2)体积型缺陷

气孔(voids/porosity):局部薄板(层)的分层。产生的原因是由于铺层过程中滞留在预浸层中的空气,固化过程中对树脂的挥发性成分,外界空气控制不当等,在固化后的复合材料内部膨胀所导致,如图 11.3 所示。

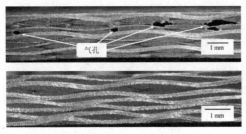
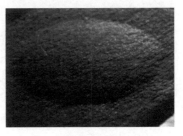

(a) 材料内部形成气孔示意　　　　　　　　(b) 局部表面起泡

图 11.3　气孔缺陷

（3）弥散型缺陷

密集气孔：以孔隙率衡量，即单位体积材料所含密集气孔体积的百分比。形成密集气孔的主要原因有树脂与纤维浸润性差，空气残留，树脂与纤维吸附水分，树脂中的低分子组分、稀释树脂的溶剂在固化中未挥发，成形工艺不合理等如图 11.4 所示。

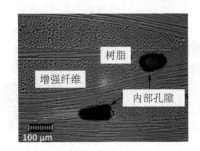
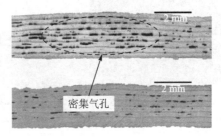

图 11.4　密集气孔

（4）制造中产生的缺陷

① 芯材拼接缺陷：未连接的芯材之间的宏观整体错位及微观的纤维与铺层之间的错位现象（见图 11.5 和图 11.6）。产生的原因是未连接的芯材之间拼接时产生的错位及微观下纤维和铺层之间的不连续性。该缺陷会导致承载能力下降、材料失效。

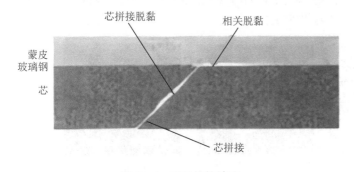

图 11.5　芯材拼接缺陷　　　　　　　　图 11.6　纤维错位

② 树脂多余（富树脂）及纤维多余（贫胶）：在复合材料构件中，某一部分或结构中的纤维与树脂含量比例与设计比例产生偏差的现象（见图 11.7）。原因为预浸料中树脂含量过高（低），并伴随着由于几何等原因导致的局部压力不均，树脂分布不同所导致。

③ 纤维波纹状起皱：纤维成波浪形排列的现象（见图 11.8），是由于铺放及加压过程中纤

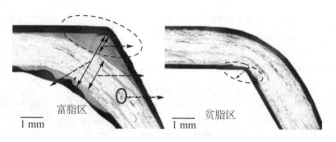

富脂区    贫脂区
1 mm     1 mm

**图 11.7    富脂与贫脂缺陷**

维的波浪形不均匀排列产生,导致抗弯回弹能力的下降,从而会引发铺层抗压强度变差。

④ 不恰当固化:预浸树脂未完全发生化学交联反应或温度过高破坏树脂间结合键的现象,是由于固化过程时间太长或太短导致,使得纤维/基体界面强度下降,无法满足复合材料的力学性能要求,如图 11.9 所示。

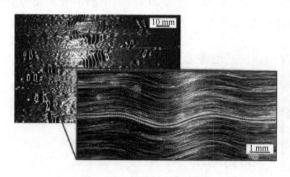

**图 11.8    纤维波纹状起皱**

**图 11.9    固化不当(严重烧蚀)**

⑤ 制孔、切边等加工缺陷:包括毛刺、撕裂、分层,如图 11.10 所示。

产生的原因及危害:制孔和切边过程中刀具磨钝、参数不合理所形成的毛刺、撕裂、分层,导致应力集中产生,结构疲劳失效。

⑥ 机械连接缺陷:包括压溃、分层等。

产生的原因及危害:铆钉头、钉杆、螺母或螺杆对复材结构的过度挤压和相互作用导致的分层,引起复材结构强度的下降和结构疲劳失效。

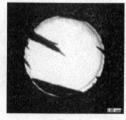

(a)毛  刺            (b)撕  裂            (c)分  层

**图 11.10    制孔、切边等加工缺陷**

(5)服役中产生的缺陷

在服役过程中,由于外载荷、材料老化、环境温度和湿度变化等原因造成复合材料结构破坏,会导致不同种类缺陷产生。如图 11.11 所示的冲击损伤和图 11.12 所示的芯材脱黏。

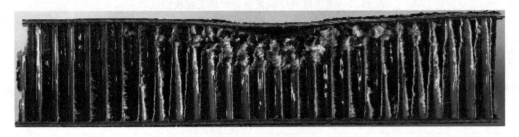

**图 11.11  冲击损伤**

**图 11.12  芯材脱黏**

## 11.2.2  复合材料的失效

复合材料的失效是指复合材料和复合结构在经历了某些物理、化学过程后发生了尺寸、形状和性能的变化,从而丧失了原本具有的预定功能的现象。

复合材料层合板中存在的四种基本失效模式为基体开裂、纤维断裂、界面脱黏、分层,如图 11.13 所示。

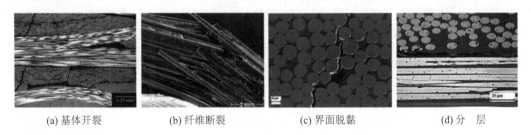

(a) 基体开裂          (b) 纤维断裂          (c) 界面脱黏          (d) 分  层

**图 11.13  复合材料层合板四种基本失效模式**

# 11.3  复合材料结构无损检测技术

表 11.2 列出了用于航空结构复合材料的无损检测技术及其适用性。

表 11.2　用于航空结构复合材料的无损检测技术

| 类　型 | 方　法 | 基本原理 | 可检测缺陷类型 | 优缺点 |
|---|---|---|---|---|
| 超声 | 超声波反射 | 检测回波时间及回波能量 | 测厚、分层、夹杂、裂纹、基体层间变化、空腔 | 要求选择声入射表面及良好的耦合条件,缺陷趋向与声束垂直 |
| | 超声波透射 | 测定透过声波衰减量 | 孔隙率、疏松、夹杂、分层 | |
| | 超声成像 | 计算机控制干涉成像 | 形象显示夹杂、空腔、孔隙率 | |
| 声振 | 声阻抗 | 分析反射波能量 | 基体强度和质量分析、脱黏、空腔分层、连接的整体性等 | 手工操作方便易行 |
| | 频谱分析 | 分析反射波频谱 | | 属试验室分析技术 |
| | 敲击法 | 可听的声调和声强度 | | 手工操作、方便易行、费用低;灵敏度低 |
| 射线 | X 射线照相 | 记录透过的射线 | 气孔、疏松、越层裂纹 | 辐射有害;需要胶片处理设备,检测裂纹的能力受 X 射线束方向的影响,需专用设备定位 X 射线管和胶片 |
| | 实时监测 | 实时成像 | | |
| 热 | 温度测量 | 测量缺陷或损伤引起的温度分布变化 | 可探测复合材料和蜂窝材料中的积水、液体污染、外来物撞击以及内部夹杂、分层、空腔及芯子异常等 | 易携带、快速、实时成像直观、记录提供一个数字化的永久记录,以方便计算机处理;受被检表面及外界影响较大 |
| | 热成像术 | | | |
| | 振动热图 | 测振动引起的热 | | |
| 光学 | 激光全息 | 测量加载引起的表面变形 | 近表面脱黏、分层、夹杂 | 外界环境干扰明显 |
| | 激光数字错位散斑 | | | |
| 渗透 | 着色法 | 利用渗透现象 | 与表面连同的分层、裂纹等 | 直观;渗透剂清除不方便,可能导致材料腐蚀变质 |
| | 充填法 | 进入液体不能渗透部位 | | |
| 涡流 | 涡电流感应 | 测涡流特性变化 | 检测导电纤维的体积含量及铺层 | 限于检测碳纤维环氧复合材料 |
| 微波 | 微波 | 测量对微波的吸收或反射 | 气孔、分层、脱黏 | 设备复杂、费用较高 |
| 声发射 | 声发射检测应力波因子 | 检测声发射信息,测量应力波因子变化 | 可实现对构件强度及损伤扩展的监控 | 目前尚处于实验室阶段且不能描述损伤的几何形状和评价强度变化 |

　　迄今,还没有一种无损检测技术可以检测不同复合材料飞机结构的所有缺陷和损伤。在实际应用中,需要根据构件的形状、类型和要求检测的缺陷或损伤的类型、大小、位置、取向等特性及检测设备的检测能力、操作使用的方便程度、检测工作的经济费用等诸多因素,选择一种或几种不同的方法互相补充。表 11.3 给出了对不同类型构件推荐选用的方法。

**表 11.3　不同类型构件推荐选用的无损检验方法**

| 结构类型 | 构件或缺陷的性状 | 选用的方法 |
|---|---|---|
| 层和板结构 | 非特殊形状(等厚度平板) | 超声波接触法、C 扫描反射或穿透法、X 射线照相法、涡流、微波 |
| | 曲面成形结构(如正弦或异形凸、凹面) | 超声波脉冲回波测厚、X 射线照相法、声振法、光学检测 |
| 蜂窝夹芯结构 | 平面、等厚弧面夹芯 | C 扫描穿透或反射法 |
| | 楔形件、异形纯胶接与夹芯混合结构 | C 扫描反射法、超声波接触法 |
| 胶黏连接件 | 异形或楔形件 | 超声波接触法 |
| | 等厚成形结构 | C 扫描反射或穿透法、X 射线照相法 |
| 在役的所有结构类型 | 平整光滑表面或近表面 | 应优先选择声振法、敲击法、热成像或散斑成像 |
| 在役的所有结构类型 | 结构内部夹杂、多余物及空腔等缺陷的扩展 | X 射线照相法 |

　　在上述各种检测方法中,技术上已成熟且应用最普遍的是超声波检验、声振检验和射线检验,近年来这些方法已在自动化技术、探测器技术、信息处理和数据存储等方面取得了很大进展,在航空航天领域的复合材料构件的制造中发挥了极为重要的作用。在复合材料的无损检验中,超声波检验是其中应用最为广泛的方法之一。尤其是超声 C 扫描,由于显示直观、检测速度快,已成为飞行器构件等大型复合材料构件普遍采用的检验技术。

## 11.3.1　超声无损检测

　　超声波检测已经成为检查复合材料层合板和蜂窝夹芯组件内部缺陷应用最为广泛的方法。这种方法是对被测构件发射频率在 20 kHz 以上的声波,其波长与材料内部缺陷的尺寸相匹配。根据超声波在材料内部缺陷区域和正常区域的反射、衰减与共振的差异,来确定缺陷的位置与大小(见图 11.14)。按测定方法分类,超声波检测主要有脉冲反射法、穿透法和反射板法。

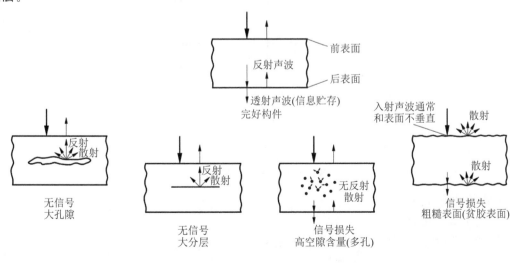

**图 11.14　超声波在复合材料层合板中的传播**

超声波不仅能检测复合材料构件中的分层、孔隙、裂纹和夹杂等缺陷,而且,对判断材料在疏密、纤维取向、纤维曲屈、弹性模量、厚度和几何形状等方面的变化也有一定的作用。对于一般小而薄、结构简单的平面层压板及曲率不大的构件,宜采用水浸式反射板法;对于小或稍厚的复杂结构件,无法采用水浸式反射板法时,可采用水浸或喷水脉冲反射法和接触带延迟块脉冲反射法;对于大型结构和生产型的复合材料构件的检测宜采用水喷穿透法或水喷脉冲反射法。由于复合材料组织结构具有明显的各向异性,而且性能的离散性较大,因而,产生缺陷的机理复杂且变化多样。复合材料构件的声衰较大,航空航天领域的复合材料构件又多为薄型构件,由此引起的缺陷反射信号和噪声的信噪比低,不易分辨,所以在使用时应选用合适的方法进行检测。

超声检测技术,特别是超声C扫描,由于显示直观、检测速度快,已成为大型复合材料构件普遍采用的检测技术。英国ICI Fiberite公司采用9轴式C扫描,对蜂窝泡沫夹芯等复杂结构的复合材料构件进行无损检测。麦道公司曾专为曲面构件设计的第五代自动超声扫描系统,可在9个轴向运动,并能同时保证脉冲振荡器与工件表面垂直。该系统可以完成二维和三维的数据采集,确定大型复杂构件内的缺陷尺寸。波音公司用超声波研究了复合材料机身层合板结构的冲击强度和冲击后的剩余强度,结果表明,超声波不仅可以检测损伤,而且能确定损伤对复合材料构件承载能力的影响;为了实现复合材料制造过程的在线监控,还发展了用脉冲激光在复合材料生产中产生超声波的检测系统。该系统已成功地应用于远距离、非接触式复合材料固化过程的在线检测监控,其功能包括温度分布图、固-液态界面、微观结构、再生相(疏松、夹杂)、黏流-黏滞特性的检测。

超声检测的方法主要有:脉冲回波法、透射法和反射透射法,如图11.15所示。检测措施有:浸入(在水中)、接触(通过构件上的传感器)和喷射(使用水流),显示方式分:A-扫描(在CRT示波器上显示)、B-扫描(在CRT示波器上显示并打印在X-Z记录仪上)、C-扫描(在CRT示波器上显示并打印在X-Y记录仪上)。

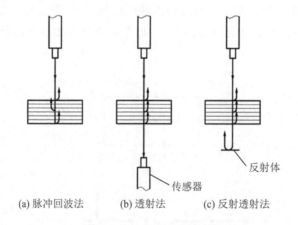

(a) 脉冲回波法　　(b) 透射法　　(c) 反射透射法

**图11.15　超声检测方法**

超声检测的优点:
① 检测成本相对较低;
② 检测数据能以硬拷贝的形式永久保存;
③ 对于分层、孔隙、孔洞等缺陷灵敏度高;
④ X光照片可以作为超声检测的补充。

超声检测的缺点：

① 是一种比较慢的扫描方法；

② 对复杂形状成像困难；

③ 对密切接触(贴合)的非胶结面不能正常检测(检测困难但可以检测)。

超声检测是能够检测层合板内部深埋缺陷的很少的几种检测方法之一。其对有机材料的变化非常敏感,正如大多数复合材料中应用的材料,它们通常不能吸收足够的 X 光以形成高对比度的图像。然而,X 光检测完全不能检测出垂直于射线的分层和其他薄的大面积缺陷,超声检测可以很好地发现这些缺陷。被测构件的图像通过扫描时在屏幕上定时曝光形成。

(1) 脉冲回波法

在这种检测方法中,超声波能量由一个传感器发射并接收。这种能量信号将时间和距离与振幅(反射的能量)联系起来在超声波仪器上显示。能量发射进入被测构件后经内部反射面反射回来。如果没有遇到显著的反射面,能量遇到构件背面后反射回传感器,接收到的信息显示在超声示波器上。这样,经过适当的调试,示波器可以显示前表面信号、后表面信号和前、后表面之间任何状态下的信号(见图 11.16)。

(2) 透射法

顾名思义,超声波能量由一个传感器发出,由另外一个位于被测构件背面的传感器接收。图 11.17 所示为接收器接收到的信号在超声示波器上的显示。看不到来自构件内部的反射,示波器显示能量仅仅是穿过构件。如果构件内部没有缺陷,信号将保持原来的强度。如果某些异常打断了声波射线,接收到的信号将产生衰减。蜂窝夹层结构只能用透射法检测(某些脉冲回波也可用于蜂窝夹层结构,但仅限于层合蒙皮)。

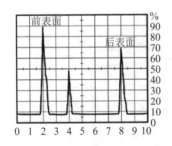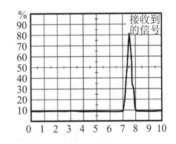

图 11.16　超声示波器显示界面　　图 11.17　示波器显示的透射波信号

(3) 反射透射法

此方法原理与透射法相似,但是在被测构建背面用反射体代替传感器。

上述检测方法均可通过如图 11.18 所示的程序来实现。

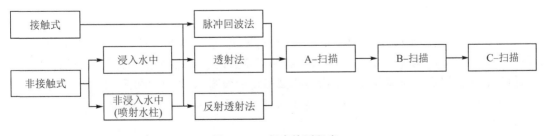

图 11.18　超声检测程序

（4）浸入式检测

如图 11.19 所示，这种检测方法要求通过某种介质，通常是水，将超声波能量由传感器传入被测构件。最常用的方法是将被测构件浸入装满水的水箱中；也可以使用水柱（喷射），如图 11.20 所示，但是在传感器与构件之间的水柱不能有气泡产生，因为这会导致有缺陷的假象。安装在可移动桥路系统上的传感器沿整个构件进行扫描。脉冲回波法或透射法都可应用这种方法，获得的信息显示在示波器上。

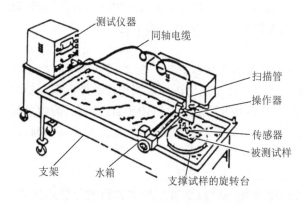

图 11.19　浸入式测试的水箱和仪器

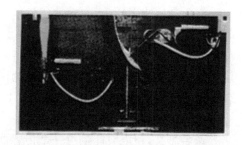

图 11.20　麦道飞机 AUSS - V 系统

（5）接触式检测

传感器直接和被测构件的表面接触，传感器沿被测表面移动，如图 11.21 所示。传感器与构件表面通过无毒、无腐蚀的导声薄膜耦合在一起，如胶凝水。脉冲回波法和透射法均可应用，取决于被测构件的尺寸和被检测表面的可达性。

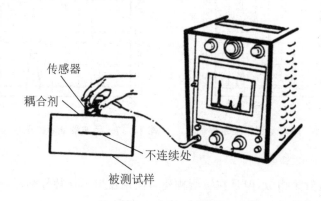

图 11.21　接触式超声检测

（6）A、B-扫描

A-扫描将时间或距离（示波器上的基准线）与振幅（示波器上信号的高度）联系在一起在示波器上显示。无论是浸入式还是接触式，脉冲回波法或透射法，显示的都是从被测构件返回来的信号。示波器显示被称为"A-扫描"，典型的显示如图 11.22 (a) 和图 11.22(b) 所示。

B-扫描不是一种经常使用的方法。它记录透过构件厚度的横截面图像。

（7）C-扫描

C-扫描是构件进行检测时"A-扫描"数据和信息的二维平面图像记录。"C-扫描"上显示的所有信息都首先显示在示波器上，然后在 C-扫描绘图器上画出。示波器有调节装置来

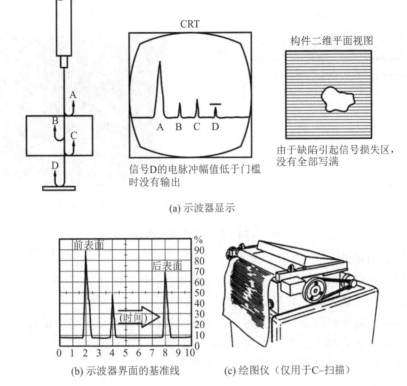

**图 11.22　超声检测方法**

决定哪个信号、什么级别的信号将被转换成有关材料质量信息显示在 C-扫描记录仪上,如图 11.22(c)所示为 C-扫描绘图仪。

在进行任何超声检测之前,必须提供令人满意的参考标样。这个标样必须满足制造准则和复合材料参考标样的制造限制。参考标样要与被测构件采用同样的材料、同样的铺层方法和固化工艺加工。参考层合板标样含有可检圆片(如直径为 0.5 英寸①,0.25 英寸,0.125 英寸等或其他尺寸的 Grafoil 圆片)来模拟缺陷。蜂窝夹层板通常包含 0.75 英寸或 0.5 英寸的内嵌物。参考标样为技术人员调试检测仪器提供了一种方法,同时,当发现异常后,技术人员也可以与已知的缺陷进行比较(见图 11.23)。

参考标样的使用总结如下,要求:

① 与被测构件采用同种材料和同样的工艺制造;

② 孔隙率/孔洞含量在指定的限制范围之内;

③ 用 Grafoil 或聚四氟乙烯(特氟龙,Teflon)圆片嵌入铺层来模拟开胶区。

优点:

① 提供一种确定缺陷尺寸的方法;

② 提供一种超声检测设备的标准化标定方法;

③ 提供可重复的标定。

超声扫描评估标准举例如下:

---

① 1 英寸=2.54 厘米。

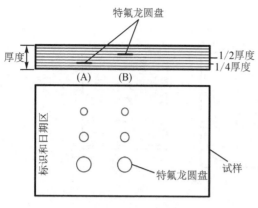
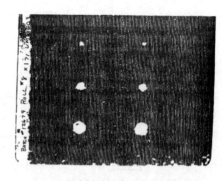

(a) 嵌入层合板试样的参考圆片   (b) 层合板试样的C-扫描结果

**图 11.23　超声扫描参考标样**

① 单个孔洞面积最大 0.25 平方英寸；

② 所有可检孔洞面积的总和在任何 1.0 平方英尺[①]内不超过 10 平方英寸；

③ 单个孔隙面积最大为 1.0 平方英寸；

④ 所有可检孔隙面积的总和在任何 1.0 平方英尺内不超过 4.0 平方英寸；

⑤ 任何可检缺陷之间的距离最小为 4.0 英寸；

⑥ 可检缺陷与构件边缘的距离最大 1.0 英寸；

⑦ 不允许出现分层。

超声扫描所用声波的频率一般为 500 kHz～15 MHz。在特定的范围内，频率越高，能检测到的缺陷尺寸越小。大多数检测的扫描频率在 2～10 MHz。

## 11.3.2　X 射线无损检测

X 射线无损探伤是检测复合材料损伤的常用方法。目前常用的是胶片照相法，对复合材料中孔隙和夹杂物等体积型缺陷的检查效果较好，对增强材料分布均匀性也有一定的检出能力。但该方法检测分层缺陷很困难，裂纹一般只有当其平面与射线束大致平行时方能检出，所以该法通常只能检测与试样表面垂直的裂纹，可与超声反射法互补。

随着计算机技术的发展，X 射线实时成像检测技术得以实现，开始应用于结构的无损探伤。其原理可用两个转换来概述，即 X 射线穿透材料后被图像增强器接收，图像增强器把不可见的 X 射线检测信息转换为可视图像，称为光电转换。就信息的性质而言，可视图像是模拟量，不能为计算机所识别，如要输入计算机进行处理，需将模拟量转换为数字量，进行模/数转换，再经计算机处理将可视图像转换为数字图像。模/数转换的方法是用高清晰度电视摄像机摄取可视图像，输入计算机，转换为数字图像，经计算机处理后，在显示器屏幕上显示出材料内部的缺陷性质、大小和位置等信息，按照有关标准对检测结果进行缺陷等级评定，从而达到检测的目的。X 射线实时成像在检测效率、经济性、表现力、远程传送和方便实用性等方面都比照相底片成像更胜一筹，因而发展很快。

---

① 　1 英尺＝30.48 厘米。

## 11.3.3　CT 层析照相无损检测

传统的 X 射线照相分析只能得到缺陷的二维图形,也就是只能得到缺陷在被检平面上的形状、尺寸和部位的有关信息,而对于缺陷在纵深方向的尺寸和部位是无能为力的,因此传统的 X 射线成像的分辨率和精度都很受限制。随着计算机技术的应用和发展,在传统的 X 射线检测技术基础上开发出了 CT 层析照相技术。其原理主要是通过扫描工件得到断层投影值,然后通过计算机图像重建算法,重建出断层图像,这样就可以得到缺陷在试件任一平面层的图像,具有影像不重叠,层次分明,分辨率高的特点。这项技术的开发首先利用的是医用 CT 扫描装置,由于复合材料和非金属材料元素组成与人体相近,医用 CT 非常适于检测其内部非微观缺陷及测量缺陷密度分布,但医用 CT 不适合检测大尺寸、高密度(如金属)物体,因此,20 世纪 80 年代初,美国 ARACOR 公司率先研制出用于检测大型固体火箭发动机和小型精密铸件的工业 CT。其特点是空间分辨率和密度分辨率高(缺陷率<0.5%时)、检测动态范围大、成像的尺寸精度高,可实现直观的三维图像成像,且在足够的穿透能量下试件几何结构不受限制。其局限性表现为检测效率低,检测成本高,不适于平面薄板构件及大型构件的现场检测。

CT 主要用于检测非微观缺陷(如裂纹、夹杂物、气孔和分层等),测量密度分布(如材料均匀性、复合材料微气孔含量)和精确测量内部结构尺寸(如发动机叶片壁厚)等。

## 11.3.4　微波无损检测

微波无损检测技术始于 20 世纪 60 年代,其作为一种新的检测技术正日益受到重视。微波是一种高频电磁波,其特点是波长短(1~1 000 mm)、频率高(300~300 GHz)、频带宽。微波无损检测的基本原理是综合利用微波与物质的相互作用,一方面微波在不连续界面产生反射、散射和透射,另一方面微波还能与被检材料发生相互作用,此时微波均会受到材料中的电磁参数和几何参数的影响。通过测量微波信号基本参数的改变即可达到检测材料内部缺陷的目的。

微波在复合材料中的穿透力强、衰减小,因此适于复合材料无损检测。它可以弥补一般检测方法的不足,如超声波在复合材料中衰减大,难以穿透检验其内部缺陷;X 射线法对平面型缺陷的射线能量变化小,底片对比度低,因此检测困难。微波对复合材料制品中难以避免的气孔、疏孔、树脂开裂、分层和脱黏等缺陷有较好的敏感性。

据报道,美国在 20 世纪 60 年代就采用微波进行无损检测,后来又利用毫米微波段对大型导弹固体火箭发动机玻璃钢壳体内的缺陷和喷管内部质量进行检测,其工作频率从最初的 10 GHz 提高到目前的 300 GHz 以上。

微波在雷达罩等介电复合材料中的穿透力强,可用于无损检测,如采用近场毫米波技术检测玻璃纤维复合材料的缺陷,可以显示多处亚表面隐藏缺陷,空间分辨率高,成像质量接近 X 射线 CT 图像。微波(厘米波和毫米波)容易穿透介电常数和损耗低的蜂窝复合材料,对气孔、分层和脱黏等缺陷引起的介电性能不连续非常敏感,但是不适用于介电损耗大的材料,如碳纤维复合材料。毫米波技术成本低,非接触,探头小,分辨率高,设备简单且无需亲和剂,可实现快速在线检测,检测质量接近 X 射线 CT,但不能定量确定裂纹深度。

## 11.3.5　声发射无损检测

声发射(AE)又称应力波发射,是指物体在受力作用下产生变形、断裂或内部应力超过屈服强度而进入不可逆的塑性变形,以瞬态弹性波形式释放应变能的现象。

声发射作为一种检测技术起步于 20 世纪 50 年代的德国;60 年代该技术在美国原子能和航天技术中迅速兴起,并首次应用于玻璃钢固体发动机壳体的检测;70 年代,在日本、欧洲及我国相继得到发展,但因当时的技术和经验所限,仅获得有限的应用;80 年代开始获得较为正确的评价,引起许多发达国家的重视,研发人员在理论研究、试验研究和工业应用方面做了大量的工作,取得了较大的进展。

声发射检测已应用于航空、航天、石油、化工、铁路、汽车、建筑和电力等许多领域,是一种重要的无损检测技术,它与常规无损检测技术相比有两个基本特点,其一是对动态缺陷敏感,对缺陷萌生和扩展过程能实时发现;其二是声发射波来自缺陷本身而非外部,可以直接得到有关缺陷的信息,检测灵敏度与分辨率高。与其他无损检测技术相比,其优点包括以下各项:

① 可获得关于缺陷的动态信息,并据此评价缺陷的实际危害程度及结构的完整性和预期使用寿命。

② 对大型构件,无须移动传感器做繁杂的扫描操作,只要布置好足够数量的传感器,经一次加载或试验即可大面积检测缺陷的位置和监视缺陷的活动情况,操作简便,省时省工。

③ 可提供随载荷、时间和温度等外部变量而变化的实时瞬态或连续信号,适用于过程监控及早期或临近破坏的预报。

④ 对被检工件的接近要求不高,因而适用于其他无损检测方法难以或无法接近(如高低温、核辐射、易燃、易爆和极毒等)的环境下的检测。

⑤ 对构件的几何形状不敏感,适用于其他方法不能检测的复杂形状构件。另外,声发射检测技术适用范围广,几乎所有材料在变形和断裂时均产生声发射。

## 11.3.6　红外热成像无损检测

红外热成像无损检测技术的基本原理是利用红外物理理论,通过检测物体的热量和热流的变化来鉴定材料内部的结构和成分的变化。当试件内部存在裂缝和缺陷时,将会改变该试件的热传导性能,使试件表面温度分布有差别,此时通过检测装置可显示出其热辐射的不同,从而得出热成像图,据此可以判别并检查出缺陷的位置。红外热成像法具有成本低、快速、方便、精确的优点,可用于多层材料与复合材料的夹杂、脱黏、分层、开裂等缺陷与损伤的检测评估,但要求被测件传热性能好,表面热发射率高。美国韦恩州立大学使用红外成像技术对碳纤维增强环氧薄板中的冲击损伤进行了检测,美国 NASA 兰利研究中心和陆军研究实验室对复合材料中分层深度的红外热成像检测技术进行了专门研究。以上两例的检测结果表明,红外热成像技术不仅具有探测纤维增强复合材料中是否存在分层缺陷的能力,而且能够给出缺陷深度方面的信息。

热成像技术可对大面积复合材料结构进行非接触的在线检测,对表面或近表面缺陷快速成像。其缺点是只适合较薄的复合材料,长时间加热时要避免过热可能引起的新缺陷,且成像是定性的,很难鉴别异物的类型,分辨率也不够理想。

## 11.3.7　激光无损检测

激光无损检测技术包括激光全息无损检测技术和激光数字错位散斑无损检测技术。激光全息检测技术是激光技术在无损检测领域应用最早、用得最多的方法,它可检测出复合材料中的气孔、夹杂、孔隙疏松、分层、裂纹等缺陷,检测快速,自动化程度高,结果可记录。激光数字错位散斑无损检测技术则是集现代激光技术、散斑干涉技术、图像采集及处理技术、计算机技术和精密测试技术于一体的计量检测技术。它比激光全息照相更为突出的优点是，散斑干涉度量技术降低了机械稳定性和相干性的要求，易于调整灵敏度和测量面内位移。散斑干涉成像技术操作简便，灵敏度高，无需耦合剂，成像准确且检测速度非常快，并且抗环境干扰能力强。但是图像分辨率低，无法区分不同深度的缺陷。

综上所述，复合材料在航空工业中的应用越来越广泛，但是其结构复杂性给无损检测带来很大困难，许多国家都对航空复合材料无损检测尖端技术进行了研究，并取得了显著成果。

虽然用于航空复合材料的无损检测技术有多种，但每种技术都有其特定的应用范围和优缺点，用单一方法难以实现对所有类型缺陷的检测，通常需要多种方法相结合。从目前发展情况看，除了传统的超声和射线技术外，散斑干涉成像、热成像、微波、声发射及光纤智能监控等新技术都可以在航空复合材料无损检测领域发挥重要作用。

无损检测技术的成本、效率、质量、安全性和通用性之间往往存在矛盾，从手工操作到自动化扫描，从实验室检测到外场原位检测，既要考虑用户的成本可接受性，又要考虑检测仪器的轻便和可使用性，及对缺陷的精确定性、定位、定量和直观成像。总之，低成本、高效率和高可靠性是航空复合材料无损检测技术发展的基本要求。

从长远来看，航空复合材料无损检测技术将从地面离位或原位检测向机载实时健康监控方向发展，预测潜在缺陷和诊断早期故障，采取有效措施，保证结构完整性和飞行安全，这需要先进的传感器技术、数字信号处理技术、电子技术和计算机技术及基于这些技术的智能化无损评价系统。

# 11.4　复合材料结构质量控制

复合材料的质量保证，常常被简单地视为对固化后层压板的物理与力学性能的确认。然而，早在构件完成以前就开始了全面控制，更准确地称为过程控制，质量保证的任务就是监督其执行。

质量控制包括进料控制、过程控制及最后的缺陷检查。

本章后续将对复合材料的质量控制、固化过程的控制、无损检测进行分析和讨论。大多数航空航天复合材料构件的制造都采用预浸料热压罐固化方法，因而下面的讨论将特别关注这种制造工艺，然而很多的质量要求对于所有的制造过程都是通用的。

## 11.4.1　原材料

制造航空航天复合材料的原材料通常以预浸渍的纱线、单向带或织物（通常简称为预浸料）的形式供应，但是质量控制开始于预浸料的组分材料，即纤维与树脂。

（1）纤　维

纤维的测试主要由纤维制造商进行，虽然预浸料制造商也可能对来料进行试验，以验证制造商的数据并查验运输和处置过程中的损坏。在制造过程中也可能进行试验，以监控纤维的性能。复合材料控制最常用的纤维性能是纵向拉伸强度、弹性模量、伸长率、屈服、密度、捻数及上浆量。这些性能可用单丝、多位纱线或者预浸渍的纤维束进行试验。

在很多情况下，来料是纺织布而不是简单的纱线，因而需要另外进行织物试验，如测量面积重量。ASTM 标准中已有标准的纤维、纱线、丝束和织物的拉伸试验方法，如表 11.4 所列举的。此外,纤维化学成分的化学测定试验是由制造商进行的,表面分析技术,如 X 射线光电子光谱法(XPS)和化学分析电子光谱法(ESCA),用于确定纤维的表面特征。

表 11.4　纤维、纱线、丝束和织物拉伸试验的 ASTM 标准

| 标　准 | 名　称 |
|---|---|
| D3379 | 高模量单丝材料的拉伸强度和弹性模量标准试验方法 |
| D2256 | 用单丝法测量纱线拉伸性能的标准试验方法 |
| D4018 | 连续长丝碳纤维和纤维束的拉伸性能标准试验方法 |
| D5034 | 纺织织物的破坏强度和伸长率标准试验方法 |

（2）树　脂

树脂由树脂制造商在树脂配置过程中进行试验。试验中涉及物理、化学及分光摄谱技术。通常对单独的组分材料、几种成分的混合物和最终合成的混合物进行这些试验。典型的试验有胶凝时间、黏性、层析及红外光谱。胶凝时间试验测量树脂在预定温度下经历凝胶化(胶凝)的时间。最简单的方法是对加热的树脂用控针进行探查,直至形成凝胶。凝胶定义为这一时刻,当用探针插入并拔出时,树脂拔丝会立刻断裂。层析和红外光谱提供了树脂化学性质的"指纹"。

（3）预浸料

预浸料制造商和复合材料制造商都对未固化的预浸料进行试验。对于后者的试验,或者是推荐的或者是规定的,因为在运输到复合材料制造厂家的过程中可能已经发生了进一步的固化。这些试验是物理和化学试验的结合,主要为了保证组分材料具有正确的性能,并确认预浸料的工艺性能。对这些试验的要求通常在用户的规范中规定,用户与用户之间多少有所不同。典型的物理试验包括树脂含量、纤维面积重量、树脂流动性、挥发物含量、黏性,有时还包括铺敷性。树脂含量是活性的树脂/固化剂/催化剂所占的重量份额,纤维面积重量或干纤维重量是单位面积预浸料内增强纤维的重量;这个试验通常用树脂含量试验所用的同一个试样进行测定。

对试样加热和加压,检测树脂的流动程度。测量在这些条件下树脂通过横向或垂直方向的流失量。这个试验可能不适用于限制流动的树脂,因为它的数值通常接近于零。在固化温度下加热一个单层或一个叠层组并记录质量的损失,由此来确定挥发物的百分数。这是一个重要的试验,因为在构件内滞留的挥发物可能导致过多的表面气孔和内部空隙。

黏性和铺敷性都是更具主观性的试验。黏性是对预浸料黏着性的评定。铺敷性是指预浸料能包围给定的曲率半径成形,并在给定时间段内保持黏着的能力。

最广泛使用的黏性试验,是把一层预浸料"粘贴"在一个模具上,然后再将另一层预浸料粘贴到第一层上面。这个试验要求能把第二层取下并重新布置,而不会使下面一层过度扭曲或移动。然而,即使一种低黏性的材料能通过这个试验,但它的铺敷性仍可能不足。一种较好的试验方法是测量在控制条件下滚压在一起的两层预浸料的黏合强度,然后以"T"形剥离试验形式把两层拉开,并记录所作用的力。

材料供应商和复合材料制造商都要进行的预浸料化学试验,包括胶凝时间、高压液态层析(这能提供良好的树脂组分指纹)及差示扫描量热法(测量树脂固化的程度,并能对树脂的玻璃化转变温度 $T_g$ 进行粗略的测度)。通常预浸料供应商和复合材料制造商二者都进行红外光谱法试验,以保证在树脂浸渍或预浸料的 B 阶段(预浸料制造商进行的部分固化)过程中,或者

在随后的运输过程中树脂没有出现显著的变化。

除了对未固化预浸料进行的试验外，还对固化后的层压板进行试验。进行物理和化学试验是为了保证材料与原先按规范鉴定的材料系统相似，工程设计用的性能数据就是依据该规范进行测量与计算的。ASTM 和先进复合材料协会 SACMA 标准包含了很多这些试验。物理试验通常包括纤维与树脂的体积含量、空隙含量，固化后的单层厚度及 $T_g$。所选择的力学试验要能涵盖关键的材料性能。典型的试验为 90°或 0°拉伸强度与模量、90°或 0°压缩强度及短梁剪切强度或±45°拉伸强度。短梁剪切强度试验的价值有限，因为它的破坏模式往往呈压缩破坏；但作为对过程控制随炉件的固化程序的监测，它还是有用的。然而，优先采用的是±45°拉伸强度试验，因为它对树脂控制的性能更敏感，它的试件与夹具形式简单，易于实施。有时，在最高湿度/温度下进行状态调节之后，在最高设计温度及室温条件下进行压缩试验和±45°拉伸试验，以保证材料的温度性能。

## 11.4.2　过程鉴定

必须鉴定过程的实施是否符合工程的要求，这些通常在工程过程规范中加以规定。

(1) 材料控制

在进行构件制造前，必须首先检验要用的材料为正确的订购材料；制造商必须已按照正确的材料规范进行了试验，并满足要求；必须满足用户/制造商规定的进货检查要求。易于变质的材料，如预浸料和胶黏剂，还必须处于允许的存储期内，而且当从库中取出时要低于规定的最高存储温度。在此期间，材料的包装与存储方式应能避免污染和损坏，例如应水平地放入密封的聚乙烯袋内。一旦从库中取出，预浸料和胶黏剂必须处于其工作寿命期内（能够铺敷、铺贴，并有黏性），而且在固化时必须处于允许的模制寿命期内（能够流动和凝胶）。为避免冷凝水分的污染，重要的是在从袋中取出之前，要让冷藏的材料达到室温。应记录余下未用材料在温度下的累积时间，以确定其剩余的寿命。

必须对复合材料工作区域的环境及复合材料制造所用的设备进行控制。这些要求通常包含在工艺规范之中。工作区内必须杜绝会影响制造过程的微粒或化学物质，同时，铺贴净化室内必须加少许的正压力。由于环氧树脂因过高的温度和湿度会退化，净化室需要装空调。典型的条件是 20～30 ℃，最大相对湿度 60%，具有过滤空气源（22 ℃±4 ℃,35%～60%）。

需要给出铺贴模具的热剖面图，检查它是否符合工艺规范所要求的加热速率，接着把热电偶安装在部件或模具的加热速率最高和最低的区域。必须规定热压罐和烘箱的标定要求及温度均匀性的要求。实现后一个要求时最好带有假件以模拟气流情况，而不是用空的热压罐和烘箱进行测试。

(2) 过程控制

复合材料的工艺过程包括材料铺贴和随后的固化两部分。在铺贴过程中，必须保证所有各层处于正确的方向；保证各层的铺层顺序正确；保证各铺层所在的位置正确，并保证铺层数正确。然后必须监控固化周期，以保证加热速率、保温时间及冷却速率完全符合工程要求。压力、真空度及温度必须维持在预定的容差内，满足预订的顺序。

制造商要求用一些物理和力学的试验来验证这一过程。对试件的要求也可能取决于所制造构件的级别。非关键的构件或次要结构可能不需要任何试验件。试验件可以取自与产品构件一起铺贴与固化的特殊板件，也可用从构件本身截取的边角料（余量段），或者用贴附在构件上随后被取下的试样。如果确实需要试验件（对于是否实现了适当的过程控制还有很多不同的争论),则后两种试验件是最好的。进行的典型试验有弯曲强度与模量、短梁剪切强度、纤维体积含量、空隙含量、$T_g$ 和固化程度等检测。

（3）最终检查

完成制造后必须检查构件是否符合尺寸要求和制品要求(亦即目视检查),并根据构件的重要性,用非破坏方式检查因加工过程可能引入的缺陷。也可能需要某些破坏性的试验,这将在下面讨论,而非破坏性试验则专门在后续章节进行讨论。

当不能简单地通过尺寸、目视和非破坏性试验保证结构的完整性时,可能需要进行破坏性试验。可通过解剖真实的构件或检查取自该构件的余量段进行破坏性试验。破坏性试验的类型与频率取决于构件的类型及用户或制造商的经验。试验的变化范围从简单的纤维体积含量和空隙度试验,直到全尺寸的验证试验。尽管余量段的试验显然受到青睐,然而即使是由有经验的制造商制作,也往往需要对复杂、关键性构件的第一个构件进行全面解剖(对一个构件做一系列破坏性试验来检验生产过程)。当经验增多时,进行定期的完全解剖的时间间隔逐步增大,这样更合适。

## 11.4.3　固化过程监控

热固性复合材料的固化过程常常要严格遵循制造商提供的温度、真空和压力等控制要求。这种方法没有考虑材料的批次变化和材料老化,也未考虑由于存在大热容量工艺装备,或由于厚截面固化构件之中的放热化学反应引起温度过高,所导致的与推荐固化周期的偏离。而且,也不允许对所制造的特定构件的固化周期进行优化。知道构件何时已充分固化,这有助于减少生产的时间与费用。

固化监控系统可有效地应用于传统的热压罐固化过程和树脂转移模塑(RTM)制造过程,其中,诸如压力、树脂黏度及凝胶点等信息对于制造过程的优化可能是关键性的。一个理想的固化监控系统应当能显示基本的信息,如压实程度、压力及温度等,并根据物理和化学流变学性能显示树脂本身特有的信息,如树脂黏度、凝胶点及固化程度等。

需要使用传感器直接监控某一关键性能或固化过程的某些性能,以建立对制造过程和构件质量的信心。还可将这些传感器用于反馈回路之中,以控制温度、压力和真空度的施加。使用适当的固化监控传感器,通常能稳定地生产出高质量构件产品。

在固化监控系统中,传感器的布置很重要。很多传感器只能提供构件内某个小区域的细节情况。这就是最通行的固化传感器热电偶的局限性。在生产中,热电偶被布置在复合材料模具和构件的多个部位上。对于昂贵或复杂的传感器,该方法可能是行不通的。

为此,传感器的布置应当能够对构件上有问题的区域或者所关心的参量可能出现最低或最高值的区域进行检验。例如,把热电偶布置在一个模具的最热部分和最冷部分就能满足这个要求。所关心的这些区域通常包括那些最可能出现失控的放热反应区(厚截面),或者可能固化不足的区域(模具温度较低的部分)。可以根据构件的厚度、正固化着的构件背后的热容量及其他重要的工艺变量来选择这些区域。

有很多技术和传感器可用于热固性树脂基复合材料固化程度的测定。传感器能够直接地,或者通过标定或过程的模拟而间接地测量固化的程度。随时确定树脂的化学光谱构成应该是一个直接测量的例子。确定温度值应该属于一种间接测量方法。

出于对复合材料结构进行固化监控的目的,把传感器埋在层压板之中的适宜性需要在开展生产之前应仔细地考虑。这些评定准则应当包括传感器对评定固化状态的有效性,把它埋入一个复合材料构件之中的适宜性,应用于各种类型构件时它的尺寸、复杂性、成本及适用性,以及它对多个参数的敏感能力。最后一个准则的重要性在于希望使传感器的总数减到最少。

目前发展的固化监控技术大致可分为 5 个领域:基于电学、声学、光学、热力学和间接的或其他性质的传感系统。

## 11.4.4 制造工艺过程中的质量控制

(1)复合材料工艺的质量控制

质量控制是生产过程中的一项重要任务,生产前,规定明确的质量标准是必要的。基于产品研制阶段的积累,应制定相应的标准,以防止生产过程中工艺出现明显的变化。作为质量控制的基础,原材料的质量控制也应该按照相应的标准执行。下面从不同角度对工艺过程中质量控制进行阐述。

① 原材料控制:生产前,使用的原材料应按照工艺规程备齐,注意检查原材料的标识是否符合工艺规程的规定,材料的质量证书是否齐全,是否在有效期内使用等。为防止混料或者错料,应随材料做好标识,为了产品质量的稳定性,应尽可能使用同一批材料生产同一产品。针对关键材料,每一工序都应该具有针对该材料的质量控制卡。

② 在复合材料构件铺层过程中,中间的关键步骤或操作需严格控制。这些关键步骤的要求及限制应在用户工艺过程说明书中给出,包括在清洁的模具表面涂上脱模剂,易坏材料必须严格遵守材料使用说明书,检查铺层方向及数量是否符合工程图样的要求。

③ 工艺参数:针对不可逆的工艺过程,如固化,控制其温度、压力、真空度等工艺参数,进行记录并检验,以确认其符合工艺规程的技术要求。必要时,记录全过程曲线,以有助于对工艺状态进行评估。此外,还应该记录工艺设备型号、状态及使用状态等。

④ 固化:用户工艺过程手册中应明确规定热压罐或者烘箱的固化工艺参数及条件。固化工艺要求构件的固化度达到 100%,固化度降低也就意味着构件性能的降低,包括耐温及耐湿热性能的降低(可以体现在玻璃化转变温度的降低),针对特定种类的基体材料,影响固化度的主要因素是固化温度和时间,这就是说在制造复合材料构件时,首先应对固化工艺进行研究,选择规定重要的工艺控制参数的合理数值或者范围,包括升温速率、保温时间、降温速率、温度、压力及罐内温度均匀性等。

⑤ 加工:材料铺层等加工工艺方法必须符合工艺规范及质量要求。按照给定材料、铺层及固化工艺条件,可以加工出所需产品部件。而且,固化后的材料加工成试样用来检验该材料是否满足需要的力学及物理特性。

⑥ 设备与设施:材料、工艺、加工及设备的变更需要进行评估,并需要进行全部或者部分认证试验。用户必须制定复合材料成形所需的环境控制的要求,这些要求包含在用户工艺说明书中。必须制定热压罐及烘箱等设备的标定与检验规范。工作环境应避免尘土、烟雾、油气及其他化学物质的污染。操作者的操作环境条件必须符合规定。无尘间经空气过滤,保持轻微的空气正压力。

(2)工艺中的过程检验

质量检验是生产过程中的一项重要任务,每个工序完成后,应对产品进行阶段性质量检验,其主要目的就是及时发现质量隐患,并及时纠正,以避免成批的不合格产品或者半成品流入下一道工序。质量检验工作全面贯穿于生产过程中,包括各工序内、不同工序之间转换、特定的质量检验点,都需要对生产过程进行质量控制,该部分工作包括生产人员的自检及各级专业检验员的质量检查,是工艺过程中主要的质量控制手段,其根本目的在于保证生产过程工艺的稳定性及产品的可靠性。

质量检验主要包含以下阶段:①根据规定的质量要求,制定质量检验规程;②观察、测量或试验并作出详细的记录;③按照要求,比较和判定,对被检对象作出质量结论。

对产品质量有着至关重要的影响的工序(或者构件),即关键过程(或关键件),由生产单位根据工艺特点确定,针对关键过程,要重点检验,制定专门的工艺规程及质量检验规程,确保:

① 关键过程检验率为 100%;

② 详细记录质量检验过程,保证可追溯性;

③ 检验后作出明显的标识;

④ 严格隔离不合格品,防止其流入下一工序。

有些工序的质量情况不能通过现场检验和产品试验完全确定,例如,有些工艺缺陷要经过一段时间才能显示出来,对于这种特殊工序的工艺参数、人员操作进行连续监控,这些工序的设备和操作人员应该相对稳定。

复合材料结构中可能存在的主要缺陷包括:脱黏、分层、纤维损伤、铺层方向偏差、贫胶或富胶、厚度不均、密度不均、空隙、疏松、夹杂、翘曲、纤维或织物皱褶。具体如下:

① 脱黏:复合材料与蜂窝、泡沫及金属等材料胶接,可能在相关的胶接界面上产生胶接层缺陷。

② 分层:是复材构件中可能出现的最严重的缺陷,导致复材的承载能力严重下降,许多应用场合对分层缺陷都有明确的限制,除了制造中的内应力及外部载荷的影响外,导致分层的另一主要原因是工艺过程中引入的不良结合界面。经常出现的另外一个产生分层的重要原因是复合材料的机械加工,几乎可以确认,复合材料钻孔都会或多或少地在孔边产生分层损伤,因而更应该引起足够的重视,应该制定明确的加工质量管理程序,对人员资质、人员培训、设备管理及加工后的质量检测作出明确的规定。

③ 空隙:产生空隙最简单的原因就是复合材料工艺过程中夹裹的气泡,空隙可以呈现单独的或者密集形式,空隙导致附近区域应力集中,大量密集集中的空隙有可能是其他形式损伤的起源。

④ 夹杂:夹杂物通常是外来物,并非材料本身包含的有效成分,在工艺过程中混入,根据夹杂物大小的不同,对复合材料影响的区域和程度也有所不同。一般来说,柔性夹杂物类似于空隙,而刚性夹杂物则是裂纹或分层的起源,对于液体成形工艺,夹杂物也会导致渗透特性的改变,因此,应该适当控制夹杂物的尺度,以不影响复合材料构件的性能和制造工艺为宜。但是最好的控制方式是保持清洁的工作环境,把夹杂物控制到最低程度。

⑤ 纤维体积含量:在一些如折角等变化区,其纤维体积含量是不均匀的,这就会导致局部的富树脂区或者贫树脂区,这会增加形成工艺缺陷的机会。

⑥ 增强体畸变:增强体铺敷或者是随后工艺过程中造成的纤维或者织物的纤维方向偏离预定值导致。

⑦ 微裂纹:通常发生在基体中,其主要诱因是使用过程中交变载荷,也有因纤维增强体与基体热膨胀系数差异过大的内应力作用而形成。虽然这种缺陷不会立即影响材料拉伸、压缩性能,但是微裂纹的存在致使材料在使用环境中吸收更多的湿气,影响材料的承载能力和耐温、耐湿及耐介质特性。

对上述这些缺陷,不同类型的缺陷对性能的影响也有所不同,应根据构件具体情况,明确规定允许出现的频率及种类,对于大型构件,还应针对不同区域,规定允许缺陷的不同标准。应当指出,对允许存在缺陷的种类及尺寸限制应以满足使用条件为目标,片面追求零缺陷会使得构件的制造成本显著增加。

为此,应制定有效的质量检验措施,及时发现各种类型的缺陷,常见的检验方法包括以下几种:

① 目视及外观检查:目视检测是从原材料到构件的多工艺过程中均可采用的检验方法,目的在于发现工艺中存在的问题并及时处理,以发现诸如构件变形、凹坑、划痕、断头、灰尘颗粒、纤维堆积、皱褶、贫胶、富胶等。这可以降低成本,显著提高构件合格率。该方法需要经专业培训的人员操作。

② 几何测量:几何测量是工艺过程检验的主要内容,根据图样要求,检查构件层数,利用各种类型的量器具测量并记录长度、角度、重量、位置、形位公差等。

③工艺参数:包括固化温度、压力、真空度等方面的工艺参数,必要时,记录过程曲线,以有助于对工艺状态进行评估。此外,还应该记录工艺设备型号、状态及使用状态等。

④ 随炉试样:在很多场合下,需要制造一块与构件同炉固化的板,用来检验相应工艺条件下材料性能。在这块同炉制造的板上切取试样进行材料的物理及力学性能测试,以检验构件是否满足工程技术要求。而这种对构件的物理及力学性能的要求往往在工程图样上标出,它是对这一类构件的技术要求。对于复合材料制品,通常要求进行弯曲强度、模量、短梁剪切试验,近年来,较多要求进行玻璃化转变温度 $T_g$、单层厚度、纤维体积含量、孔隙率等试验项目的测试。随炉试样也可取自构件工艺切边部分。

虽然质量管理的目的是防止出现质量问题,但是完全没有质量问题是不可能的,关键在于要及时发现,及时控制,避免其影响素进一步扩大。一旦发现质量问题,第一步应查清原因及出现问题的范围,然后有针对性地落实解决措施。

针对不合格品,检验人员首先应该作出明确的检验结论,然后发出不合格品评审单,根据产品的不合格程度,有关部门可以作出结论:①原产品让步使用;②返修;③报废。

(3) 无损检测技术

采用无损检测的程度取决于复合材料构件是主承力件、次承力件等构件种类。无损检测试验通常用来找出诸如空隙、分层、夹杂及基体微裂纹等缺陷。一般意义上的无损检测方法包括目视、超声和 X 射线检测。其他方法,如红外、全息、声学等方法也有可能用于产品检验。

当前国际上适用于复合材料的超声检测常用标准,有复合材料、叠层板材和黏结件的声学超声波评定的标准指南(ASTM E1495 *Standard Guide for Acousto-Ultrasonic Assessment of Composites, Laminates and Bonded Joints*)和用超声波法测定平面裂纹高度尺寸的标准指南(ASTM E2192 *Standard Guide for Planar Flaw Height Sizing by Ultrasonic*)。复合材料 X 射线检测常用标准,有高级航空涡轮机材料和元件的放射性检验的标准实施规程(ASTM E2104 *Standard Practice for Radiographic Examination of Advanced Aero and Turbine Materials and Composites*)。

图样中一般会规定构件的种类。还会指定相应的无损检测过程说明书及验收标准。目视检测是最基本的无损检测手段,目视检验构件是否满足图样技术要求,表面外观是否合格等,是否可用于外观等方面,是其他检验的基础。该方法是以人的目视作为检验的手段,辅以简单的测量工具,人的操作等方面可能会影响到检验的结果,因此,在操作过程中应尽量减少人为因素。为了确保检验结果客观准确,工艺规程中应定义相应的目视检验项目及其评判标准,很多评判标准是根据大量的数据积累,经统计分析确定的。

复合材料产品中最广泛使用的无损检测方法是超声C—扫描方法。超声技术主要用来评价材料内部的空隙、分层和疏松等。检测时,记录整个部件中的超声波衰减情况,扫描检查部件的每个部位。这种评价技术往往需要首先制造出标准的人工缺陷试样,如果发现有超出技术条件中规定的缺陷存在,根据具体情况该部件可能:①可以超差使用;②返工或修补直至通过验收;③破坏性检查,以确定内部缺陷情况,为今后积累必要的信息。

X射线被用作层合板或者是夹层结构面板胶接无损检测的主要手段。根据构件的具体情况,在工艺说明书中规定检测的方法和验收的标准。采用X射线检测方法同样也要事先制作内部预埋的各种人工缺陷的标样。

(4)破坏性检验

当无损检测方法无法确认构件是否可以通过质量验收时,为了确保部件结构安全性,通常可以采用破坏性检验方法。

破坏性检验包括对内部结构复杂的部件的解剖检验、从剩余构件上切取试样进行力学性能试验等。

破坏性检验可作为无损检测的一种补充试验手段。对于复杂构件,破坏性检验提供了一种其他方法无法实现的检验方法。破坏性检验可以用来检查结构的工艺及加工过程中的材料状态。破坏性检验通常在无损检测不能充分确认构件质量时发挥作用,而且也可以发现潜在的其他不可检测的制造缺陷。

大体上,破坏性检验方法可以分为两类:整个构件解剖和修整区局部取样检验。

整体解剖,一般用在生产出的首件产品,可以给出完整的检验报告,但是这种试验成本比较高。一般常用于无损检测不能有效检到的部位,形状复杂且又没有做过同类构件经验等情况。

如果可行,多余修整区取样检验是优先选择的方法。修整切边区域取样检验的方法提供了一种成本适中的质量检验方法。修整切边区可以是构件的人为延伸部分或者是构件内部切口区的切除部分。可从中切取力学性能试验用试样,以检验其力学性能。

采用破坏性检验的次数取决于部件和实际工艺经验。如果生产者具有丰富的制造经验,不需要定期进行破坏性检验,只需对第一件构件进行解剖检验。如果生产复杂构件的经验少,则应定期进行破坏性检验,检验周期可逐渐加长。随后,可采用更低成本的修整切边区取样检验方法来代替整体解剖检验。也可采用更为频繁的修整切边区域取样检验作为质量验收检验。

在构件出厂前,应进行破坏性检验。定期的破坏性检验可监控制造工艺,确保构件质量。

进行破坏性检验的目的还包括:用来确定并检验重要物理参数是否符合设计要求;标定并检验检测方法和工艺设备是否满足生产需要。

并非所有部件都需要破坏性检验。对于形状相近、复杂程度相当的产品可以归在一起,同时取样检验。整体解剖和修整切边区域取样检验都包含了细致的检验区域。取样后,进行微观照相来检验材料的微观结构。另外,破坏检验应首先进行铺层检验。只需要很小的区域进行揭层以检查铺层顺序是否正确。对于自动铺层的情况,铺层一经确认,就无须再检验该项目。修整切边区域取样检验需要测试的主要力学性能项目包括:压缩试验、开孔压缩、层间拉伸和层间剪切。

## 11.4.5　产品最终检验与质量评价

产品的最终质量评价,是交付用户之前对产品质量的全面检验与评价,综合了工艺过程检验的结果、产品完成后的最终检验结果、对产品符合工艺文件的程度进行的评估。

生产方在产品交付用户之前,应该对产品进行检验、试验,以确认交付的产品符合质量要求,生产方有责任保证避免不合格产品出厂。

最终检验还包括对生产过程控制、工艺路线、原材料认证程序、验收试验、过程检验的确认,并提供相关的质量检验与评价报告。

过程控制的目的在于控制原材料及工艺过程导致的复合材料性能波动给产品最终及中间过程带来的影响,尽管生产前,原材料的各种质量程序及材料许用值试验的大量试验已经确认该材料可以用于复合材料生产,但是材料在生产中的一致表现需要有质量检验来确认。

在制造过程中,对构件的几何尺寸的检验是必不可少的,必要的无损检测方法,也是用来检验并控制在制造过程中引起的缺陷和损伤的重要监测手段。如果钻孔或在其他加工中不小心,还会造成特定类型的缺陷。因此,工艺操作标准中应明确规定控制修边及钻孔质量的技术条件。标准中还应规定常见典型缺陷的目视检验验收标准,包括开裂、分层、疏松、表面纤维皱曲、断头、过热、表面缩孔等。

诸如钻孔等工艺引起的典型缺陷主要包括分层、孔边纤维断头。而在材料内部也常见这类性质的缺陷。对于这类严重的损伤无法单纯用目视的办法检测。这就需要引入无损检测技术,不仅在最终产品检验时进行,而且应该安排在加工工序的过程检验程序中。针对各类损伤缺陷的检验验收标准必须事先研究定出。

对于构件的质量评定,则主要采取外观检测、形位公差检测、无损检测及随炉件性能检测。

对于制品的最终检验项目包括:记录贫胶、富胶、空隙、疏松、夹杂、凹陷、皱褶、断头等缺陷;测量尺寸、形位、重量、孔或开口的位置、翘曲变形等;常规的无损检测,超声和射线等方法,仍然是构件完成后的常用的质量检测与评价手段。

按照工艺规程的规定,在每个工序的质量检验点还应及时发现并记录构件在各工艺阶段的成形质量状况,并作出完整的质量记录,该记录跟随构件的工艺全过程直至最终完成构件工艺,质量记录归档保存。

经检验,试验确认交付的产品符合质量要求后,应由质检部门出具相关的质量证明。

## 11.4.6　产品质量文件及其他技术文件

产品的质量文件是质量管理的依据,主要包括:质量控制文件、材料规范、材料工艺规范、材料采购说明书和质量检验规范等方面。以上方面的文件系统,构成了复合材料生产的质量文件与技术文件体系。一切生产过程都必须按照相应的文件执行。具体体现在生产过程中,表现为四个方面,即:

① 严格按照工艺规范操作;

② 按照材料名称及规范作出标识;

③ 包装完好、贮存状态可控制;

④ 在规定的适用期内使用。

材料、制造工艺及材料试验的有关技术文件必须确保能够有效地满足工程使用的要求。这些技术要求应能够有效表征复合材料的纤维、基体及复合后的材料的化学、物理和力学性能。

复合材料构件的工艺质量标准,用于材料和工艺质量控制,它规定了复合材料结构件的质量状态及相应的管理办法。包括:

① 材料与工艺适用文件;

② 缺陷的定义;

③ 允许缺陷的程度,不同控制区域的划分;

④ 一般技术要求;

⑤ NDT 及其他检测技术;

⑥ 缺陷处理办法。

材料规范是复合材料及原材料相关的技术文件,它从以下几方面规定了复合材料生产过程中与材料相关的技术要求:

① 树脂材料;

② 纤维材料或者其织物,制定纤维类型和供货商;

③ 预浸料技术要求;

④ 质量认证的程序和方法。

材料采购说明书则是生产过程中与原材料采购相关的技术文件,它规定了以下几方面的技术条件:

① 材料表征的文件及数据库;

② 供应商应建立工艺控制文件体系或同类文件,以确保稳定原材料生产;

③ 工艺控制文件中应列出所有关键原材料的主要组分和供应商;

④ 规定关键特征和关键工艺参数;

⑤ 确认关键工艺过程;

⑥ 基于工艺控制统计学的性能波动(包括向上和向下波动)的极小化控制;

⑦ 以质量认证数据作为统计基础,对原材料进行等效性(评价新用户或者材料更改)判断及验收的基准;

⑧ 评价材料和工艺差异水平的方法;

⑨ 包装和运输规定文件应确保材料在运输过程中受控。

结构检验技术规范是生产过程质量控制与检验的依据,生产前必须制定出相应的结构检验文件,作为生产过程检验的依据,根据此文件进行的过程检验的结果,是复合材料构件工艺质量状态的重要描述,是确保产品质量状态可追溯的重要依据,应该建立完善的档案。这些档案在产品交付用户后应该妥善保存。

对于生产过程,应该制定详细的工艺流程卡,每道工序完成后在转入下一道工序之前认真详实地填写,随构件转入下一工序。该文件随生产过程全程,生产完成后,应建立完善的工艺档案,妥善保存。工艺过程记录应真实具体,确保工艺过程的可追溯性,至少应包括如下信息:材料来源、制造日期、批号、卷号、工作时间;热压罐或烘箱压力、构件温度;构件批序号等。

# 思考题与习题

1. 请简要介绍复合材料的主要缺陷类型。

2. 请简要介绍复合材料零件内部出现孔隙的主要原因。

3. 复合材料成形缺陷的无损检测主要有哪些检测方法？

4. 超声无损检测主要有哪两种方法？其基本原理是什么？

5. 请简要介绍射线检测法有哪几种具体检测方式？它们分别适用于检测何种缺陷？

6. 声发射检测法的基本原理是什么？它适用于检测何种缺陷？

7. 激光全息无损检测法相比于其他检测法有哪些优势？

8. 请简要介绍控制树脂基复合材料成形缺陷的基本原理。

9. 为什么要对树脂固化工艺进行实时监测？

10. 光纤传感监控法的监测原理是什么？有哪些优点？

11. 请介绍如何从原材料出发，控制复合材料成形缺陷。

12. 以热压罐成形工艺为例，介绍如何控制复合材料成形缺陷。

13. 以液体成形工艺为例，介绍如何控制复合材料成形缺陷。

14. 树脂固化工艺实时监测方法有哪些？分别有什么特点？

# 第 12 章　复合材料结构维修技术

## 12.1　概　述

复合材料构件在成形过程中易产生分层、孔隙、脱黏、夹杂及贫胶等缺陷;在后续制造过程中也会造成构件的表面划痕、孔周及切割边劈裂、边缘分层等损伤;在使用过程中,经常会出现雷击损伤或冲击损伤。这些缺陷或损伤会在一定程度上削弱结构的强度与性能,若超过了设计容限,则会威胁到结构的安全,需要进行必要的处理。如果完全更换这些含有损伤或缺陷的构件,则会造成巨大的经济损失。因此,对损伤或有缺陷的结构件进行修理,恢复结构的强度、刚度及功能,对保证结构的使用安全、降低产品的使用成本是十分必要的。

复合材料结构的修理按修理场地、修理耐久性、修理方法等的不同可有多种分类。

从修理场地方面看,复合材料构件在制造、加工、装配过程中产生的缺陷或损伤可在生产厂内直接修理;构件在使用过程中造成的损伤多数需要在外场修理,当损伤严重到一定程度,外场无法修理或达不到修理的质量要求时,则需要返厂修理。一般情况下,生产厂内的生产设备、检测设备更加齐全,修理效果会更好。

从修理耐久性方面看,按设计要求修理构件,质量达到验收标准,修理后的强度、刚度等性能可以达到完好状态下的设计要求值,称为永久性修理。构件在使用中出现损伤后,由于条件限制,只能采取临时的修补措施,满足有限架次飞行需要的修理为临时性修理。一般厂内修理为永久性修理,修理后的构件作为合格品交付;由于修理设备及条件的差别,外场修理有些是永久性修理,有些是临时性修理。

从修理方法方面看,复合材料结构常见的修理方法有填充灌注修理、胶接修理、机械连接修理。复合材料已大量用于飞机的主承力结构,技术较为成熟。相比而言,结构维修工艺的变化却不大,大多仍采用机械连接修理,即在损伤的复合材料上通过螺栓连接金属补片进行修理,这种方式存在结构增重多、修理区应力大等缺点。胶接修理对复合材料结构的损伤去除最小,增重不大,是一种高效低成本的结构修理方式。当前,对较严重的缺陷或损伤,工程上一般选用胶接修理或机械连接修理;填充灌注修理一般针对边缘或内部分层、纤维劈裂、钻孔损伤、表面划伤等程度较轻的缺陷或损伤。

## 12.2　复合材料结构常用的修理材料

修理材料与修理耐久性要求有关,当进行永久性修理时,修理所用材料应与原材料相同,在符合规范和结构修理手册要求时,可以使用同类型、同级别的替代材料,可以是预浸料或树脂和干纤维织物的补片材料。当进行临时性修理时,修理材料的增强材料选用织物,而树脂基体或胶黏剂选用双组分体系,增强材料浸润性好,可在室温或较低温度下固化。

目前,飞机复合材料结构常用的修理材料主要包括预浸料、胶黏剂、增强材料(干纤维织物)、蜂窝等。

预浸料作为修理材料,主要用于制备预固化补片或用于共固化胶接修理,而且要根据原结构复合材料来选择符合规范、设计要求或相应结构修理手册规定的材料。目前,修理中用到的预浸料主要包括碳纤维单向带预浸料、碳纤维织物预浸料。适合真空固化成形的预浸料在飞机结构修理中得到关注,其工艺简单,不需要大型设备,成本低。

在复合材料结构修理中使用的胶黏剂主要有胶膜、双组分树脂和发泡胶。

胶膜用于通过共胶接或共固化方式将修补材料与复合材料结构黏结起来。它分为中温固化胶膜和高温固化胶膜两类,中温固化温度一般在 120～130 ℃ 之间,高温固化温度一般在 180 ℃ 左右。胶膜的固化需要有一定的压力,如真空压力。

飞机修理中用到的双组分树脂一般为低黏度环氧树脂体系,主要用于修补表面压痕、分层、脱胶。若用于湿铺贴修理中,则在使用前需进行黏温测试,确定合适的操作温度及对应的操作时间范围。

发泡胶是一种受热使其体积膨胀后再固化产生黏结作用的胶黏剂,主要用于蜂窝块的拼接、填充蜂窝孔格和带有间隙的两结构件之间的胶接。按照固化温度的不同,发泡胶也分为中温固化发泡胶和高温固化发泡胶两大类。

增强材料在复合材料结构修理中主要用于湿铺层修理方式,分玻璃纤维织物、碳纤维织物等,其织纹有平纹、斜纹和缎纹等。修理用蜂窝材料主要是非金属蜂窝芯材,分为玻璃布蜂窝芯材和纸蜂窝芯材。玻璃布蜂窝材料广泛应用于雷达罩和其他无线电天线罩等要求电磁波穿透性能好的夹层结构中。

# 12.3　复合材料结构常用的修理方法

本节介绍树脂填充修理、胶接修理和机械连接修理三种修理方法。

## 12.3.1　树脂填充修理

树脂填充修理方法适用于复合材料构件表面凹坑、划伤、分层等,以及钻孔或锪窝导致的损伤修理,该工艺一般使用双组分树脂。

表面凹坑、划伤的树脂填充修理工艺流程如图 12.1 所示。

分层的树脂填充修理工艺流程如图 12.2 所示。

钻孔损伤或锪窝损伤的树脂填充修理工艺流程如图 12.3 所示。

图 12.1　表面凹坑、划伤的树脂填充修理工艺流程

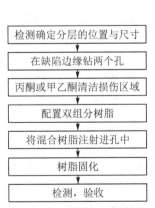

图 12.2　分层的树脂填充修理工艺流程

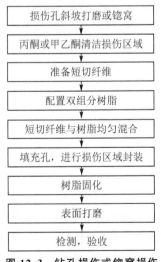

图 12.3　钻孔损伤或锪窝损伤的树脂填充修理工艺流程

## 12.3.2 胶接修理

胶接修理可以分为两类,一类是室温下湿铺层修理、注胶与填胶修理的冷修理,另一类包括预浸料修理、预固化补片修理与湿铺层修理在内的需要加热固化的热修理,如图 12.4 所示。

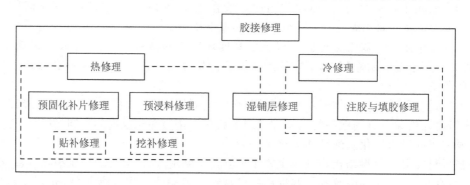

图 12.4 复合材料胶接修理

冷修理通常在室温下固化,但有时为了加速固化,减少固化时间,也会利用加热设备加热,但通常不超过 65.5 ℃。冷修理不能恢复原结构的强度和耐久性,不能用在高应力区和主要结构件的修理上,通常为临时性修理,应定期检查。冷修理即为上节讨论的树脂填充修理。

热修理需要加热固化,一般使用热压罐、烘箱或热补仪等仪器设备,对修理区域进行中高温固化,以完成高质量的修理。下面所讲的胶接修理主要是指热修理。

胶接修理一般分为贴补修理和挖补修理两种方法。

贴补修理是指在损伤结构的外部,通过二次胶接或共胶接来固定外部补片以恢复结构的强度、刚度及使用性能的一种修理方法,如图 12.5 所示,主要针对气动外形要求不严格的结构进行修理。共胶接贴补修理是指在损伤区域粘贴胶膜和一定层数、方向的预浸料通过共胶接恢复结构功能。二次胶接贴补修理是指在损伤区域粘贴胶膜和预先固化好的复合材料或金属补片以恢复结构功能。贴补法补片制作容易,施工简单,修补质量高,适用于外场条件。但是,贴补修理很难获得理想的气动外形,抗剥离性能差,并且单面贴补容易造成偏心的附加弯矩,主要作为临时修理。

贴补修理流程如图 12.6 所示,主要包括:检测评估确定损伤及修理区域、修理区域准备、补片制作及准备、实施修理、修理区固化、修理后检测、根据构件结构特点恢复其他特性。

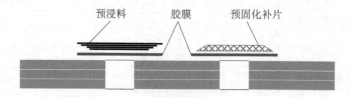

图 12.5 贴补修理示意图

挖补修理是将损伤区域挖掉,然后通过共胶接若干层补片填充挖除部位,同时起到恢复结构的刚度、强度的作用,最上层补片与被修表面整体齐平,达到表面的轮廓度要求的修理方法,如图 12.7 所示。挖补修理适用于修理损伤面积较大、较严重的损伤。对于曲率较大或有气动外形要求的表面具有一定的优越性,增重量小。此外,由于不存在载荷偏心,固化后的预浸料补片的剥离应力较小,可作为永久性修理。在外场条件下,这种修理方式比贴补法施工困难,

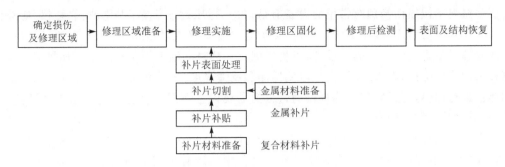

图 12.6　复合材料贴补修理的一般流程

修理周期较长。因此多在大修厂或生产厂采用。

从修理材料选用分类,挖补修理可以分为预浸料修理及湿铺层修理;从修理过程分类,挖补修理可分为非穿透性损伤挖补修理和穿透性损伤挖补修理,其中穿透性损伤挖补修理可以采用双面修理或单面修理。

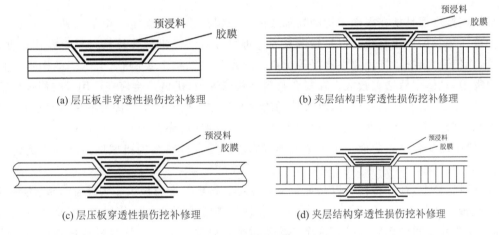

图 12.7　挖补修理示意图

复合材料层压板挖补修理的一般流程包括:检测评估确定损伤及修理区域、修理区域准备(待修理区域打磨)、修补层制作、实施修理、修理区固化、修理后检测、根据构件结构特点恢复其他特性,如图 12.8 所示。

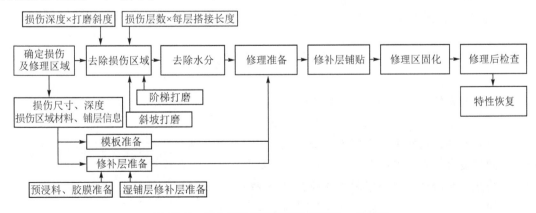

图 12.8　复合材料层压板挖补修理的一般流程

复合材料结构损伤修理时常用的设备有低温库、热压罐或烘箱/固化炉、热补仪/修补仪、真空泵等。其中低温库、热压罐或烘箱/固化炉与复合材料成形设备相同,不再赘述。热补仪是外场修理时最重要的加热固化设备,可提供固化加热时的温度控制和记录。加热毯/电热毯是修补仪的重要配件,在修理时,由热电偶监测和反馈温度,通过热补仪进行程序控制和记录,使加热毯进行加热,完成修理。热补仪通常根据需要设置不同的固化工艺。由于外场使用的需求,一般热补仪均为便携式。

复合材料结构修理和金属构件修理一样,都是为了恢复结构的气动外形、载荷传递和强度要求,同时不影响零部件本身的功能性。修理过程中的所有步骤都与修理质量息息相关。因此,需要从人员、材料、设备、环境、过程等方面进行严格的控制。修理后,需对构件进行外观检测和内部质量检测。外观检测包括修补后的表面质量及外形尺寸是否符合要求;内部质量一般需要靠无损检测进行确认,并进行跟踪检测。与复合材料结构件的无损检测类似,对修理区域进行无损检测时,一般要采用结构相同的材料制作标块,用作设备调试和检测的参考依据。

### 12.3.3　机械连接修理

机械连接修理是指在损伤结构的外部或内部用螺栓或铆钉固定一个加强补片,使损伤结构遭到破坏的载荷传递路线得以重新恢复的一种修补方法。机械连接修理具有操作简便,性能可靠,能传递大载荷,抗剥离性能好等优点。缺点是在结构上要制孔,会削弱结构强度并引起应力集中,且修理后增重较大。在复合材料结构修理中,机械连接修理适用于被修理件较厚且对气动外形要求不高的结构件,以及外场的快速修理。根据连接紧固件的种类,机械连接修理分为螺接修理和铆接修理。螺接适用于被连接件较厚,可靠性要求高和传递载荷较大的情况,受力较小的复合材料薄板上也可考虑铆接修理。复合材料结构机械连接修理应优先采用螺接。

在材料选择上,补片材料可以是金属板或复合材料板。金属板大多为钛合金板、不锈钢板和铝合金板。当铝合金、合金钢等金属与被修补的碳纤维复合材料接触时,容易产生电偶腐蚀,需要在两者之间铺玻璃纤维布或涂一层密封剂防腐使之隔开。复合材料板是预固化的补片,紧固件一般选用纯钛和钛铌合金紧固件。

当采用铆接修理时,由于复合材料层间强度低,抗冲击性能差,安装时不宜用锤铆,需要用压铆。为提高复合材料接头处的局部强度,在铆钉墩头下放置一个垫圈,可大大减小墩头处的工艺残余应力,从而改善接头的性能。

对表面气动光滑性要求较高的部件,采用埋头紧固件。

## 思考题与习题

1. 复合材料结构损伤的来源有哪些?
2. 简述复合材料结构维修的必要性和要求。
3. 复合材料结构修理的准则有哪些?
4. 简述复合材料常见修理方法及各自应用场合。
5. 简述贴补修理和挖补修理的区别、各自流程及适用场合。
6. 简述复合材料损伤容限与修理容限的定义及区别。
7. 结合国内外技术现状,思考复合材料修补技术未来发展方向。

# 参考文献

[1] 赵渠森.先进复合材料手册[M].北京:机械工业出版社,2003.

[2] 陈祥宝.先进复合材料技术导论[M].北京:航空工业出版社,2017.

[3] 刘卫平.民用飞机复合材料结构制造技术[M].北京:航空工业出版社,2016.

[4] 郭金树.复合材料件可制造性技术[M].北京:航空工业出版社,2009.

[5] 谢鸣九.复合材料连接[M].上海:上海交通大学出版社,2011.

[6] 潘利剑.先进复合材料成型工艺图解[M].北京:化学工业出版社,2016.

[7] 蒋建军,李玉军.树脂基复合材料成型原理与工艺[M].西安:西北工业大学出版社,2022.

[8] 朱和国,张爱文.复合材料原理[M].北京:国防工业出版社,2013.

[9] 陈祥宝.先进复合材料低成本技术[M].北京:化学工业出版社,2004.

[10] 程普强.先进复合材料飞机结构设计与应用[M].北京:航空工业出版社,2019.

[11] 杨乃宾,梁伟.大飞机复合材料结构设计导论[M].北京:航空工业出版社,2009.

[12] 赵渠森.复合材料飞机构件制造技术[M].北京:国防工业出版社,1989.

[13] 沈建中,林俊明.现代复合材料的无损检测技术[M].北京:国防工业出版社,2016.

[14] 张宝艳.先进复合材料界面技术[M].北京:航空工业出版社,2017.

[15] Campbell F C.Manufacturing Technology for Aerospace Structural Materials[M].Oxford:Elsevier Science Ltd.,2006.

[16] 胡保全,牛晋川.先进复合材料(第2版)[M].北京:国防工业出版社,2013.

[17] 刘松平,刘菲菲.先进复合材料无损检测技术[M].北京:航空工业出版社,2017.

[18] 中国航空工业集团公司复合材料技术中心.航空复合材料技术[M].北京:航空工业出版社,2013.

[19] 祖磊,张骞,张桂明.纤维缠绕压力容器设计原理与方法[M].北京:科学出版社,2021.

[20] 杨序纲,吴琪琳.复合材料的界面行为[M].北京:化学工业出版社,2020.

[21] 张青,常新龙,张有宏,等.碳纤维复合材料微波固化技术研究进展[J].固体火箭技术,2018,41(5):627-635.